普通高等教育土木与交通类"十三五"规划教材

材 料 力 学

主编　赵荣飞　张玉清

中国水利水电出版社
www.waterpub.com.cn
·北京·

内 容 提 要

　　本教材对基本变形形式下的内力分析、应力计算公式的推导及其适用的条件性进行了分析，还将单元体和应力状态、简单超静定等概念和方法逐步引出，并通过例题、习题加以应用，以收到反复巩固的功效。教材包括绪论，轴向拉伸和压缩，剪切与挤压，扭转，弯曲内力，弯曲应力，弯曲变形，应力状态分析、强度理论，组合变形，压杆稳定，动荷载及附录等内容。

　　本教材可供高等院校土建类、机械类及其他相关专业教学使用，也可供专业从业人员参考使用。

图书在版编目（ＣＩＰ）数据

材料力学 / 赵荣飞，张玉清主编. -- 北京 ： 中国
水利水电出版社，2020.8
普通高等教育土木与交通类"十三五"规划教材
ISBN 978-7-5170-8721-2

Ⅰ．①材… Ⅱ．①赵… ②张… Ⅲ．①材料力学－高
等学校－教材 Ⅳ．①TB301

中国版本图书馆CIP数据核字(2020)第134657号

书　　名	普通高等教育土木与交通类"十三五"规划教材 **材料力学** CAILIAO LIXUE	
作　　者	赵荣飞　张玉清　主编	
出版发行	中国水利水电出版社 （北京市海淀区玉渊潭南路 1 号 D 座　100038） 网址：www.waterpub.com.cn E - mail：sales@waterpub.com.cn 电话：(010) 68367658（营销中心）	
经　　售	北京科水图书销售中心（零售） 电话：(010) 88383994、63202643、68545874 全国各地新华书店和相关出版物销售网点	
排　　版	中国水利水电出版社微机排版中心	
印　　刷	北京瑞斯通印务发展有限公司	
规　　格	184mm×260mm　16 开本　14.75 印张　349 千字	
版　　次	2020 年 8 月第 1 版　2020 年 8 月第 1 次印刷	
印　　数	0001—2000 册	
定　　价	**45.00 元**	

凡购买我社图书，如有缺页、倒页、脱页的，本社营销中心负责调换

编　委　会

QIANYAN / 前言

　　本教材是针对工科专业中土建类、机械类等专业的多学时课程——材料力学编写的。同时，在内容上也适当地照顾到其他相关专业的需要。

　　本教材除了对基本变形形式下的内力、应力计算公式的推导及其适用的条件进行分析外，还将单元体和应力状态、简单超静定等概念和方法分散在有关各章中逐步引出概念，并通过例题、习题加以应用，以收到反复巩固的功效。由于材料力学内容较多，专业要求又不尽相同，建议教师在使用本书时，根据专业特点选用有关章节进行教学。对于有些专业，限于学时的安排，也可以把主要精力放在基本部分上，而将其他部分作为选修的内容。

　　本教材由赵荣飞、张玉清任主编。各章编写分工如下：第 1 章由赵荣飞编写，第 2 章由谢立群编写，第 3 章由李嫦编写，第 4 章由王超编写，第 5 章由南波编写，第 6 章由王宏杰编写，第 7 章由姬建梅编写，第 8 章由张国滨编写，第 9 章由姚名泽编写，第 10 章由高微、马玲玲共同编写，第 11 章由张玉清编写，附录由赵荣飞、高微共同编写。全书由张玉清统稿。在本教材编写过程中，得到了李波教授的大力支持，对本书的定稿起了很大的作用，这里一并致谢。

　　限于编者的水平，教材中难免存在缺点和不足，希望广大教师和读者在使用本教材后给我们提出宝贵的意见，不胜感激。

编者

2019 年 12 月

目录

MULU

1.1 材料力学的任务及研究对象

1.1.1 材料力学的任务

构筑物和机械设备在日常生活中广泛应用，这些构筑物和机械设备通常都是由许多零件和元件组成的，如轴、连杆、梁、板、柱等，这些零件和元件称为**构件**。构件受到各种外力作用，如吊车梁受到吊车和起吊物的重力、外墙受到风压力、建筑物受到自身材料的重力、机床受到振动台传来的震动力等，这些力统称为**荷载**。由多个构件组成的承受和传递荷载的骨架体系称为**结构**。

当结构承受和传递外力时，为保证整个体系能正常工作，体系中的每个构件都要保证正常工作和运转，对构件的要求可归纳为以下三点。

1. 强度要求

构件在荷载作用下不发生破坏，即应具有足够的强度。例如，房屋中的梁、板、柱在使用时不能发生断裂；机床主轴不能因荷载过大而断裂导致机床无法使用等。构件抵抗破坏的能力称为**强度**。

2. 刚度要求

构件在荷载作用下所产生的变形不超过工程上允许的范围，即具有足够的刚度。一些构件虽然满足强度要求，但如果变形过大会影响正常使用。例如，机床主轴因外力作用变形过大，会影响产品的加工精度；楼面梁弯曲过大会使梁底抹灰开裂、脱落；檩条变形过大会引起漏水等。因此，构件在使用时的变形要控制在一定范围内。构件抵抗变形的能力称为**刚度**。

3. 稳定性要求

构件在荷载作用下，应能保持其原有形态下的平衡。一些细长受压杆件，在压力不太大时，可以保持其原有的直线状态平衡，当压力达到一定数值时，压杆不能保持其原有的直线形状，而发生弯曲甚至折断，失去工作能力，这种现象称为丧失稳定。建筑物中的受压柱、屋盖结构中的受压杆件，一旦丧失稳定就会导致整个结构坍塌。构件维持原有平衡状态的能力称为稳定性，对构件的这一要求称为**稳定性要求**。

构件满足强度、刚度、稳定性要求的能力，统称为构件的**承载能力**。

　　构件的设计必须符合安全、经济和适用的原则。在满足强度、刚度、稳定性三方面要求的同时，还应该尽可能选择合理的截面形状以减少材料的用量，来降低成本和减轻构件自重。为保证构件安全可靠，除了选用优质材料外，往往采用较大尺寸截面，造成材料浪费和截面笨拙。如何合理做到构件既安全又经济，成为一个重要的问题。材料力学的基本任务就是研究材料在外力作用下的变形和破坏规律，为合理设计构件提供强度、刚度和稳定性方面的基本理论和计算方法。

　　构件的强度、刚度、稳定性问题都与所用材料的力学性能有关，而力学性能主要是通过实验来测定的，材料力学的理论分析结果也应由实验来检验。此外，工程中一些尚无理论分析结果的问题也需要通过实验来解决。因此，材料力学是一门理论与实验并重的学科。

1.1.2　材料力学的研究对象

　　工程结构中，构件的形状多种多样，材料力学所研究的主要构件从几何形状上大多抽象为杆件。杆件的几何特征是其纵向尺寸远大于横向尺寸。房屋结构中的梁、柱，屋架结构中的弦杆、腹杆等都可视为杆件。

　　杆件最主要的两个几何因素为**横截面**和**轴线**，如图 1.1 所示。横截面是指垂直于杆件长度方向的截面，轴线是指各横截面形心的连线。轴线为直线且各横截面形状和尺寸都相同的杆称为等截面直杆，轴线为曲线的杆称为曲杆，横截面沿轴线变化的杆称为变截面杆。材料力学的主要研究对象是等截面直杆。

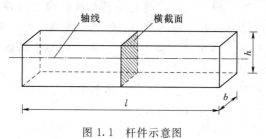

图 1.1　杆件示意图

1.2　变形固体

1.2.1　变形固体的概念

　　工程中的构件都是由固体材料制成的，如混凝土、钢材、木材、砖、石材等，这些材料在外力作用下都会发生变形，包括截面尺寸改变和形状改变，故称其为**变形固体**。

1.2.2　变形固体的基本假设

　　变形固体在外力作用下所产生的物理现象是多种多样的，为了研究方便，常舍去那些与所研究问题无关或关系不大的特征，保留与研究问题密切相关的主要特征，并通过做出某些假设将所研究的问题抽象为理想化的"模型"。为了简化性质复杂的变形固体，通常做出以下基本假设。

　　1. 连续性假设

　　在材料力学中，认为材料毫无间隙地充满了物体的整个空间。根据这一假设，物体因受力和变形而产生的内力和位移都将是连续的，就可以在受力构件内任意一点处截取一单元体来进行研究，将其表示为各点坐标的连续函数，有利于建立数学模型。

2. 均匀性假设

认为构件内各点处力学性能都是一样的，不会随点的位置而变化。按此假设，从构件内部任何位置取的微元体，与构件都具有相同的力学性质。同理，通过测试所得的材料性能，也适用于构件内部任何部位。在实际材料中，构件基本组成部分的力学性能往往存在不同程度的差异，但是构件的尺寸远远大于其组成部分的尺寸，按统计学的观点，可将材料看成均匀的。

3. 各向同性假设

认为构件内部沿各个方向上的力学性能都相同。沿各个方向都具有相同力学性能的材料，称为各向同性材料，如玻璃、低碳钢、铸铁等。在各个方向具有不同力学性能的材料，称为各向异性材料，如增强纤维（碳纤维、玻璃纤维等）与基本材料（环氧树脂、陶瓷等）制成的复合材料。按此假设，在以后的学习过程中就不考虑材料力学性能的方向性，可沿任意方向从构件中截取一部分作为研究对象。

在材料力学的理论分析中，以均匀、连续、各向同性的变形固体为构件的力学模型，这种理想化的模型代替了工程结构中的实际构件，使理论研究成为可行，且计算所得结果，在大多数情况下能够满足工程结构计算精度要求。

材料力学所研究的构件在荷载作用下产生的变形与构件原始尺寸相比一般都很小，通常可以忽略不计。在研究构件的平衡、运动、内力及变形等问题时，都可以按照构件的原始尺寸和形状进行计算。

工程结构中的材料，在荷载作用下都会发生变形。变形的性质因荷载作用不同而异，当荷载作用不超出一定范围时，绝大多数变形随着荷载的卸除能够恢复，这种可以恢复的变形称为**弹性变形**。当荷载增大，超出一定范围时，荷载卸除后变形只能部分恢复而残留下一部分不能消失，这种不能消失的残留变形称为**塑性变形**。工程结构中的一些材料，如钢材，在荷载不大时，其变形是完全弹性变形；当荷载超出一定极限后，就会发生塑性变形，此时认为材料强度失效，超出材料的使用范围。所以，材料力学研究的构件，多属于弹性变形范畴。对于材料塑性变形的计算本书不作讨论。

综上所述，材料力学研究对象为均匀、连续、各向同性、弹性和小变形的变形固体。

1.3 外力、内力及截面法

1.3.1 外力

材料力学的研究对象为构件，作用于构件上的荷载和约束力统称为**外力**。

外力按作用方式可分为表面力和体积力。**表面力**是作用于构件表面的力，可分为分布力和集中力。**分布力**是连续作用于构件表面的力，如水池底部的水压力、楼面板的自重等，这种按面积分布的力又称为**面荷载**；另一些力如楼面板对楼面梁的作用力等，则是沿杆件轴线分布的，这种沿杆件轴线长度分布的力又称为**线荷载**。

如果分布力的作用面积远小于构件的表面积，或沿杆件轴线的分布范围远小于杆件长度，可以将分布力简化为作用于一点的力，称为**集中力**，如车轮对地面的压力。**体积力**是连续分布于构件内部各质点上的力，如土压力等。

按照荷载是否随时间变化，将其分为静荷载和动荷载。随时间变化缓慢或不变化的荷载，或者荷载变化过程中不产生加速度或产生的加速度很小，可以忽略不计的荷载，称为**静荷载**。相反，随时间变化显著或使构件各质点产生明显加速度的荷载，称为**动荷载**。构件在静荷载和动荷载作用下的力学性能是不同的，分析方法也不相同，但前者是后者的基础。

1.3.2 内力

在外力作用下，构件内部相邻部分之间的相互作用力称为**内力**。

构件在未受外力作用时，内部各质点之间原本就存在着相互作用力，正是由于这种相互作用力的存在，使构件保持一定的形状。在外力作用下，构件发生变形，内部各质点的位置发生相应的变化，各质点间的相互作用力也将发生改变，这种由外力作用而引起的各质点之间相互作用力合成，即为材料力学中研究的内力。

1.3.3 截面法

截面法是材料力学中分析确定内力的基本方法。

由于内力是构件内部相邻部分之间的相互作用力，只有假想地将构件截开后，其大小和指向才能够根据平衡条件求出来。如图 1.2 所示，设一等截面直杆在力系作用下平衡，若要求 $m-m$ 截面上的内力，可假想地用一截面沿横截面 $m-m$ 将杆件截分为 I、II 两部分，截开后 I、II 部分的 $m-m$ 截面上存在着两部分之间的相互作用力——内力，I 段上有 II 段对它的作用力 F_N，II 段上有 I 段对它的反作用力 F'_N，根据作用力与反作用力的关系，两个力大小相等、方向相反，取其中一部分计算即可。

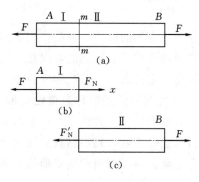

图 1.2 截面法求内力

取 I 段为研究对象，如图 1.2（b）所示，此时截面 $m-m$ 上的内力 F_N 为外力，整个杆件处于平衡状态。

由静力平衡方程

$$\sum F_x = 0, F_N - F = 0$$

可得

$$F_N = F$$

若取 II 段为研究对象，由作用与反作用原理可知，作用于 I 段上的力与作用于 II 段上的力数值相等、指向相反，如图 1.2（c）所示，也可由 II 段的平衡条件求得。

由上可知，用截面法求内力，包括以下 3 个步骤。

（1）截开。在需求内力的截面处，假想地用截面将杆件截分为两部分。

（2）代替。将截面中的任意一部分去掉，把遗弃部分对保留部分的作用以等效代换的原则换为作用在截面上的内力（力或力偶），此时的内力以外力的形式表现出来。

（3）平衡。对保留部分进行受力分析，建立平衡方程，根据构件上已知外力计算截开截面上的未知内力。

特别注意的是，在用截面法计算内力的过程中，静力学中的力和力偶的可移性原理使用是有限制的。这是因为外力移动后改变了杆件的变形性质，并使内力也随之改变。如图 1.3 所示，当外力作用在 B 截面时，可求得任意截面内力均为 F，即整个杆件都受拉。将外力移至 C 截面时，AC 段内力为 F，BC 段内力为

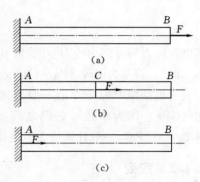

图 1.3　截面法的适用性

零，即 AC 段受拉，BC 段不受力。将外力移至 A 截面时，整个杆件内力为零，显然变形性质发生了改变。

1.4　应力与应变

1.4.1　应力

利用截面法计算的杆件内力，只是截面上分布内力系的合力，并不能确定截面上各点内力的大小。研究构件的强度、刚度与稳定性，仅仅知道内力系的合力是不够的，还需要求出内力的分布。内力在杆件截面上任意一点的分布集度，称为该点的应力。

如图 1.4 所示，考察受力杆件截面上 M 点处的应力，可在 M 点处取一微小面积 ΔA，设在微元面积 ΔA 上分布的内力之和为 ΔF，则面积 ΔA 上内力 ΔF 的平均集度为

$$p_m = \frac{\Delta F}{\Delta A}$$

式中：p_m 为微面积 ΔA 上的平均应力。一般情况下，截面上的分布内力并不是均匀的，所以平均应力 p_m 的大小和方向随着所取微面积 ΔA 的变化而不同，为表明内力在 M 点的集度，可令微面积 ΔA 趋近于零，则有极限值

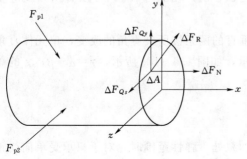

图 1.4　应力分析

$$p = \lim_{\Delta A \to 0} \frac{\Delta F}{\Delta A} = \frac{dF}{dA} \quad (1.1)$$

即为 M 点处的应力集度，称为截面上 M 点处的总应力，应力 p 是一个矢量，通常将它分解为垂直于截面和相切于截面的两个分量，垂直于截面的分量称为**正应力**，用 σ 表示，相切于截面的分量称为**剪应力**或**切应力**，用 τ 表示。由图 1.4 可知，正应力和剪应

力可以表示为下列极限表达式，即

$$\sigma = \lim_{\Delta A \to 0} \frac{\Delta F_N}{\Delta A} \tag{1.2}$$

$$\tau = \lim_{\Delta A \to 0} \frac{\Delta F_Q}{\Delta A} \tag{1.3}$$

式中，应力的量纲为［力］/［长度］^{2}，在国际单位制中应力的单位是"帕斯卡"，简称"帕"，符号为 Pa，$1Pa = 1N/m^2$。

工程结构中的应力值一般都比较大，常采用千帕（kPa）、兆帕（MPa）、吉帕（GPa）作为单位，它们之间的换算关系为：$1kPa = 10^3 Pa$，$1MPa = 10^6 Pa$，$1GPa = 10^9 Pa$，一般计算中大多使用兆帕（MPa），$1MPa = 1N/mm^2$。

1.4.2 应变

在外力作用下，构件内部各点的应力不同，其变形程度也不一样。研究构件的变形，可以假想地将构件分割成许多微小的正六面体（当六面体的边长趋于无限小时称为单元体），则构件的变形可以看成这些单元体变形累加的结果。而单元体的变形与作用在上面的应力有关。

从受力构件上任意一点截取单元体，一般情况下单元体的各个面上均有应力作

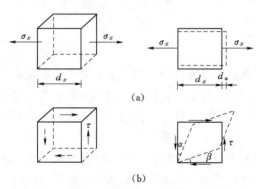

图 1.5 单元体上的应力与应变

用，考察两种最简单的情况，如图 1.5 所示。

对于正应力作用下的单元体，如图 1.5（a）所示，在正应力作用下将沿着应力方向和垂直于应力方向分别产生伸长和缩短变形，这种变形称为线变形，描述弹性体在各点处线变形程度的量，称为**正应变**或**线应变**，用 ε 表示。根据单元体变形前后 x 方向长度的相对改变量，有

$$\varepsilon_x = \frac{\mathrm{d}u}{\mathrm{d}x} \tag{1.4}$$

式中：$\mathrm{d}x$ 为单元体变形前沿 x 方向的长度；$\mathrm{d}u$ 为正应力作用下沿 x 方向的伸长量。同理，可以定义 y、z 方向的线应变 ε_y、ε_z。由式（1.4）可以看出，线应变是一个无量纲的量。

单元体在剪应力作用下变形是相互垂直的两条棱所夹直角的改变，单元体直角的改变量称为**剪应变**或**切应变**，用 γ 表示，如图 1.5（b）所示，$\gamma = \alpha + \beta$，γ 的单位为 rad。

1.4.3 应力与应变之间的关系

实验表明，工程中常用的材料，当加载处于弹性范围时，对于只承受单向受正应力或剪应力的单元体，正应力与正应变、剪应力与剪应变之间存在着线性关

系，即

$$\begin{cases} \sigma = E\varepsilon \\ \varepsilon = \dfrac{\sigma}{E} \end{cases} \tag{1.5}$$

$$\begin{cases} \tau = G\gamma \\ \gamma = \dfrac{\tau}{G} \end{cases} \tag{1.6}$$

式中：E 和 G 为与材料有关的常数，分别称为**弹性模量**（或杨氏模量）和**剪切弹性模量**（或切变模量），式（1.5）和式（1.6）为描述线弹性材料物理关系的方程。所谓线弹性材料是指弹性范围内加载时应力-应变满足线性关系的材料。

1.5　杆件变形的基本形式

杆件在不同外力作用下产生的变形也各不相同，通常可归结为以下 4 种基本变形。

1.5.1　轴向拉伸或轴向压缩

在受到作用线与杆轴线重合的外力作用时，杆件将发生长度的伸长或缩短变形，这种变形形式称为轴向拉伸［图 1.6（a）］或轴向压缩［图 1.6（b）］。在荷载作用下，简单桁架中的杆件就是发生的轴向拉伸或压缩变形。

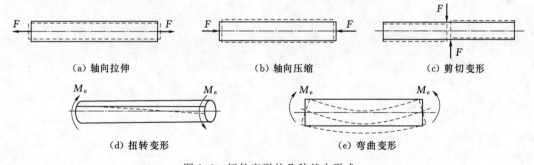

（a）轴向拉伸　　　　　　（b）轴向压缩　　　　　　（c）剪切变形

（d）扭转变形　　　　　　　　　　（e）弯曲变形

图 1.6　杆件变形的几种基本形式

1.5.2　剪切

在受到垂直于杆轴线方向的一对大小相等、方向相反、作用线平行且很接近的外力作用时，杆件横截面将沿外力作用方向发生错动或产生错动趋势，这种变形形式称为剪切变形［图 1.6（c）］。机械中常用的连接如销钉、螺栓等都可能产生剪切变形。

1.5.3　扭转

在一对大小相等、转向相反、作用面垂直于杆轴线的外力偶作用下，杆件的任意两个横截面将发生围绕杆件轴线的相对转动，这种变形形式称为扭转变形［图1.6（d）］。机械、汽车中的传动轴、电动机的主轴等的变形就以扭转为主。

1.5.4　弯曲

　　在一对大小相等、转向相反、作用于杆件的纵向平面内（包含杆轴线）的外力偶作用下，直杆的相邻横截面将绕垂直于杆轴线的轴发生相对转动，杆件的轴线由直线变为曲线，这种变形形式称为弯曲变形［图 1.6（e）］。桥式吊车的大梁、列车轮轴的变形都以弯曲变形为主。

　　工程上把受拉的杆件称为**拉杆**，受压的杆件称为**压杆或柱**，受扭转或以承受扭转为主的杆件称为**轴**，凡是以弯曲变形为主的杆件称为**梁**。

　　实际工程中，构件在荷载作用下一般以上述 4 种基本变形的组合形式存在，单独以一种受力变形形式存在的构件比较少，这种两种或两种以上基本变形同时存在的构件称为**组合变形构件**。本书先分别讨论构件的每种基本变形，然后再讨论构件的组合变形问题。

第 2 章

轴向拉伸和压缩

2.1 概述

　　轴向拉伸或轴向压缩变形是杆件最基本的变形之一。在工程实际中，轴向拉伸或压缩变形的杆件是很常见的。例如，液压传动机构中的活塞杆，如图 2.1 所示，活塞受到缸内液体压力作用，活塞杆上的力 F 沿活塞杆轴线作用，活塞杆产生轴向拉伸变形。又如，内燃机的连杆，如图 2.2 所示，内燃机工作时连杆产生轴向压缩变形。再如，起重机的钢索，如图 2.3 所示，起重机在工作时钢索产生轴向拉伸变形。

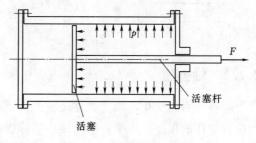

图 2.1　活塞杆的轴向拉伸

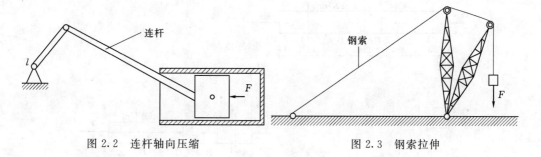

图 2.2　连杆轴向压缩　　　　　　　图 2.3　钢索拉伸

2.2 轴向拉伸或压缩杆件的轴力与轴力图

2.2.1 轴力

　　从上述的工程实例可以看出，产生轴向拉伸或压缩的杆件虽然端部的连接情况和传力方式各不相同，但它们具有相同的受力特点：杆件上的载荷或其合力的作用线沿杆件轴线。作用线沿杆轴线的载荷称为轴向载荷。在轴向载荷作用下，杆件的变形特点是：杆件沿轴线伸长或缩短，如图 2.4 所示。

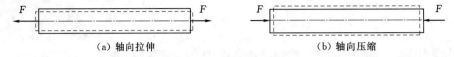

（a）轴向拉伸   （b）轴向压缩

图 2.4 轴向拉伸与压缩

在轴向载荷 F 作用下，杆件横截面上唯一内力分量为**轴力** F_N，轴力或为拉力 [图 2.5（b）] 或为压力 [图 2.6（b）]，通常规定拉力为正，压力为负。轴力常用的单位是 N（牛顿）或 kN（千牛顿）。

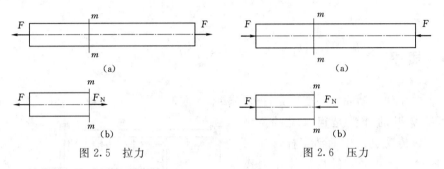

图 2.5 拉力   图 2.6 压力

2.2.2 轴力图

随着外力的变化，轴力也在改变。为了更形象、直观地表示杆件的轴力沿横截面位置变化的规律，以平行于轴线的坐标表示横截面的位置，以垂直于杆件轴线的坐标表示横截面上的轴力，并按适当的比例将轴力随横截面位置变化的情况画成图形，这种表明轴力随横截面位置变化规律的图形称为**轴力图**。

【例 2.1】 一杆所受外力如图 2.7（a）所示，试画出杆的轴力图。

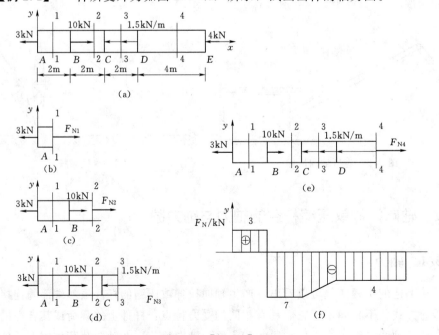

图 2.7 ［例 2.1］图

解： 用截面法求解，建立图 2.7（a）所示的坐标系。外力将杆分成 4 段，在 AB 段用 1—1 截面将杆截开，取左边为研究对象。右边的作用由轴力 F_N 来代替 ［图 2.7（b）］，设其为拉力。由平衡方程得

$$\sum X = 0 \quad F_{N1}(x) - 3 = 0 \quad F_{N1}(x) = 3kN \tag{a}$$

同理，若设 2—2 截面拉力为 F_{N2} ［图 2.7（c）］，则有

$$F_{N2}(x) = 3 - 10 = -7kN \tag{b}$$

同理，在 CD 段任意截面有 ［图 2.7（d）］，则有

$$F_{N3}(x) = 3 - 10 + 1.5 \times (x - 4) = 1.5x - 13kN (4m \leqslant x \leqslant 6m) \tag{c}$$

在 DE 段任意截面有 ［图 2.7（e）］，有

$$F_{N4}(x) = 3 - 10 + 1.5 \times 2 = -4kN \tag{d}$$

由轴力方程式（a）、式（b）、式（c）、式（d）画轴力图。方程式（c）是 x 的一次函数，即轴力是 x 的一次函数，其图像是条斜直线 ［图 2.7（f）］。

2.3 轴向拉（压）杆件的应力

2.3.1 轴向拉（压）时横截面上的应力

1. 轴向拉（压）杆横截面上的应力

轴力 F_N 是轴向分布内力的合力。确定了轴力，如果又知道分布内力在横截面上是怎样分布的，就可以确定横截面上各点的应力。

应力在横截面上的分布是不可见的，但变形是能直接观察到的，应力与变形有关。因此，可以通过观察变形来推测应力在横截面上的分布。

（1）观察变形现象。取一矩形截面等直杆，再其侧表面画出两条垂直于杆轴的横线 aa 与 bb，然后在杆两端施加一对大小相等、方向相反的轴向载荷 F 使杆件发生变形，如图 2.8（a）所示。这时可以观察到横线 aa 与 bb 仍为直线，且仍垂直于杆轴线，只是中间距离增大，分别平移到了 $a'a'$ 与 $b'b'$ 位置，如图 2.8（a）所示。

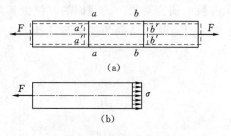

图 2.8 正应力分布

（2）平面假设。根据上述现象，对杆内变形作以下假设：直杆承受轴向载荷作用时，原为平面的横截面，变形后仍保持平面，且仍与杆轴垂直，只是横截面间沿杆轴线相对平移。此假设称为拉压杆的**平面假设**。

（3）推导正应力分布规律及计算公式。如果设想杆是由许多平行于轴线的纵向纤维所组成，根据平面假设可知，在任意两横截面之间的所有纵向纤维的变形均相同。对于均匀性材料，如果变形相同，则受力也相同。由此可见，横截面上各点处仅存在正应力 σ，并沿截面均匀分布，如图 2.8（b）所示。

于是，根据轴力 F_N 是轴向分布内力的合力，得到应力与轴力之间的关系，即

$$F_N = \int_A \sigma dA = \sigma A$$

或写成

$$\sigma = \frac{F_N}{A} \tag{2.1}$$

式中：σ 为杆件横截面上各点处的正应力（Pa、MPa）；F_N 为杆件横截面的轴力 （kN、N）；A 为杆件横截面面积（cm^2、mm^2）。

式（2.1）就是计算轴向载荷作用下杆件横截面上正应力的表达式，已为试验所证实，适用于横截面为任意形状的等截面的拉压杆。

式（2.1）表明，正应力与轴力具有相同的正负号，即拉应力为正、压应力为负。

2. 轴向拉（压）杆横截面上的最大工作应力

对于等截面直杆，最大正应力一定发生在轴力最大的截面上，即

$$\sigma_{max} = \frac{F_{Nmax}}{A}$$

习惯上把杆件在载荷作用下产生的应力称为工作应力，最大轴力所在的横截面称为危险截面，产生最大工作应力的点称为**危险点**。可见，对于产生**轴向拉伸（压缩）变形的等截面直杆，轴力最大的截面就是危险截面，该截面上任意点都是危险点。**

2.3.2　轴向拉（压）时斜截面上的应力

讨论了轴向拉（压）杆横截面上的正应力，但是，在其他方向截面上的应力情况如何，那些截面上的应力是否会比横截面上的应力更大，而导致杆件破坏呢？为了全面了解杆件的破坏情况，还需要知道任意斜截面上的应力。

研究直杆如图 2.9（a）所示，利用截面法沿任一斜截面 $m—m$ 将杆件截开，取左段为研究对象，该截面的方位以其外法线 on 与 x 轴的夹角 α 表示，规定 α 自 x 轴正向逆时针转向为正，反之为负。设杆件横截面面积为 A，则斜截面 $m—m$ 的面积 A_α 为

$$A_\alpha = \frac{A}{\cos\alpha}$$

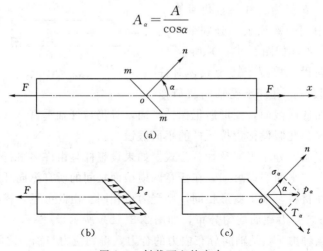

图 2.9　斜截面上的应力

由前述分析可知，杆件横截面上的应力均匀分布，由此可推断，斜截面 $m—m$

上的应力 p_a 也为均匀分布，如图 2.9（b）所示。p_a 为分布内力在一点处的集度，称为该点的总应力。其方向与杆轴线平行，由此得

$$F_N = \int_{A_a} p_a \mathrm{d}A = p_a \cdot A_a = p_a \cdot \frac{A}{\cos\alpha}$$

因此，α 截面 $m-m$ 上各点处的总应力为

$$P_a = \frac{F_N}{A_a} = \frac{F_N}{A} \cos\alpha = \sigma \cos\alpha$$

式中：σ 为横截面上的正应力。

将总应力 P_a 分别沿截面法向 n 与切向 t 分解，如图 2.9（c）所示，得斜截面上的正应力与切应力分别为

$$\sigma_a = P_a \cos\alpha = \sigma \cos^2\alpha \tag{2.2}$$

$$\tau_a = P_a \sin\alpha = \frac{\sigma}{2} \sin 2\alpha \tag{2.3}$$

由式（2.2）和式（2.3）可得出以下结论。

（1）在轴向拉压杆的任一斜截面上，不仅存在正应力，而且存在切应力，其大小和方向都是截面方位角 α 的函数。

（2）过一点的所有截面上的应力有确定的关系，只要确定了横截面上的正应力 σ，则任一斜截面上的正应力 σ_a 和切应力 τ_a 就可完全确定。

（3）在几个特殊的方位截面上，有以下几种情况。

1）当 $\alpha = 0°$ 时，正应力 σ_a 达到极大值，其值为

$$\sigma_{max} = \sigma$$

即轴向拉（压）杆中最大正应力发生在横截面上。

2）当 $\alpha = \pm45°$ 时，切应力 τ_a 有极值，其值为

$$|\tau|_{max} = \frac{\sigma}{2}$$

即轴向拉（压）杆中在 45°截面上产生最大切应力。

3）当 $\alpha = 90°$ 时，有

$$\sigma_{90°} = 0, \tau_{90°} = 0$$

即轴向拉（压）杆在平行于杆轴的纵向截面上不产生任何应力。

2.3.3 圣维南原理

应该指出，上述结论是根据平面假设而认为横截面上正应力均匀分布得出的。实际上，当杆端承受集中力或其他非均匀分布载荷时，力作用点附近各截面的应力也为非均匀分布。但圣维南（Saint Venant）原理指出，作用于杆端的分布方式，只影响杆端局部范围的应力分布，影响区的轴向范围为杆端 1~2 个杆的横向尺寸。此原理已为大量试验与计算所证实。因此，只要外力合力的作用线沿杆轴线，在离外力作用面稍远处，横截面上的应力分布均可视为均匀的。

【例 2.2】 阶梯形圆截面杆如图 2.10（a）所示，同时承受轴向载荷 F_1 与 F_2 作用。已知，$F_1 = 20\text{kN}$，$F_2 = 50\text{kN}$，$d_1 = 20\text{mm}$，$d_2 = 30\text{mm}$，试计算杆内横截面上的最大正应力。

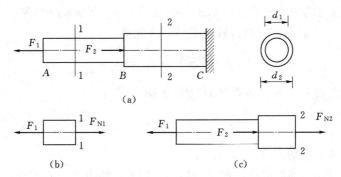

图 2.10 ［例 2.2］图

解:（1）计算轴力。

在 AB 段，沿 1—1 截面截开，取左段为研究对象，画受力图如图 2.10（b）所示。由平衡条件 $\sum F_x = 0$，有

$$-F_1 + F_{N1} = 0$$

可得

$$F_{N1} = F_1 = 20\text{kN}$$

同理，在 BC 段沿 2—2 截面截开，仍取左段为研究对象，画受力图如图 2.10（c）所示，可得

$$F_{N2} = F_1 - F_2 = 20 - 50 = -30\text{kN}$$

（2）应力计算。

由式（2.1）可知，AB 段内任一横截面 1—1 上的正应力为

$$\sigma_1 = \frac{F_{N1}}{A_1} = \frac{4F_{N1}}{\pi d_1^2} = \frac{4 \times 20 \times 10^3}{\pi \times 20^2 \times 10^{-6}}$$

$$= 63.7 \times 10^6 \text{N/m}^2 = 63.7\text{MPa}(\text{拉应力})$$

同理，在 BC 段沿 2—2 截面上的正应力为

$$\sigma_2 = \frac{F_{N2}}{A_2} = \frac{4F_{N2}}{\pi d_2^2} = \frac{4 \times (-30) \times 10^3}{\pi \times 30^2 \times 10^{-6}}$$

$$= -42.5 \times 10^6 \text{N/m}^2 = -42.5\text{MPa}(\text{压应力})$$

可见，杆内横截面上的最大正应力发生在 AB 段内的所有横截面上，其值为

$$\sigma_{\max} = \sigma_1 = 63.7\text{MPa}$$

【例 2.3】 轴向受压等截面直杆如图 2.11（a）所示，横截面面积 $A = 1000\text{mm}^2$，载荷 $F = 100\text{kN}$。试求斜截面 m—m 上的正应力和切应力。

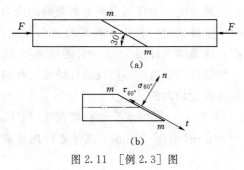

图 2.11 ［例 2.3］图

解:（1）计算轴力。

由平衡条件 $\sum F_x = 0$，有

$$F_N = F = -100\text{kN}$$

（2）计算杆件横截面上的正应力。

$$\sigma = \frac{F_N}{A} = \frac{-100 \times 10^3}{1000} = -100\text{N/mm}^2$$

$$= -100\text{MPa}$$

（3）计算杆件斜截面 m—m 上的

应力。

斜截面 m—m 的方位角为

$$\alpha = 60°$$

由式（2.2）和式（2.3）得

$$\sigma_{60°} = \sigma \cos^2 \alpha = 100 \times \cos^2 60° = -25 \text{MPa}$$

$$\tau_{60°} = \frac{\sigma}{2} \sin 2\alpha = \frac{100}{2} \sin 120° = -43.3 \text{MPa}$$

其方向如图 2.11（b）所示。

2.4 材料在轴向拉伸（压缩）时的力学性能

杆件强度、刚度和稳定性不仅与杆件的形状、尺寸及载荷有关，而且还与材料的力学性能有关。因此，为了解决杆件的强度、刚度和稳定性问题，必须掌握材料的力学性能。

材料的力学性能主要是指材料受力时，在强度和变形方面表现出来的性质。材料性能的各项指标都是通过材料试验测定的。

拉伸试验是研究材料力学性能最基本、最常用的试验。试件的形状和尺寸必须符合国家标准的规定。常用的拉伸试件如图 2.12 所示，标记 m 与 n 之间的杆段为试验段，试验段的长度 l_0 称为标距。对标距内直径为 d_0 的圆截面试件如图 2.12（a）所示，通常规定

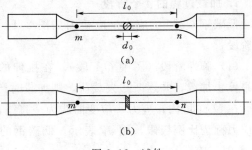

图 2.12 试件

$$l_0 = 10d_0 \quad 或 \quad l_0 = 5d_0$$

对于标距内横截面面积为 A_0 的矩形截面试件如图 2.12（b）所示，规定

$$l_0 = 11.3\sqrt{A_0} \quad 或 \quad l_0 = 5.65\sqrt{A_0}$$

拉伸试验一般是在万能材料试验机上进行的。试验时，首先将材料安装在材料试验机的上、下夹头内，然后开动机器缓慢加载。随着载荷 F 的增加，试件逐渐被拉长，直至把试件拉断。

在试件受力变形过程中，可以随时读出载荷 F 的数值。与此同时，测出每一刻试件与之对应的拉伸变形 Δl。如果取纵坐标轴表示载荷、横坐标轴表示拉伸变形，则载荷 F 与变形 Δl 间的关系曲线如图 2.13 所示，称为试件的**力—伸长曲线**或**拉伸图**。

试验结果表明，试件的拉伸曲线不仅与试件的材料有关，而且与试件横截面尺寸及其标距的大小有关。例如，试验段的横截面面积越大，所需将其拉断的拉力越大；在同一拉力作用下，标距越大，拉伸变形 Δl 也越大。因此，不宜用试件的力—伸长曲线表示材料的拉伸性能。用力—伸长曲线的纵坐标 F 除以试件横截面的原始面积 A_0，用横坐标 Δl 除以标距 l_0，由此得应力—应变关系曲线，称为材料

的应力—应变图或 $\sigma - \varepsilon$ 曲线，如图 2.14 所示。

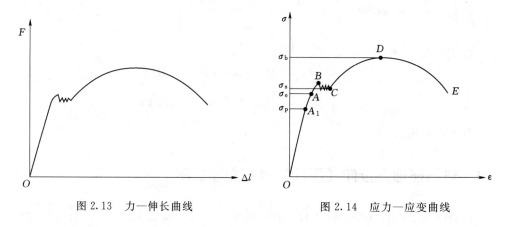

图 2.13　力—伸长曲线　　　　　　图 2.14　应力—应变曲线

下面以应力—应变图为基础，并结合试验过程中所观察到的现象，介绍材料的力学性能。

2.4.1　低碳钢拉伸时的力学性能

低碳钢是工程中广泛应用的金属材料，其应力—应变图具有典型意义。

1. 加载过程的 4 个阶段

低碳钢 Q235 的应力—应变图如图 2.14 所示，其应力—应变关系出现以下 4 个阶段。

（1）弹性阶段（图中 OA 段）。在拉伸的初始阶段，试件的变形是弹性变形，如果停止加载，并逐渐卸去载荷，则加载时产生的变形将全部消失。

在 OA_1 段内，应力—应变曲线为一直线，正应力与正应变成正比。A_1 点对应的应力称为**比例极限**，用 σ_P 表示。低碳钢的比例极限 $\sigma_P \approx 200\mathrm{MPa}$。当应力不超过 σ_P 时，有

$$\sigma = E\varepsilon$$

这就是胡克定律。弹性模量 E 即为直线 OA_1 的斜率，即

$$E = \frac{\sigma}{\varepsilon} = \tan\alpha$$

超过比例极限点后的 A_1A 段不再保持直线，说明应力与应变不再保持线性关系，而是非线性关系，但此阶段内所产生的变形仍是弹性变形。弹性阶段的最高点 A 所对应的应力值，称为**弹性极限**，用 σ_e 表示。

材料的比例极限 σ_P 和弹性极限 σ_e 虽然物理意义不同，但二者数值非常接近，工程上不予以区别，并多把比例极限 σ_P 当作弹性极限。

（2）屈服阶段（图中 BC 段）。超过弹性极限之后，随着荷载的增加，试件除产生弹性变形外，还要产生部分塑性变形。当应力增加到某一定值时，应力—应变曲线出现水平线段（伴有微小波动）。此阶段内，应力几乎不变，而应变却急剧增长，材料失去抵抗继续变形的能力，这种现象称为**屈服**。使材料发生屈服的应力值（一般取段内最低应力值），称为材料的**屈服极限**，用 σ_s 表示。低碳钢的屈服极限 $\sigma_s = 235\mathrm{MPa}$。

如果试样表面光滑，当材料屈服时，试件表面将出现与轴线约成 45°的斜纹。

如前所述，在杆件的 45°斜截面上，作用有最大切应力，因此，此斜纹可认为是材料沿该截面产生滑移所导致的，故通常称为**滑移线**。

（3）强化阶段（图中 CD 段）。经过屈服阶段后，材料又恢复了抵抗变形的能力，要使材料继续变形，需要继续增大拉力。图中曲线表现为应力、应变都增加，这种现象称为材料的**强化**。强化阶段的最高点 D 所对应的应力是材料所能承受的最大应力，称为**强度极限**，用 σ_b 表示。低碳钢的强度极限 $\sigma_b=380\text{MPa}$。

（4）颈缩阶段（图中 DE 段）。当应力值增长至最大值 σ_b 后，试样的某一局部范围内，横截面尺寸将急剧减少，形成颈缩现象，如图 2.15 所示。颈缩出现后，使试样继续伸长所需的拉力相应减小，应力也随之下降。这时，试样已经完全丧失承载能力，曲线降至 E 点，试件被拉断。

2. 材料在卸载与再加载时的力学行为

在拉伸过程的不同阶段进行卸载和再加载试验，材料的表现也不同。

（1）在弹性阶段内卸载时，应力—应变仍保持正比的关系，沿直线 OA 回到 O 点，如图 2.16 所示，直至应力 σ 降为零，应变 ε 也完全消失，所以直线 OA 既是加载曲线也是卸载曲线。

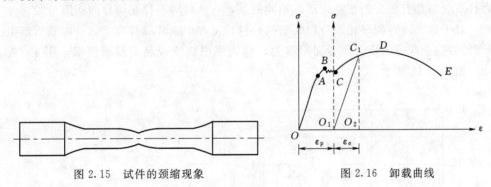

图 2.15　试件的颈缩现象　　　　　图 2.16　卸载曲线

（2）在超过弹性极限后，如在强化阶段某一点 C_1 开始卸载，则卸载过程中的应力—应变曲线如图 2.16 中的 C_1O_1 所示，卸载曲线为一直线，并且与 OA 大致平行。线段 O_1O_2 代表随荷载而消失的应变即弹性应变 ε_e。而线段 OO_1 则代表应力减小至零时残留的应变 ε_p，即塑性应变或残余应变。由此可见，当应力超过弹性极限后，材料的应变包括弹性应变和塑性应变，但在卸载过程中，应力与应变之间为线性关系。

（3）如果卸载至 O_1 点后立即重新加载，则加载时的应力与应变关系基本上沿卸载时的直线 O_1C_1 变化，过 C_1 点后仍沿原曲线 C_1DE 变化，并至 E 点断裂，因此，如果将卸载后已有塑性变形的试件当作新试件重新进行拉伸试验，其比例极限或弹性极限将得到提高，而断裂时的塑性变形则减小。由于预加塑性变形，而使材料的比例极限或弹性极限提高的现象，称为**冷作硬化**。工程中常利用冷作硬化，提高某些材料在弹性范围内的承载能力，如冷拉钢筋、冷拔钢丝等。

3. 材料的塑性

试件拉断时弹性变形消失，残余变形最大。试件的标距由原来的 l_0 变为 l_b。长度的变化 Δl 与原标距 l_0 的比值用百分比表示，称为材料的**延伸率**，用 δ 表

示，即

$$\delta = \frac{\Delta l}{l} \times 100\% = \frac{l_b - l_0}{l} \times 100\%$$

这是衡量材料塑性性能的指标。低碳钢的平均延伸率为 $20\% \sim 30\%$。

试件断裂后，断口处的横截面面积最小。设试验段横截面的原面积为 A_0，断裂后断口的横截面面积为 A_b，则比值

$$\psi = \frac{A_0 - A_b}{A} \times 100\%$$

称为**断面收缩率**，用 ψ 表示。断面收缩率 ψ 也是衡量材料塑性的一个指标。低碳钢的断面收缩率约为 60%。

材料的延伸率和断面收缩率数值越高，其塑性性能就越好。工程上一般认为 $\delta > 5\%$ 的材料称为塑性材料；$\delta \leqslant 5\%$ 的材料称为脆性材料。

2.4.2 其他塑性材料在拉伸时的力学性能

其他金属材料（如铬锰硅钢与硬铝等材料）的应力—应变图如图 2.17 所示。可以看出，这些材料与低碳钢相比，相同的是都有各自的比例极限 σ_P 和强度极限，而且断裂时都有较大的塑性变形；不同的是，有些材料不存在明显的屈服阶段。

对于这类没有明显屈服阶段的塑性材料，工程中通常以对应于试件卸载后产生 0.2% 的残余应变的应力作为屈服应力，称为**屈服强度**或**名义屈服极限**，用 $\sigma_{0.2}$ 表示，如图 2.18 所示。

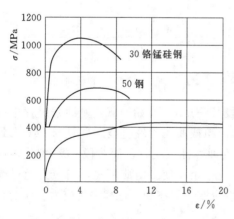

图 2.17 其他金属材料应力—应变图

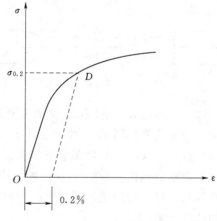

图 2.18 名义屈服极限

2.4.3 铸铁在拉伸时的力学性能

铸铁拉伸时的应力—应变曲线如图 2.19 所示。从试件开始受力直至被断裂，变形始终很小，断裂时的应变只有原长的 $0.2\% \sim 0.3\%$；拉伸过程中既无屈服阶段，也无颈缩现象，而只能测得其在拉断时的应力值，此应力值就是衡量它强度的唯一指标，即强度极限 σ_b。

大多数脆性材料拉伸应力—应变曲线上都没有明显的直线段，铸铁的应力—应变曲线即属此例（图 2.19）。因为没有明显的直线部分，工程中通常用规定某一应

变时应力—应变曲线的割线来代替此曲线在开始部分的直线，从而确定其弹性模量，并称为**割线弹性模量**，即自原点到曲线上一点的直线的斜率，用 E_s 表示。

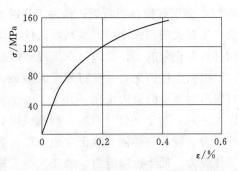

图 2.19 铸铁拉伸时的应力—应变曲线

2.4.4 低碳钢压缩时的力学性能

材料受压时的力学性能由压缩试验测定。材料的压缩试件，一般做成短圆柱体，试件高度一般为直径的 1.5～3 倍。

低碳钢压缩时的应力—应变曲线如图 2.20 所示，为了便于比较，图中虚线表示低碳钢在拉伸时的应力—应变曲线。从图中可以看出，在屈服之前压缩曲线与拉伸曲线基本重合，这说明低碳钢压缩时的弹性模量 E、比例极限 σ_P、屈服极限 σ_s 均与拉伸时基本相同。在屈服之后，两条曲线逐渐分离，压缩曲线一直在上升。这是因为随着荷载的不断增加，试件越压越扁，横截面面积增加而承受的荷载也随之提高，最后试件被压成饼状但不破坏，因此无法测出低碳钢压缩时的强度极限。由于屈服阶段以前的力学性质基本相同，所以认为低碳钢是拉压性能相同的材料。

2.4.5 铸铁在压缩时的力学性能

铸铁压缩时的应力—应变曲线如图 2.21 所示，与铸铁拉伸时的应力—应变曲线（图中虚线）相比，相同的是也没有明显的直线部分屈服阶段，压坏时的应力就是衡量它强度的指标，称为**抗压强度**，用 σ_{bc} 表示。

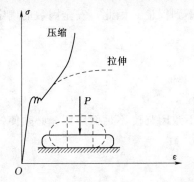

图 2.20 低碳钢压缩时应力—应变曲线

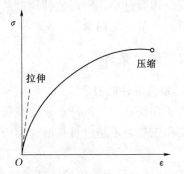

图 2.21 铸铁压缩时应力—应变曲线

铸铁压缩时强度极限远远高于拉伸时的数值，是拉伸强度极限的 4～5 倍。另外，铸铁压缩曲线破坏时的断口方位角约为 45°，这说明铸铁压缩时，试件沿最大切应力面发生错动而被剪断。

2.5 许用应力与强度条件

2.5.1 许用应力

通过材料的拉伸和压缩试验可知，当构件工作的正应力达到材料的强度极限

σ_b 时，会引起构件的断裂；构件工作时的正应力达到材料的屈服极限 σ_s 时，构件会产生很大的塑性变形。显然，构件工作时发生断裂或产生过大的塑性变形都将使构件丧失正常的工作能力，在工程中都是绝对不允许的。

根据上述情况，通常将强度极限 σ_b 和屈服极限 σ_s 统称为材料的**极限应力**，即材料所能承受的应力上限，用 σ^0 表示。对于脆性材料取其强度极限为极限应力，即 $\sigma^0 = \sigma_b$；对于塑性材料取其屈服极限为极限应力，即 $\sigma^0 = \sigma_s$。

为了确保构件能安全正常地工作，必须保证构件在载荷作用下产生的应力，即**工作应力**，低于极限应力。但在实际工程中有许多无法预计的因素，如作用在杆件上的载荷常常估计不准确、计算简图不能精确反映构件的实际工作情况、构件材料与标准试件材料存在差异等都会对构件试件能够承担的工作应力产生影响。所以，为了保证构件安全工作，并有一定的安全储备，必须将构件的工作应力限制在比极限应力更低的范围内，即将材料的极限应力 σ^0 除以一个大于 1 的系数后作为构件最大工作应力所不允许超过的数值，这个应力称为**许用应力**，用 $[\sigma]$ 表示许用正应力。许用应力与极限应力的关系为

$$[\sigma] = \frac{\sigma_s}{n_s} (塑性材料)$$

$$[\sigma] = \frac{\sigma_b}{n_b} (脆性材料)$$

式中：n_s 与 n_b 都为大于 1 的系数，称为**安全系数**。工程中，n_s 取 $1.4 \sim 1.7$，n_b 取 $2.5 \sim 3$。常用材料的安全因数或许用应力可从有关的规范中查到。

安全因数反映了构件的强度储备，同时也起着调节安全与经济之间矛盾的作用。对于同一材料而言，安全因数取值过大，即许用应力降低，会造成材料的浪费；安全因数过小，则可能使构件的安全得不到保证。因此，安全因数的确定是一个既重要又复杂的问题。

2.5.2　强度条件

1. 强度条件的概念

为了保证轴向拉压杆在承受载荷工作时不致因强度不足而破坏，必须使杆内的最大工作正应力不超过材料的许用应力，即

$$\sigma_{max} \leqslant [\sigma] \tag{2.4}$$

式（2.4）称为轴向拉压杆的强度条件。

2. 强度条件的应用

利用强度条件，可以解决实际工程中以下三类问题。

（1）强度校核。已知杆件的几何尺寸、受力大小及许用应力，校核杆件的强度是否安全，也就是验证式（2.4）是否满足。如果满足，则杆件的强度是安全的；否则，杆件强度是不安全的。

（2）截面设计。已知杆件的受力大小以及许用应力，根据强度条件可以确定该杆所需横截面面积，进而设计出合理的横截面尺寸。由式（2.1）有

$$A \geqslant \frac{F_N}{[\sigma]}$$

式中：F_N 和 A 分别为产生最大正应力的横截面上的轴力和面积。

（3）确定许用载荷。已知杆件的几何尺寸以及许用应力，根据强度条件可以确定杆件所能承受的最大轴力，由式（2.1）有

$$F_{Nmax} \leqslant [\sigma]A$$

再由载荷与最大轴力 F_{Nmax} 的关系，进而求得所能承受的外加载荷，即许用载荷 $[F_P]$。

【例 2.4】 直杆受力如图 2.22（a）所示，已知 $F_1 = 30kN$，$F_2 = 80kN$，$F_3 = 200kN$，$F_4 = 150kN$，杆的横截面面积 $A = 10cm^2$，材料的许用应力 $[\sigma] = 170MPa$，试校核杆件的强度。

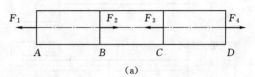

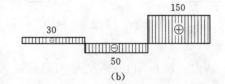

图 2.22 ［例 2.4］图

解：（1）计算轴力画轴力图，如图 2.22（b）所示。CD 段的轴力最大，该段的所有横截面都是危险截面。

$$F_{Nmax} = F_{NCD} = 150kN$$

（2）强度校核。

$$\sigma_{max} = \frac{F_{Nmax}}{A} = \frac{150 \times 10^3}{10 \times 10^2} = 150MPa \leqslant [\sigma]$$

所以，该杆的强度是安全的。

【例 2.5】 三角架结构如图 2.23 所示，BC 为钢杆，AB 为木杆。BC 杆的横截面面积为 $A_2 = 6cm^2$，许用应力 $[\sigma]_2 = 160MPa$。AB 杆的横截面面积 $A_1 = 100cm^2$，许用应力 $[\sigma]_1 = 7MPa$。试求许可吊重 P。

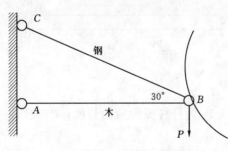

图 2.23 ［例 2.5］图

解： 钢杆 BC 的强度设计。

令 $N_{BC} = [\sigma]_2 A_2 = 160 \times 10^6 \times 6 \times 10^{-4}N = 96(kN)$

$$N_{BC} = 2P_1, P_1 = 48kN$$

木杆 AB 的强度设计。

令 $N_{AB} = [\sigma]_1 A_{21} = 7 \times 10^6 \times 100 \times 10^{-4}N = 70(kN)$

$$N_{AB} = \sqrt{3}P_2, P_2 = \frac{N_{AB}}{\sqrt{3}} = 40.4(kN)$$

所以 $$P = P_2 = 40.4kN$$

【例 2.6】 冷镦机的曲柄滑块机构如图 2.24 所示。镦压工件时连杆接近水平位置，承受的镦压力为 $F = 1100kN$，连杆截面为矩形，高度 h 与宽度 b 之比为 1.4，构件的许用应力 $[\sigma] = 60MPa$，试确定截面尺寸 h 及 b。

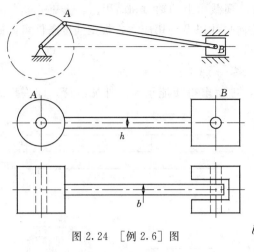

图 2.24　[例 2.6] 图

解：（1）计算轴力。连杆的轴力等于镦压力，即

$$F_N = F = 1100 \text{kN}$$

（2）计算连杆截面尺寸。连杆的横截面面积

$$A = hb = 1.4b^2$$

根据强度条件，有

$$\sigma = \frac{F_N}{A} = \frac{F_N}{bh} = \frac{F_N}{1.4b^2} \leqslant [\sigma]$$

解得

$$b \geqslant \sqrt{\frac{F_N}{1.4[\sigma]}} = \sqrt{\frac{1100 \times 10^3}{1.4 \times 60}} = 115 (\text{mm})$$

由 $h/b = 1.4$，得 $h \geqslant 161 \text{mm}$

所以，取 $b = 115 \text{mm}$，$h = 161 \text{mm}$。

2.6　拉（压）杆的变形——胡克定律

杆件受到轴向载荷作用后，杆件的轴向与横向尺寸均发生改变，如图 2.25 所示。

2.6.1　纵向变形

杆件沿轴线方向的变形（伸长或缩短），称为**纵向变形**或**轴向变形**，它是杆件长度尺寸的绝对改变量，用 Δl 表示，即

图 2.25　纵向变形

$$\Delta l = l_1 - l$$

式中：Δl 为杆件的轴向变形量（m 或 mm）；l_1 为杆件变形后的长度；l 为杆件变形前的长度（图 2.25）。

杆件在轴向拉伸时纵向变形为正，压缩时纵向变形为负。

Δl 表示杆件在纵向的总变形量，不能说明杆件的变形程度。为了准确说明杆件的变形程度，消除原始尺寸对杆件变形量的影响，将杆件的纵向变形量 Δl 除以杆件的原长 l，得到杆件单位长度的纵向变形 ε，ε 称为**纵向线应变**，简称**线应变**，有

$$\varepsilon = \frac{\Delta l}{l} \qquad (2.5)$$

ε 的正负号与 Δl 的相同，拉伸时为正值，压缩时为负值。ε 是一个无量纲的量。

2.6.2　横向变形

垂直轴线方向的变形（缩小或增大），称为**横向变形**，它是杆件横向尺寸的绝

对改变量。设杆件变形前横向尺寸为 b，变形后横向尺寸为 b_1，如图 2.25 所示，则横向变形用 Δb 表示，即

$$\Delta b = b_1 - b$$

杆件在轴向拉伸时的横向变形为负值，压缩时为正值。

同理，将杆件的横向变形量 Δb 除以杆件变形前的横向尺寸 b，得到杆件单位长度的横向变形 ε'，ε' 称为**横向线应变**，有

$$\varepsilon' = \frac{\Delta b}{b}$$

ε' 的正负号与 Δb 相同，压缩时为正值，拉伸时为负值。ε' 也是一个无量纲的量。

2.6.3 胡克定律

试验表明，在材料的弹性变形范围内，拉（压）杆的伸长量 Δl 与杆件所承受的轴力 F_N、杆件的原长 l 成正比，而与杆件的横截面面积成反比，即

$$\Delta l \propto \frac{F_N l}{A}$$

引入比例常数 E，则有

$$\Delta l = \frac{F_N l}{EA} \qquad (2.6)$$

上式表示杆件受力与变形关系的胡克定律。其中比例常数 E 称为材料的**弹性模量**，其值由试验测定，它与正应力具有相同的单位。

从式（2.6）可以推断出，对于长度相同、轴力相同的杆件，分母 EA 越大，杆件的纵向变形 Δl 就越小。可见，EA 反映了杆件抵抗拉压变形的能力，故称 EA **为杆件的拉（压）刚度**。

需要指出的是，式（2.6）仅适用于等截面常轴力拉压杆；对于轴向载荷、横截面面积或弹性模量沿杆轴逐段变化的拉压杆，其轴向变形则为

$$\Delta l = \sum_{i=1}^{n} \frac{F_{Ni} l_i}{E_i A_i} \qquad (2.7)$$

式中：F_{Ni}、l_i、E_i 和 A_i 分别为杆段 i 的轴力、长度、弹性模量和横截面面积；n 为杆件的段数。

若将式（2.6）的两边同时除以杆件的原长 l，即

$$\frac{\Delta l}{l} = \frac{F_N}{EA}$$

则有

$$\varepsilon = \frac{\sigma}{E} \qquad (2.8a)$$

或

$$\sigma = E\varepsilon \qquad (2.8b)$$

式（2.8a）和式（2.8b）是胡克定律的另一表达形式，表明在弹性变形范围内，应力和应变成正比。

试验表明，在弹性变形范围内，横向线应变 ε' 和纵向线应变 ε 比值的绝对值是

一个常数，用 ν 表示

$$\nu = \left| \frac{\varepsilon'}{\varepsilon} \right| \tag{2.9a}$$

由于 ε' 与 ε 始终异号，故存在

$$\varepsilon' = -\nu\varepsilon \tag{2.9b}$$

式中：ν 称为**泊松比**或**横向变形系数**，其值也由试验测定，为一无量纲的量。

【例 2.7】 阶梯杆受力如图 2.26 所示。求图示阶梯状直杆各横截面上的应力，并求杆的总伸长。材料的弹性模量 $E = 200\text{GPa}$。横截面面积 $A_1 = 200\text{mm}^2$，$A_2 = 300\text{mm}^2$，$A_3 = 400\text{mm}^2$。

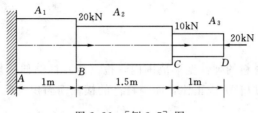

图 2.26 ［例 2.7］图

解： CD 段 $F_{N3} = 20\text{kN}$（压）

$$\Delta l_3 = \frac{F_{N3} l_{CD}}{EA_3} = \frac{20 \times 10^3 \times 1}{200 \times 10^9 \times 400 \times 10^{-6}} = 0.00025(\text{m}) = 0.25(\text{mm})$$

CB 段 $F_{N2} = 10\text{kN}$（压）

$$\Delta l_2 = \frac{F_{N2} l_{CB}}{EA_2} = \frac{10 \times 10^3 \times 1.5}{200 \times 10^9 \times 300 \times 10^{-6}} = 0.00025(\text{m}) = 0.25(\text{mm})$$

AB 段 $F_{N1} = 10\text{kN}$

$$\Delta l_1 = \frac{F_{N1} l_{AB}}{EA_1} = \frac{10 \times 10^3 \times 1}{200 \times 10^9 \times 200 \times 10^{-6}} = 0.00025(\text{m}) = 0.25(\text{mm})$$

$$\Delta l = \Delta l_1 - \Delta l_2 - \Delta l_3 = -0.25\text{mm}（缩短）$$

【例 2.8】 如图 2.27（a）所示，横截面面积为 A、单位长度重量为 q 的无限长弹性杆，自由地放在摩擦系数为 f 的粗糙水平地面上，试求欲使该杆端点产生位移 δ 所需的轴向力 P。弹性模量 E 为已知。

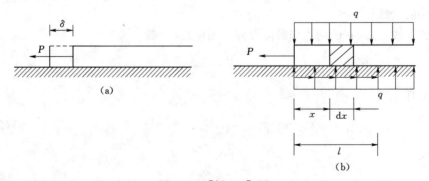

图 2.27 ［例 2.8］图

解： 此时弹性杆的受力图如图 2.27（b）所示。弹性杆因为无限长，所以只有伸长部分有滑动摩擦力，不伸长部分没有摩擦力。设伸长部分长度为 l，单位长度

摩擦力 $f_q = qf$。伸长段内 x 截面处的轴力为
$$N(x) = P - qfx$$
平衡方程为
$$\sum X = 0, \quad qfl - P = 0$$
所以
$$l = \frac{p}{qf}$$
dx 微段的伸长量为
$$d(\Delta l) = \frac{N(x)dx}{EA}$$
l 长度伸长了 δ，所以

$$\Delta l = \delta = \int_0^l d(\Delta l) = \int_0^l \frac{(P - qfx)dx}{EA} = \frac{P - \frac{qfl^2}{2}}{EA} = \frac{P^2}{2qfEA}$$

即

$$P = \sqrt{2\delta qfEA}$$

分析：轴向拉伸的杆件，只要截面上有轴力，其相邻微段上就有伸长量，所以只有轴力为零时才不伸长。伸长所引起的摩擦是滑动摩擦，单位长度摩擦力 $f_q = qf$。同时伸长段的轴力是 x 的一次式，而不是常数。所以，应先求 dx 微段的伸长，然后积分求出伸长段的伸长量，最后解出拉力值 P。

2.7 拉压杆静不定问题

2.7.1 拉压静不定问题及其解法

1. 静不定问题概念

前面几节所讨论的问题中，作用在拉压杆上的外力或横截面上的轴力都可以利用静力学平衡方程直接求出，未知力的数目等于静力平衡方程的个数，这类问题称为静定问题。例如，图 2.28 （a）所示的桁架即为一静定问题。

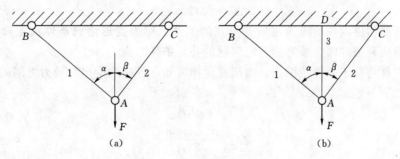

图 2.28 静定杆与超静定杆

如果在上述桁架中增加一 AD，如图 2.28 （b）所示，则未知轴力变为 3 个，但独立的平衡方程只有两个，无法利用平衡方程求出 3 个未知轴力，这类问题属于静不定或超静定问题。

静定问题未知力的数目等于独立平衡方程数目。静不定问题未知力的数目多于独立平衡方程的数目。未知力的数目与独立平衡方程数目的差，称为静不定次数。可见，图 2.28 （b）所示桁架为一次静不定结构。

2. 静不定问题的解法

为了解决静不定问题，除了考虑平衡方程外，还必须研究变形，并利用变形与内力之间的关系，建立足够数量的补充方程。下面以图 2.29（a）所示静不定桁架为例，介绍静不定问题的解法。

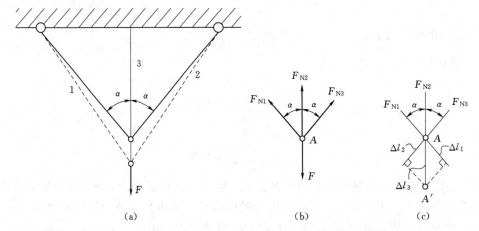

图 2.29　静不定杆解法

设杆 1 与杆 2 各截面的拉压刚度相同，均为 EA，杆 3 各截面的拉压刚度均为 $E_3 A_3$，杆 1 的长度为 l_1。取 A 节点为研究对象，在荷载 F 作用下，设三杆均伸长，故可设三杆均受拉，作受力图如图 2.29（b）所示。由平衡方程，得

$$\sum F_x = 0, F_{N2}\sin\alpha - F_{N1}\sin\alpha = 0 \tag{1}$$

$$\sum F_y = 0, F_{N1}\cos\alpha + F_{N2}\cos\alpha + F_{N3} - F = 0 \tag{2}$$

三杆原交于点 A，由铰链连接，变形后它们任意交于一点。由于杆 1 与杆 2 的受力及拉压刚度相同、变形相同，节点 A 应铅垂下移，各杆变形如图 2.29（c）所示。由此，为保证三杆变形后任意交于一点，即保证杆 1、杆 2 的变形 Δl_1 与杆 3 的变形 Δl_3 之间应满足如下关系，即

$$\Delta l_1 = \Delta l_3 \cos\alpha \tag{3}$$

保证结构连续性所应满足的变形几何关系，称为**变形协调条件**或**变形协调方程**。变形协调条件即为求解静不定问题的补充条件。

设三杆均处于弹性范围内，由胡克定律可知，各杆的变形与轴力之间的关系为

$$\Delta l_1 = \frac{F_{N1} l_1}{EA} \tag{4}$$

$$\Delta l_3 = \frac{F_{N3} l_1 \cos\alpha}{E_3 A_3} \tag{5}$$

将关系式（4）和式（5）代入式（3），得到用轴力表示的变形协调方程，即补充方程为

$$F_{N1} = \frac{EA}{E_3 A_3} \cos^2\alpha \cdot F_{N3} \tag{6}$$

最后，将补充方程式（6）与静力平衡方程式（1）、式（2）联立求解，于是得

$$F_{N1} = F_{N2} = \frac{F \cos^2\alpha}{\dfrac{E_3 A_3}{EA} + 2\cos^3\alpha} \tag{7}$$

$$F_{N3} = \frac{F}{1 + \dfrac{2EA}{E_3 A_3 \cos^3 \alpha}} \tag{8}$$

所得结果均为正，说明各杆的轴力均为拉力的假设是正确的。

式（7）、式（8）表明，杆的轴力不仅与荷载有关，而且与杆的拉压刚度有关。静不定问题的内力分配与构件刚度密切相关是静不定问题的重要特点，也是区别于静定问题的一个重要特征。

综上所述，求解静不定问题必须考虑以下 3 个方面：满足平衡方程；满足变形协调条件；符合力与变形间的物理关系（如在弹性范围内符合胡克定律）。总之，应综合考虑静力学、几何与物理三方面。

【例 2.9】 如图 2.30 所示两端固定杆，承受轴向载荷 F 作用，求杆端的支反力。设拉压刚度 EA 为常数。

解：（1）静力学方面。杆的受力如图 2.30 所示，由静力平衡方程

$$\sum F_x = 0, F - F_{Ax} - F_{Bx} = 0 \tag{1}$$

可见，一个平衡方程无法求出两个未知力。此为一次超静定问题。

（2）几何方面。根据杆端的约束条件可知，受力后各杆段虽然沿着轴向变形，但杆件的总长不变，所以，如果将 AC 与 CB 段的轴向变形分别用 Δl_{AC} 和 Δl_{CB} 表示，则变形协调方程为

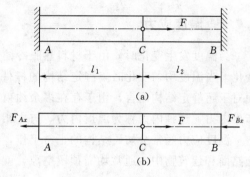

图 2.30 ［例 2.9］图

$$\Delta l_{AC} + \Delta l_{CB} = 0 \tag{2}$$

（3）物理方面。由图 2.30（b）可知，AC 与 CB 段的轴力分别为

$$F_{N1} = F_{Ax}$$

$$F_{N2} = -F_{Bx}$$

由胡克定律可知

$$\Delta l_{AC} = \frac{F_{Ax} l_1}{EA} \tag{3}$$

$$\Delta l_{CB} = \frac{-F_{Bx} l_2}{EA} \tag{4}$$

（4）支反力计算。将式（3）、式（4）代入式（2），得补充方程为

$$F_{Ax} l_1 - F_{Bx} l_2 = 0 \tag{5}$$

将式（5）与式（1）联立求解，得

$$F_{Ax} = \frac{F l_2}{l_1 + l_2}, F_{Bx} = \frac{F l_1}{l_1 + l_2}$$

所得结果均为正，说明支反力方向与假设方向一致。

2.7.2 装配应力

杆件在制成后往往会产生微小的尺寸误差。在静定结构中，这些微小误差只会引起结构的几何形状的微小变化，而不会引起附加内力。但在超静定结构中，由于

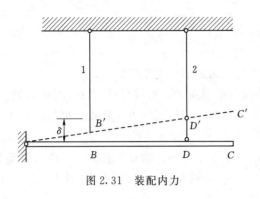

图 2.31　装配内力

有了多余约束，就将产生附加内力。如图 2.31 所示的超静定结构，若 1 杆的长度在制作时比原设计短了 δ，则在装配时就需将 1 杆拉长到 B'，同时将 2 杆压缩到 D' 才能装配。这样，在装配后的结构中，在没有外力作用时，1、2 杆中已有内力，这种附加的内力称为装配内力。与之相应的应力称为装配应力。

装配应力是结构在荷载作用以前已经具有的应力，称为初应力。一般来说，初应力对结构将产生不利影响，但工程中有时也利用它来提高结构的承载能力，如预应力钢筋混凝土构件。

2.7.3　温度应力

当温度发生变化时，由于材料热胀冷缩的物理性质，构件的形状和尺寸将发生变化。当温度均匀变化时，静定结构的杆件可自由变形，不会在杆件中产生内力。而对于超静定结构而言，由于存在多余约束，构件变形受到相应的限制，将在杆中产生内力，这种内力称为**温度内力**，与之相应的应力则称为**温度应力**。

温度应力经常会妨碍结构的正常工作，甚至导致破坏。在铁轨的接头处，混凝土路面和建筑物中，通常均需预留空隙，就是为了防止温度应力的破坏作用。

2.8　应力集中

在 2.3 节中，对轴向拉压的等直杆得出了横截面上的正应力均匀分布的结论，但是，工程中由于构造与使用方面的需要，有些构件要开孔、开槽等，这时构件的截面尺寸发生显著的改变，其横截面上的正应力不再是均匀分布的了。

开孔板条承受轴向载荷时通过孔中心线的截面上的应力分布如图 2.32 所示，在开孔处产生了很高的局部应力，这种因截面尺寸显著变化而引起应力局部增大的现象，称为**应力集中**。由图 2.32 所示的应力分布情况可知，应力增大的现象只发生在孔边附近，离孔稍远，应力急剧下降而趋于平缓。

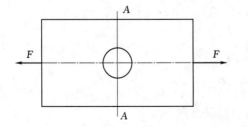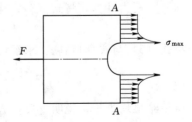

图 2.32　应力集中

应力集中的程度用理论应力集中因数描述。应力集中处横截面上的最大正应力与不考虑应力集中时的应力值（称为名义应力）之比，称为**理论应力集中因数**，用

K 表示，即

$$K = \frac{\sigma_{max}}{\sigma_n} \tag{2.10}$$

式中：σ_n 为不考虑应力集中影响的名义应力；σ_{max} 为最大局部应力。

应力集中对构件强度的影响与构件的材料性质有关。在静载荷下，对于塑性材料，当应力集中处的最大应力达到材料的屈服极限时，该处的应力保持不变，发生塑性变形。当载荷继续增加时，将使得发生应力集中处的截面上其他点的应力逐渐增大，最后当整个截面上的应力都达到屈服极限时，构件失去承载能力。对于脆性材料，当应力集中处的最大应力达到材料的强度极限时，构件出现开裂，很快失去承载能力。应力集中严重影响了脆性材料的强度。在动载荷下，无论是塑性材料还是脆性材料，应力集中都将对构件的强度产生较大的影响。

小　结

1. 轴向拉伸（压缩）变形

受力特征：外力或外力合力作用线与杆轴线重合。

变形特征：杆件轴线均匀伸长（缩短）。

2. 轴向拉伸（压缩）时横截面上的内力—轴力

（1）轴向拉、压时杆件横截面上的内力—轴力以 F_N 表示，沿杆件轴线方向。

（2）轴力的正负号规定：拉为正，压为负。

（3）轴力图：表示各横截面上的轴力沿杆轴线变化规律的图线。

3. 轴向拉伸（压缩）时横截面上的应力

（1）应力分布规律：对于等截面直杆，正应力在整个截面上均匀分布。

（2）计算公式。

$$\sigma = \frac{F_N}{A}$$

4. 轴向拉伸（压缩）时斜截面上的应力

（1）斜截面上的应力。

正应力：　　　　　　　$\sigma_\alpha = p_\alpha \cos\alpha = \sigma \cos^2\alpha$

切应力：　　　　　　　$\tau_\alpha = p_\alpha \sin\alpha = \sigma/2 \sin 2\alpha$

（2）最大、最小应力。

$$\sigma_{max} = \sigma, \quad |\tau|_{max} = \frac{\sigma}{2}$$

$$\sigma_{min} = \sigma_{90°} = 0, \tau_{min} = \tau_{90°} = 0$$

5. 材料在轴向拉伸（压缩）时的力学性能

（1）弹性变形与塑性变形。

弹性变形：解除外力后能完全消失的变形。

塑性变形：解除外力后不能消失的永久变形。

（2）变形的 4 个阶段。弹性变形阶段、屈服阶段、强化阶段、局部变形阶段。

（3）力学性能指标。

比例极限 σ_p：应力和应变成正比时的最高应力值。

弹性极限 σ_e：只产生弹性变形的最高应力值。

屈服极限 σ_s：应力变化不大，应变显著增加时的最低应力值。

强度极限 σ_b：材料在破坏前所能承受的最大应力值。

（4）塑性性能指标。

延伸率

$$\delta = \frac{l_b - l_0}{l} \times 100\%$$

截面收缩率

$$\psi = \frac{A_0 - A_b}{A} \times 100\%$$

（5）冷作硬化：材料经过预拉至强化阶段，卸载后再受拉时，呈现比例极限提高、塑性降低的现象。

6. 轴向拉伸（压缩）时的强度条件

杆件最大的应力不得超过材料的许用应力，即

$$\sigma_{max} \leqslant [\sigma]$$

许用应力是材料允许承受的最大工作应力，有

$$[\sigma] = \frac{\sigma_s}{n_s}（塑性材料）$$

$$[\sigma] = \frac{\sigma_b}{n_b}（脆性材料）$$

强度计算的三类问题如下。

（1）强度校核

$$\sigma_{max} \leqslant [\sigma]$$

（2）截面设计

$$A \geqslant \frac{F_N}{[\sigma]}$$

（3）确定许用荷载，即

$$F_{Nmax} \leqslant [\sigma]A$$

7. 轴向拉伸（压缩）时的变形

（1）纵向变形。

纵向变形为

$$\Delta l = l_1 - l$$

纵向应变为

$$\varepsilon = \frac{\Delta l}{l}$$

胡克定律为

$$\Delta l = \frac{F_N l}{EA}$$

胡克定律的适用范围如下。

1）材料处于弹性范围内。

2）等截面直杆。

（2）横向变形。

横向变形为

$$\Delta b = b_1 - b$$

横向应变为

$$\varepsilon' = \frac{\Delta b}{b}$$

（3）泊松比。

$$\nu = \left| \frac{\varepsilon'}{\varepsilon} \right|$$

8. 拉压杆静不定问题

（1）静不定结构：拉压件的约束反力或内力不能仅凭静力学平衡方程全部求解的结构。

（2）静不定次数：未知力的数目超过独立平衡方程的数目。

9. 静不定问题的解题步骤

（1）静力平衡条件：利用静力学平衡条件，列出平衡方程。

（2）几何（变形相容）条件：根据结构或构件变形后应保持变形相容条件，由几何关系列出变形的关系方程。

（3）物理关系：应用胡克定律列出力与变形间的关系方程。

（4）将物理关系代入变形相容条件，得补充方程。

思 考 题

2.1　什么是平面假设？在轴向拉（压）杆横截面上的正应力公式推导中，平面假设起了什么作用？

2.2　轴向拉（压）杆斜截面上的应力公式是如何建立的？为何斜截面上各点处的总应力 p_α 一定平行于杆件轴线？最大正应力与最大切应力各位于何截面？其大小如何？正应力、切应力与方位角的正负号是如何规定的？

2.3　低碳钢在拉伸过程中表现为几个阶段？各有何特点？何谓比例极限、屈服极限和强度极限？

2.4　材料经过冷作硬化处理后，其力学性能有何变化？

2.5　塑性材料与脆性材料的主要区别是什么？如何衡量材料的塑性？

2.6　什么是极限应力？什么是许用应力？什么是安全系数？什么是工作应力？

习 题

2.1　求图 2.33 所示各杆横截面 1—1 和 2—2 上的轴力，并作轴力图。

2.2　阶梯直杆受力如图 2.34 所示，各段的横截面面积分别为，$A_1 = 200\text{mm}^2$，$A_2 = 300\text{mm}^2$，$A_3 = 400\text{mm}^2$。试求：（1）各段横截面上的正应力；（2）最大工作正应力发生的位置。

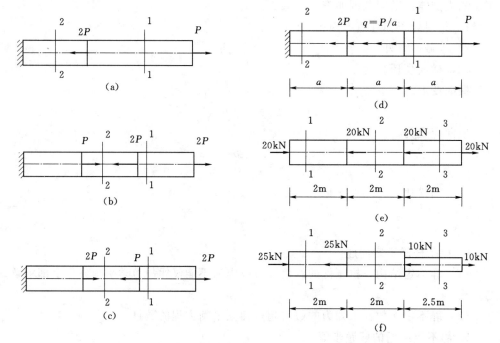

图 2.33 习题 2.1 图

2.3 圆杆如图 2.35 所示,直径为 10mm,在 $F=10kN$ 作用下,试求:(1)最大切应力;(2)与木杆的横截面夹角为 $\alpha=30°$ 的斜截面上的正应力及切应力。

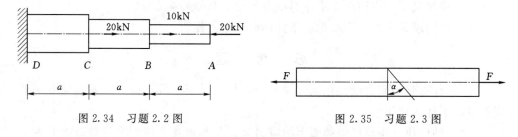

图 2.34 习题 2.2 图   图 2.35 习题 2.3 图

2.4 试求习题 2.2 的阶梯形直杆各段的轴向伸长量和全杆的总伸长量。已知杆的弹性模量,$E=200MPa$,$a=1m$。

2.5 结构如图 2.36 所示,BC 和 AC 都是圆截面直杆,直径均为 $d=20mm$,材料都是 Q235 钢,其许用应力 $[\sigma]=160MPa$。求该结构的许用载荷。

2.6 桁架如图 2.37 所示,杆 1 与杆 2 的横截面均为圆形,直径 $d_1=30mm$,$d_2=20mm$,两杆材料均相同,屈服极限 $\sigma_s=320MPa$,安全因数 $n_s=2.0$。该桁架在节点 A 处承受铅垂方向的载荷 $F=80kN$ 作用,试校核桁架的强度。

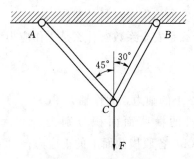

2.7 某汽缸如图 2.38 所示,汽缸内工作压力 $p=1MPa$,汽缸内径 $D=350mm$,活塞杆直径 $d=60mm$。已知活塞杆材料的许用应力 $[\sigma]=40MPa$,试校核活塞杆的强度。

图 2.36 习题 2.5 图

2.8　结构如图 2.39 所示，已知均布荷载 $q=10\text{kN/m}$，拉杆 BC 由两根等边角钢组成，材料的许用应力 $[\sigma]=160\text{MPa}$，试选择等边角钢的型号。

2.9　图 2.40 所示阶梯形圆截面杆 AC，承受轴向载荷 $F_1=200\text{kN}$，$F_2=100\text{kN}$，AB 段的直径 $d_1=40\text{mm}$。如欲使 BC 与 AB 段的正应力相同，求 BC 段的直径。

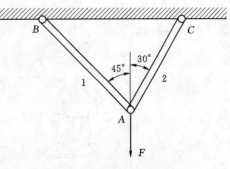

图 2.37　习题 2.6 图

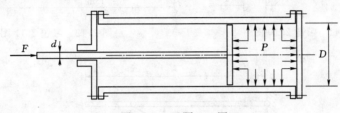

图 2.38　习题 2.7 图

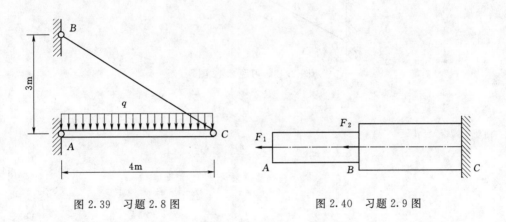

图 2.39　习题 2.8 图　　　　图 2.40　习题 2.9 图

2.10　某拉伸试验机的结构示意图如图 2.41 所示，设试验机上的杆 CD 与试件 AB 的材料相同为低碳钢，其 $\sigma_p=200\text{MPa}$，$\sigma_s=240\text{MPa}$，$\sigma_b=400\text{MPa}$。试验机最大拉力为 100kN。

（1）用这一试验机做拉断试验时，试样直径最大可达多大？

（2）若设计时取试验机的安全因素为 $n=2$，则杆的横截面面积为多少？

（3）若试样直径 $d=10\text{mm}$，今欲测弹性模量，则所加载荷最大不能超过多少？

2.11　起重机如图 2.42 所示，钢丝绳 AB 的横截面面积 $A=500\text{mm}^2$，许用应力 $[\sigma]=40\text{MPa}$，试根据钢丝绳的强度求起重机允许起吊的最大重量 $[F]$。

2.12　结构如图 2.43 所示，AC 为刚性梁，BD 为斜撑杆，载荷 F 可沿梁 AC 水平移动。已知梁长为 l，节点 A 和 D 间的距离为 h。试问：为使斜撑杆的重量最轻，斜撑杆与梁之间的夹角 θ 应取何值？即确定夹角 θ 的最佳值。

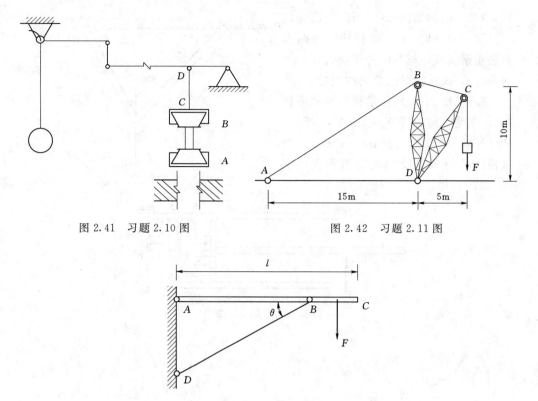

图 2.41　习题 2.10 图　　　　　图 2.42　习题 2.11 图

图 2.43　习题 2.12 图

第 3 章

剪切与挤压

3.1 概述

工程中构件之间常用螺栓［图 3.1 (a)］、铆钉［图 3.1 (b)］、销钉［图 3.1 (c)］、键［图 3.1 (d)］等相连接，这些起连接作用的部件称为连接件。

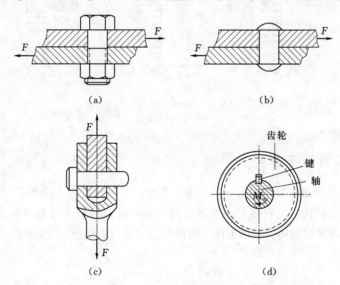

图 3.1 常见的工程连接件

由于连接件的尺寸比较小，且连接方式不同，其受力和变形比较复杂，精确分析其应力比较困难，同时也不实用。因此，工程中均采用简化分析方法（亦称为假定计算法）。其要点是：一方面从连接失效形式的可能性出发，以大致反映其受力基本特征作为简化依据，计算出各部分的"名义应力"；另一方面对同类连接件进行破坏性试验，并采用同样的计算方法，由破坏载荷确定材料的极限应力。本节主要介绍连接件剪切与挤压的概念及假定计算。

3.2 剪切的强度计算

两块钢板用铆钉连接，钢板分别受到载荷 F 的作用，如图 3.1 (b) 所示。铆钉承受由钢板传来的作用力 F。在这一对力 F 的作用下,铆钉的上、下部分将沿着截面 $m-m$ 发生相对错动,如图 3.2(a)所示,这种变形称为剪切变形。剪切变形时的相对错动面 $m-m$ 称为剪切面。剪切变形的受力特点是:构件上受到一对大小相等、方向相反、作用线距离很近且与构件轴线垂直的外载荷作用。变形特点是:构件沿两载荷的分界面发生相对错动。

3.2.1 剪切时的内力

用假想的截面将铆钉沿剪切面 $m-m$ 截开,取截面以下部分为研究对象,如图 3.2(b)所示。考虑此部分的平衡,截面 $m-m$ 上一定有一个作用线与 F 平行的内力存在,这个内力称为剪力,用 F_S 表示。其大小可由静力平衡条件得到,即 $F_S = F$。

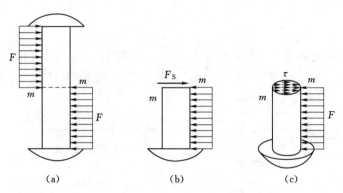

图 3.2 铆钉连接及受力形式

3.2.2 剪切时的应力

与剪力相对应的应力称为切应力,用 τ 表示,方向与剪力 F_S 相同。剪力是由连续分布在剪切面上的切应力合成的。在剪切面上,切应力的分布比较复杂,为了方便计算,工程中主要采用实用计算的方法,假设切应力 τ 在剪切面上是均匀分布的,即

$$\tau = \frac{F_S}{A} \tag{3.1}$$

式中:A 为剪切面面积(mm^2);τ 为剪切面上的平均切应力(MPa)。

3.2.3 剪切强度条件

为保证铆钉安全工作,要求其工作时的切应力不得超过某个许用值,即

$$\tau = \frac{F_S}{A} \leqslant [\tau] \tag{3.2}$$

式中:$[\tau]$ 为许用切应力(MPa),其值等于连接件的剪切强度极限 τ_b 除以安全因数。如前所述,剪切强度极限值也是按式(3.1)并由剪切破坏载荷确定。

3.3 挤压的实用计算

连接件在受剪切的同时,还受到挤压。挤压是指连接件与被连接构件之间相互

传递载荷时，相接触的表面彼此间局部承压的现象。连接件与被连接构件相互紧压的力称为挤压力，用 F_b 表示。由挤压力引起的变形称为挤压变形。

当挤压变形过大时可能使接触处的局部区域发生显著的塑性变形或被压溃，如图 3.3 所示，从而导致连接松动或损坏而失效。因此，连接件还必须进行挤压强度计算。

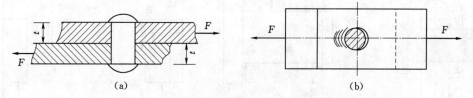

图 3.3 钢板挤压条件下的变形

挤压力的作用面称为挤压面，由挤压力引起的应力称为挤压应力，用 σ_{bs} 表示。挤压力可根据连接件所受外载荷，由平衡条件直接求得，而挤压应力在挤压面上的分布规律比较复杂，所以工程上也采用实用的计算方法，假设挤压应力在挤压面上均匀分布，即

$$\sigma_{bs} = \frac{F_b}{A_{bs}} \tag{3.3}$$

式中：F_b 为挤压面上的挤压力；A_{bs} 为挤压面的计算面积。关于挤压面积 A_{bs} 的计算，要根据接触面的情况来确定。

（1）当挤压面为平面时，以其接触平面的面积为计算挤压面积。

（2）当挤压面为圆柱面时，由于不可能完全在圆柱面上很好地压紧，可以将圆柱面投影到直径平面上的面积作为挤压面面积，如图 3.4（c）所示，计算所得的挤压应力与理论分析得到的最大应力相近。

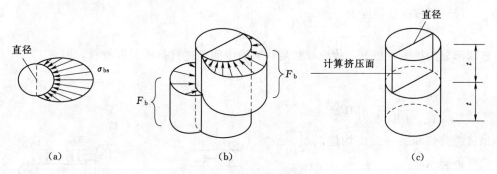

图 3.4 挤压模型简化

挤压的强度条件为

$$\sigma_{bs} = \frac{F_b}{A_{bs}} \leqslant [\sigma_{bs}] \tag{3.4}$$

式中：$[\sigma_{bs}]$ 为材料的挤压许用应力（MPa）。该值由试验测定。可从相关设计手册中查到。

【例 3.1】 一销钉连接，如图 3.5（a）所示，已知外力 $P = 18\text{kN}$，被连接的构件 A 和 B 的厚度分别为 $t = 8\text{mm}$ 和 $t_1 = 5\text{mm}$，销钉直径 $d = 15\text{mm}$，销钉材料

的许用剪应力 $[\tau]$ 为 60MPa，许用挤压应力 $[\sigma_{bs}]$ 为 100MPa。试校核销钉的强度。

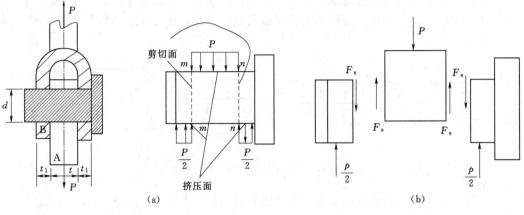

图 3.5　[例 3.1] 图

解：（1）销钉受力如图 3.5（b）所示，剪切强度校核受剪面为 $m—m$ 和 $n—n$ 面。剪力为

$$F_s = \frac{P}{2}$$

受剪面的面积为

$$A_s = \frac{\pi d^2}{4}$$

受剪面上的名义剪应力为

$$\tau = \frac{F_s}{A_s} = 51\text{MPa} < [\tau]$$

（2）校核挤压强度为

$$t < 2t_1$$

这两部分的挤压力相等，故应取长度为 t 的中间段进行挤压强度校核，即

$$A_{bs} = td$$

$$\sigma_{bs} = \frac{F_b}{A_{bs}} = \frac{P}{td} = 150\text{MPa} < [\sigma_{bs}]$$

销钉的剪切和挤压强度均能满足。故销钉是安全的。

【例 3.2】　吊钩用销钉连接，如图 3.6（a）所示。已知 $F = 46\text{kN}$，板厚 $t_1 = 15\text{mm}$，$t_2 = 8\text{mm}$，销钉与板的材料相同，许用切应力 $[\tau] = 80\text{MPa}$，许用挤压应力 $[\sigma_{bs}] = 200\text{MPa}$，试确定销钉的直径 d。

解：（1）剪切强度计算。取销钉为研究对象，其受力如图的 3.6（b）

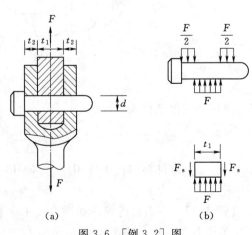

图 3.6　[例 3.2] 图

所示，销钉上有两个剪切面，工程上称为双剪切，所以

$$F_S = \frac{F}{2} = \frac{46}{2} = 23(\text{kN})$$

由剪切强度条件，式（3.2）得

$$A = \frac{\pi d^2}{4} \geqslant \frac{F_S}{[\tau]} = \frac{23 \times 10^3}{80} = 287.5(\text{mm}^2)$$

即
$$d \geqslant 19.1\text{mm}$$

（2）挤压强度计算。由图 3.6 可知，销钉的挤压面是圆柱面，且销钉的三段圆柱面都承受挤压力。由于中间段上的挤压力与两边段上共同承受的挤压力相同，而中间段的挤压面面积比两边段上挤压面面积之和小，故计算中间段的挤压强度。

挤压力为
$$F_b = F = 46\text{kN}$$

由挤压强度条件，式（3.4）得

$$A_{bs} = t_1 d \geqslant \frac{F_b}{[\sigma_{bs}]} = \frac{46 \times 10^3}{200} = 230(\text{mm}^2)$$

即

$$d \geqslant \frac{230}{15} = 15.3(\text{mm})$$

根据以上计算结果，最后应按剪切强度条件求得的直径 $d \geqslant 19.1$mm 来选择销钉直径，取 $d = 20$mm。

思　考　题

3.1　剪切和挤压的受力特点和变形特点各是什么？

3.2　实际挤压面与计算挤压面是否相同？

3.3　拉（压）杆通过铆钉连接在一起时，连接处的强度计算包括哪些内容？

3.4　连接件承受剪切时产生的切应力与杆承受轴向拉伸时在斜截面产生的切应力是否相同？

习　　题

3.1　矩形截面木拉杆如图 3.7 所示，已知 $F = 50$kN，试求接头处的剪切与挤压应力。

3.2　图 3.8 所示为一铆钉接头用 4 个铆钉连接两块钢板。钢板与铆钉材料相同。铆钉直径 $d = 16$mm，钢板的尺寸为 $b = 100$mm，$t = 10$mm，$P = 90$kN，铆钉的许用应力是 $[\tau] = 120$MPa，$[\sigma_{bs}] = 120$MPa，钢板的许用拉应力 $[\sigma] = 160$MPa。试校核铆钉接头的强度。

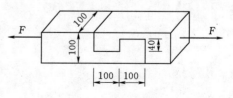

图 3.7　习题 3.1 图

3.3　拉杆连接如图 3.9 所示。已知载荷 $F = 50$kN，拉杆的直径 $d = 20$mm，端部帽头的直径 $D = 32$mm，高度 $h = 12$mm，拉杆的许用切应力 $[\tau] = 100$MPa，许用挤压应力 $[\sigma_{bs}] = 240$MPa，试校核拉杆连接部位的剪切强度和挤压强度。

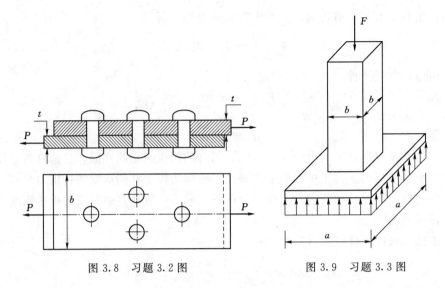

图 3.8　习题 3.2 图　　　　　图 3.9　习题 3.3 图

3.4　在图 3.10 所示的销钉连接中，构件 A 通过安全销 C 将力偶矩传递到构件 B，已知荷载 $P=2$kN，加力臂长 $l=1.2$m，构件 B 的直径 $D=65$mm，销钉的极限剪应力 $\tau_u=200$MPa。求安全销所需的直径 d。

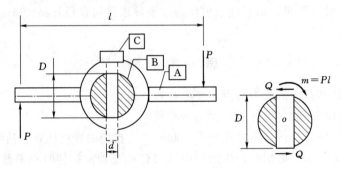

图 3.10　习题 3.4 图

第 4 章

扭转

4.1 概述

4.1.1 扭转的实例

扭转变形是杆件变形的又一种基本变形。在工程和生活中有很多扭转的现象。例如,汽车驾驶员在驾驶汽车时,在方向盘的平面内就施加一对大小相等、方向相反、作用线相平行的力 F,它们形成了一个力偶(图 4.1),转向轴上端就受到这个力偶的作用,其下端则受到来自转向器的阻力偶作用;机床的传动轴如图 4.2 所示,这些都是典型的产生扭转变形的杆件。

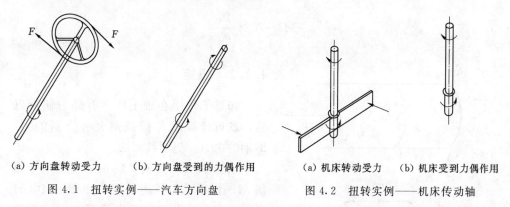

(a) 方向盘转动受力	(b) 方向盘受到的力偶作用	(a) 机床转动受力	(b) 机床受到力偶作用

图 4.1 扭转实例——汽车方向盘 图 4.2 扭转实例——机床传动轴

4.1.2 扭转的概念

从上面的工程实例可以看出,这类杆件的受力特征是在杆件的两端承受大小相等、方向相反、作用面垂直于杆件轴线的两个力偶作用;变形特征是:杆的任意两横截面绕轴线做相对转动,具有这种特征的变形称为**扭转变形**。使杆件产生扭转变形的力偶,称为**外力偶**,用 M_e 表示。任意两横截面绕轴线相对转动的角度,称为**扭转角**,用 φ 表示,如图 4.3 所示。以扭转变形为主

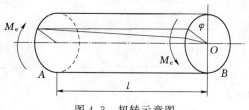

图 4.3 扭转示意图

要变形形式的杆件称为**轴**。

本章着重讨论圆轴和薄壁圆筒扭转时的应力和应变关系以及强度和刚度的计算；对圆柱形密圈螺旋弹簧的应力和应变以及非圆截面杆扭转作简单介绍。

4.2 外力偶矩、扭矩和扭矩图

4.2.1 外力偶矩的计算

作用于构件的外力偶矩与机器的转速、功率有关，所以需要将功率、转速换算为力偶矩。由动力学可知，力偶在单位时间内所做的功即为功率 P，等于力偶矩 M_e 与相应角速度 ω 的乘积，即

$$P = M_e \omega$$

在传动轴计算中，通常给出传动功率 P 和转速 n，则传动轴所受的外力偶矩 M_e 可用下式计算，即

$$M_e = 9549 \frac{P}{n} \tag{4.1}$$

式中：P 为功率（kW），$1W = 1N \cdot m/s$；n 为轴的转速（r/min）；M_e 为外力偶矩（$N \cdot m$）。

如果功率 P 单位用马力（1 马力 $= 735.5N \cdot m/s$），则

$$M_e = 7024 \frac{P}{n} \tag{4.2}$$

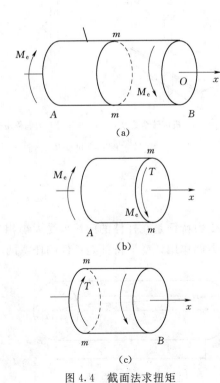

图 4.4 截面法求扭矩

4.2.2 扭矩

知道了作用在轴上的所有外力偶矩以后，就可计算轴各横截面上所受到的力，即轴的内力，仍用截面法。

以圆轴 AB 为例，轴在两端受到外力偶 M_e 作用处于平衡状态，如图 4.4（a）所示，现在计算该轴任意截面 m—m 上的内力。将轴沿截面 m—m 截开，若取左段为研究对象，如图 4.4（b）所示，由于整个轴处于平衡状态，所以左段也应处于平衡状态。左段受到一外力矩 M_e 作用，根据力偶的性质，截面 m—m 上必然有一内力偶矩与外力偶矩 M_e 平衡，此内力偶矩称为轴的扭矩，用 T 表示，单位为 $N \cdot m$ 或 $kN \cdot m$。根据静力平衡条件 $\sum M_x = 0$，可得 $T - M_e = 0$，而受扭圆轴的内力 $T = M_e$。

若取右段为研究对象，如图 4.4（c）

所示，由静力平衡条件 $\sum M_x = 0$，可得 $M_e - T = 0$，即 $T = M_e$，与取左段为研究对象结果相同，但方向与左段的相反，它们是作用力与反作用力的关系。

为了使从截面左、右两侧求得的扭矩不但数值相等，而且有同样的正负号，用右手螺旋法则规定扭矩的正负号。即：右手的四指表示扭矩的转向，如果大拇指的指向与该扭矩所作用截面的外法线方向一致，则扭矩为正，如图 4.5（a）所示；反之，扭矩为负，如图 4.5（b）所示。当横截面上扭矩的实际转向未知时，一般先假设扭矩为正。如果求得的结果为正，表示扭矩的实际转向与假设的转向相同；如果求得的结果为负，则表示扭矩的实际转向与假设转向相反。

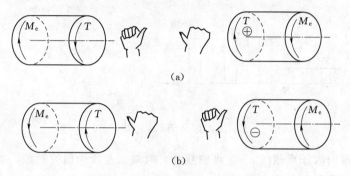

图 4.5   扭矩方向示意图

4.2.3   扭矩图

当轴上同时作用有两个以上外力偶时，轴内各段横截面上的扭矩是不相同的，这时应分段用截面法计算。反映轴各段横截面上扭矩随横截面位置不同而变化的图形称为**扭矩图**。根据扭矩图可以确定轴的最大扭矩及其所在横截面的位置。

扭矩图的绘制与轴力图相似，以横坐标标识横截面的位置，纵坐标表示相应截面上的扭矩，正扭矩在 x 轴的上方，负扭矩在 x 轴的下方。下面通过例题来说明扭矩的计算以及扭矩图的绘制。

【例 4.1】   以稳定转速 $n = 955 \text{r/min}$ 传动轴，如图 4.6（a）所示。主动轮 B 输入功率 $P_B = 100 \text{kW}$，从动轮 A、C 的输出功率分别为 $P_A = 35 \text{kW}$，$P_C = 65 \text{kW}$。试画轴的扭矩图。

解：（1）外力偶矩计算。由式（4.1）得

$$M_{eA} = 9549 \frac{P_A}{n} = 9549 \times \frac{35}{955} = 350 (\text{N} \cdot \text{m})$$

$$M_{eB} = 9549 \frac{P_B}{n} = 9549 \times \frac{100}{955} = 1000 (\text{N} \cdot \text{m})$$

$$M_{eC} = 9549 \frac{P_C}{n} = 9549 \times \frac{65}{955} = 650 (\text{N} \cdot \text{m})$$

（2）扭矩计算。以外力偶作用处为分界，将轴分为 AB、BC 两段，分别求出各段截面上的扭矩。在 AB 段内取任意截面 1—1 将其截开，取左段为研究对象，如图 4.6（b）所示，截面上的扭矩 T_1 按正方向假设。由平衡条件列平衡方程，有

$$\sum M_x = 0, T_1 - M_{eA} = 0$$

得

$$T_1 = M_{eA} = 350 \text{N} \cdot \text{m}$$

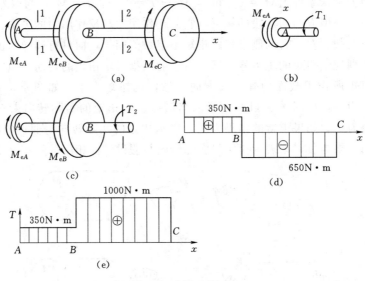

图 4.6 ［例 4.1］图

在 BC 段内取任意截面 2—2 将轴截开，取截面左段为研究对象，如图 4.6（c）所示，由平衡条件列平衡方程，有

$$\sum M_x = 0, \quad T_2 + M_{eB} - M_{eA} = 0$$

得

$$T_2 = M_{eA} - M_{eB} = 350 - 1000 = -650（\text{N} \cdot \text{m}）$$

负号除表明截面上的扭矩为负外，也表明截面上实际扭矩的转向与假设的方向相反。

（3）扭矩图。根据轴各段的扭矩作扭矩图，如图 4.6（d）所示。

设将［例 4.1］中的主动轮 B 的位置与从动轮 C 调换，则扭矩图变成图 4.6（e），轴的最大扭矩 $|T_{max}| = 1000 \text{N} \cdot \text{m}$，比［例 4.1］中的最大扭矩大得多。由此可见，传动轴上主动轮和从动轮布置的位置不同，轴所承受的最大扭矩也随之改变。轴的强度和刚度都与最大扭矩有关。因此，在布置轮子位置时，要尽可能降低轴的最大扭矩值。

4.3 薄壁圆筒的扭转

薄壁圆筒是指壁厚 t 远小于其平均半径 $r_0(t \leqslant r_0/10)$ 的圆筒。本节通过薄壁圆筒的扭转分析，介绍有关切应力、切应变的概念以及它们之间的关系。

4.3.1 薄壁圆筒扭转时的切应力

取一等厚薄壁圆筒如图 4.7（a）所示，在圆筒表面等距画上一些与轴线平行的纵向线和垂直于轴线的圆周线，形成网格。在圆筒两端垂直于轴线的平面内作用一对外力偶 M_e，M_e 使圆筒发生扭转变形，如图 4.7（b）所示。在弹性变形范围内，可以观察到以下现象。

（1）各纵向线都倾斜了同样大小的微小角度 γ。相邻的纵向线与圆周线所形成的矩形变成了平行四边形。

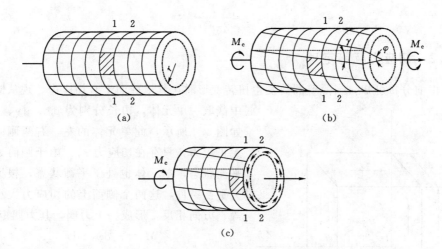

图 4.7　薄壁圆筒扭转示意图

（2）各横向圆周线仍然保持圆形，大小不变，相邻两圆周线之间的距离也不变，但各圆周线绕轴线发生了相对转动。

因为筒壁较薄，在圆筒的各个横截面上，可以认为筒体内各点的变形与圆筒外表面上各点的变形完全相同。根据观察到的现象可以推出以下几点。

1）由于圆筒在发生扭转变形时，各圆周线的形状、大小没有改变，说明代表横截面的圆周线仍为平面。因此，可以假定，薄壁圆筒扭转时，变形前为平面的横截面，变形后仍保持平面，这一假设称为平面假设。

2）由于圆筒在发生扭转变形时，其表面相邻圆周线距离不变，形状、大小不变，说明各横截面的距离也不变。因此，圆筒既没有纵向线应变也没有横向线应变，即横截面和纵截面均没有正应力。

3）由于圆筒在发生扭转变形时，各圆周线仅绕轴线相对转动，使得所有纵向线均有相同的倾角，说明圆筒横截面上有切应力，其方向沿圆筒的切线，大小沿圆周不变。同时由于圆筒厚度很薄，可以认为切应力沿壁厚均匀分布，如图 4.7（c）所示。

现在来计算切应力 τ。在圆筒内任取一横截面，如图 4.8 所示，设圆筒的平均半径为 r_0，壁厚为 t，该截面上的扭矩为 T，取与圆心角 $\mathrm{d}\theta$ 对应的微面积 $\mathrm{d}A = tr_0\mathrm{d}\theta$，作用在 $\mathrm{d}A$ 上切向力为 $\tau\mathrm{d}A$，它对圆心 O（即对圆筒轴线 x 轴）的矩为 $\tau\mathrm{d}Ar_0$。由于截面上所有切向力对 x 轴的矩的总和等于横截面上的扭矩 T，即

$$T = \int_A \tau\mathrm{d}Ar_0 = \int_0^{2\pi} \tau tr_0\mathrm{d}\theta r_0 = 2\pi r_0^2 t$$

则薄壁圆筒扭转时横截面上的切应力计算公式为

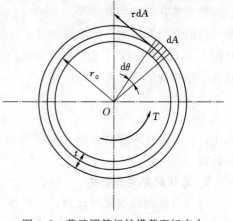

图 4.8　薄壁圆筒扭转横截面切应力

$$\tau = \frac{T}{2\pi r_0^2 t} \tag{4.3}$$

4.3.2　切应力互等定理

由前分析可知，当薄壁圆筒发生扭转变形时，其横截面上有切应力。现从圆筒中截取一单元体，边长分别为 dx、dy、dz，如图 4.9 所示，此单元体的左、右两侧面均无正应力，只存在切应力 τ_x。由于圆筒处于平衡状态，单元体也处于平衡状态，根据静力平衡条件，这两个侧面上的切应力大小相等、方向相反，形成一个力偶，其力偶矩为

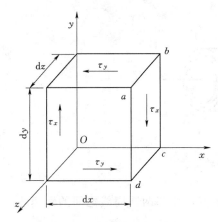

图 4.9　切应力互等定理

$$M_z = \tau_x \, dy \, dz \, dx$$

为了平衡单元体左、右两侧面上的切应力所形成的力偶矩，在单元体上、下两面上必然也有切应力 τ_y，即

$$M_z = \tau_y \, dx \, dz \, dy$$

由静力平衡条件 $\sum M_z = 0$，得

$$\tau_x \, dy \, dz \, dx = \tau_y \, dx \, dz \, dy$$

得

$$\tau_x = \tau_y \tag{4.4}$$

这表明，在相互垂直的两个平面上，切应力必然成对出现，而且数值相等，两者都垂直于两个平面的交线，方向共同指向或共同背离这一交线。切应力的这一关系称为**切应力互等定理**。需要指出的是，切应力互等定理不仅在纯剪切时满足，其他应力状态也同样满足。

在上述单元体的上、下、左、右 4 个侧面上只有切应力而无正应力，单元体的这种受力状态称为**纯剪切应力状态**。

4.3.3　剪切胡克定律

1. 切应变

单元体在纯剪切状态下（即在 τ_x 和 τ_y 作用下），两个侧面将发生相对错动，单元体的直角发生微小的改变，这个直角的改变量 γ 称为**切应变**，如图 4.10 所示。从图 4.7 （b）中可以看出，γ 就是纵向线变形后的倾斜角度。在小变形情况下，切应变为

$$\gamma = \tan\gamma = \frac{r_0 \varphi}{l} \tag{4.5}$$

式中：φ 为圆筒两端截面的相对扭转角；l 为薄壁圆筒的长度。

2. 剪切胡克定律概述

通过薄壁圆筒的扭转试验，可以得到切应力与切变之间的关系曲线，如图 4.11 所示。

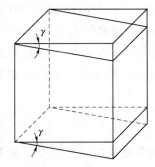

图 4.10　切应变示意图

τ-γ 曲线的直线段表明切应力与切应变成正比，直线段的切应力最高限称为切应力比例极限，用 τ_p 表示。直线段的切应力与切应变的关系为

$$\tau = G\gamma \qquad (4.6)$$

这一关系称为剪切胡克定律。其中，G 为材料的弹性常数，称为材料的**切变模量**。单位与弹性模量 E 相同。切变模量 G 反映了材料抵抗剪切变形的能力。

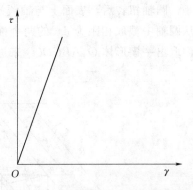

图 4.11 薄壁扭转应力与应变曲线

根据理论研究和试验证明，对于各向同性材料，在弹性变形范围内，切变模量 G、弹性模量 E、泊松比 ν 之间有下列关系，即

$$G = \frac{E}{2(1+\nu)} \qquad (4.7)$$

4.4 圆轴扭转时的应力及强度条件

4.4.1 圆轴扭转时横截面上的应力

在 4.3 节研究了薄壁圆筒扭转时的应力和变形情况。在薄壁圆筒的横截面上只存在切应力，同时因为筒壁很薄，则认为切应力沿壁厚是均匀分布的。但工程中通常采用实心圆轴，或者具有相当厚度的空心圆轴，如果还认为切应力沿壁厚均匀分布，是不恰当的。研究圆轴扭转时的应力和变形，关键在于找出横截面上的切应力分布规律。要得到这一规律，必须从几何关系、物理关系和静力学关系这 3 个方面来讨论圆轴扭转变形时横截面上的应力。

1. 几何方面

取一圆轴进行扭转试验，在圆轴表面画上等距的圆周线和纵向线，形成矩形网格，如图 4.12 (a) 所示。圆轴扭转时的现象和薄壁圆筒的现象相似，即当变形很小时，各圆周线的大小、形状和间距不变，仅绕轴线做相对转动，如图 4.12 (b) 所示。于是假设：扭转变形前原为平面的横截面，变形后仍保持平面，且其大小、形状都不改变，只是绕轴线相对转过了一个角度。此假设称为圆轴扭转的平面假设。

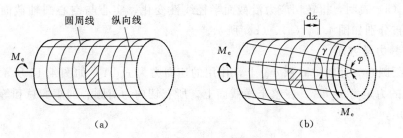

图 4.12 圆轴扭转示意图

圆轴扭转后，表面上与轴线平行的纵向线发生了倾斜，如图 4.12（b）所示。从圆轴中截取相距为 dx 的两个横截面以及夹角无限小的两个径向纵向截面，从轴内取出一楔形体 O_1ABCDO_2 来进行分析，如图 4.13（a）所示。

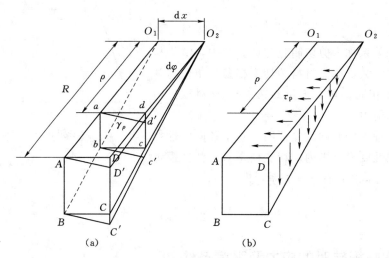

图 4.13　圆轴扭转楔形体示意图

根据上述假设，楔形体的变形如图 4.13 中虚线所示，轴表面的矩形 ABCD 变为平行四边形 $ABC'D'$，距轴线 ρ 处的任一矩形 abcd 变为平行四边形 $abc'd'$，即均在垂直于半径的平面内发生剪切变形。设楔形体左、右两端横截面键的相对转角即扭转角为 $d\varphi$，矩形 abcd 的切应变为 γ_ρ，则由图 4.13 可知

$$\gamma_\rho \approx \tan\gamma_\rho \frac{\overline{dd'}}{\overline{ad}} = \frac{\rho d\varphi}{dx}$$

由此得

$$\gamma_\rho = \rho \frac{d\varphi}{dx}$$

2. 物理方面

由剪切胡克定律可知，在剪切比例极限内，切应力与切应变成正比，所以，横截面上 ρ 处的切应力为

$$\tau_\rho = G\rho \frac{d\varphi}{dx} \tag{a}$$

其方向垂直于该点处的半径，如图 4.13（b）所示。

式（a）表明，扭转切应力沿截面半径线性变化，实心与空心圆轴截面扭转切应力分布分别如图 4.14（a）、（b）所示。

3. 静力学方面

在距圆心 ρ 处的微面积 dA 上，作用的切向力为 $\tau_\rho dA$，如图 4.15 所示，它对圆心 O 的力矩为 $\rho\tau_\rho dA$。在整个横截面上，所有切向力对圆心的矩的总和等于该截面的扭矩，即

$$T = \int_A \rho\tau_\rho dA$$

将式（a）代入上式，得

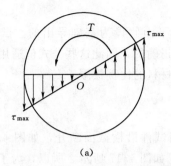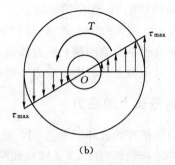

$$\text{(a)} \qquad\qquad\qquad\qquad \text{(b)}$$

图 4.14 圆轴扭转横截面切应力分布

$$T = G\,\frac{\mathrm{d}\varphi}{\mathrm{d}x}\int_A \rho^2\,\mathrm{d}A \qquad\qquad \text{(b)}$$

式（b）中的积分 $\int_A \rho^2\,\mathrm{d}A$ 是与圆截面尺寸圆有关的几何量，称为横截面对圆心 O 的**极惯性矩**，用 I_P 表示，即

$$I_P = \int_A \rho^2\,\mathrm{d}A$$

于是由式（b），得

$$\frac{\mathrm{d}\varphi}{\mathrm{d}x} = \frac{T}{GI_P} \qquad\qquad (4.8)$$

此即圆轴扭转的基本变形公式。

将式（4.8）代入式（a），得

图 4.15 圆周扭转横截面静力学分析

$$\tau_\rho = \frac{T\rho}{I_P} \qquad\qquad (4.9)$$

此即圆轴扭转横截面上任意一点处切应力的计算公式。

由式（4.9）可知，在 $\rho = R$ 即圆截面边缘各点处，切应力最大，其值为

$$\tau_{\max} = \frac{TR}{I_P} = \frac{T}{\dfrac{I_P}{R}}$$

式中：比值 I_P/R 也是一个仅与截面尺寸有关的几何量，称为**抗扭截面系数**，用 W_P 表示，即

$$W_P = \frac{I_P}{R} \qquad\qquad (4.10)$$

于是，圆轴扭转的最大切应力为

$$\tau_{\max} = \frac{T}{W_P} \qquad\qquad (4.11)$$

对于直径为 d 的圆截面，其抗扭截面系数为

$$W_P = \frac{\pi d^3}{16} \qquad\qquad (4.12)$$

而对于内径为 d、外径为 D 的空心圆截面，其抗扭截面系数则为

$$W_P = \frac{\pi(D^4 - d^4)}{16D} = \frac{\pi D^3}{16}(1 - \alpha^4) \qquad\qquad (4.13)$$

式中：$\alpha=d/D$ 为内、外径的比值。

式（4.8）、式（4.9）、式（4.11）是以平面假设为基础导出的。试验结果表明，只有对直径不变的圆轴，平面假设才是正确的，因此这些公式值适用于圆截面的直杆，而且截面上的最大切应力不得超过材料的比例极限。

4.4.2　斜截面上的应力

通过圆轴扭转的破坏试验看到，低碳钢试件沿横截面断开，如图 4.16 所示；而铸铁试件沿与轴线约成 45°的螺旋线断开，如图 4.17 所示。所以，为了分析它们的破坏原因，只知道横截面上的应力是不够的，还需要研究斜截面上的应力。

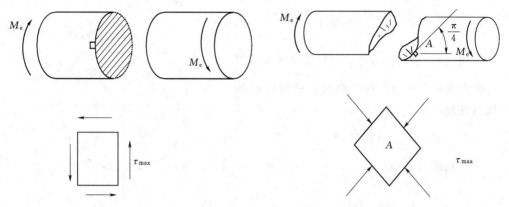

图 4.16　低碳钢扭转断裂断面示意图　　图 4.17　铸铁扭转断裂断面示意图

从圆轴中取出一单元体，如图 4.18（a）所示，用前面公式可求得圆轴扭转时横截面上的切应力 τ_x，由切应力互等定理可知，单元体的左、右、上、下 4 个侧面作用着相等的切应力 $\tau_x=\tau_y$，而前面、后面没有应力作用，此单元体处于纯剪切状态，因此可将单元体改用平面图来表示，如图 4.18（b）所示。

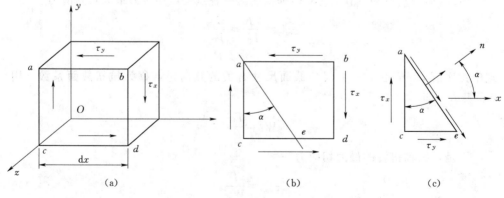

图 4.18　纯剪切状态应力分析

现在来研究任一与轴表面垂直、与横截面成一倾角 α 的斜截面上的应力情况，如图 4.18（c）所示。设此斜截面的面积为 dA，其上的应力均取为正，则利用截面法，由平衡条件可得

$$\sum F_n=0,(\tau_x dA \cdot \cos\alpha)\sin\alpha+(\tau_y dA \cdot \sin\alpha)\cos\alpha+\sigma_\alpha dA=0$$

利用三角关系 $2\sin\alpha\cos\alpha = \sin2\alpha$，将上式化为

$$\sigma_\alpha = -\tau_x\sin2\alpha \tag{4.14}$$

同理，由 $\sum F_t = 0$，可得

$$\tau_\alpha = \tau_x\sin2\alpha \tag{4.15}$$

式（4.14）和式（4.15）就是受扭杆件斜截面上的应力公式。

由式（4.15）可知

当 $\alpha = 0°$时，有

$$\tau_{0°} = \tau_{\max} = \tau_x$$

当 $\alpha = 90°$时，有

$$\tau_{90°} = \tau_{\min} = -\tau_x$$

这表明，扭转变形杆件横截面上的切应力就是所有斜截面中的最大值。

由式（4.14）可知

当 $\alpha = +45°$时，有

$$\sigma_{45°} = \sigma_{\min} = -\tau_x$$

当 $\alpha = -45°$时，有

$$\sigma_{-45°} = \sigma_{\max} = \tau_x$$

这表明，在 $\pm45°$斜截面上的正应力，一是拉应力，一是压应力，它们的绝对值都等于切应力 τ_x。所以，扭转变形杆件 $45°$斜截面上作用着数值最大的正应力。

根据上述讨论，即可说明材料在扭转试验中出现的现象。低碳钢试件扭转时材料沿横截面断开，这说明低碳钢扭转破坏是横截面最大切应力作用的结果，如图 4.16 所示。铸铁试件扭转时大约沿 $45°$螺旋线断开，说明是最大拉应力作用的结果，如图 4.17 所示。

4.4.3 圆轴扭转强度条件

等截面圆轴扭转时，扭矩最大的截面为危险截面，危险截面边缘上的任一点都是危险点。圆轴扭转的强度条件就是危险点的最大工作应力 $\tau_{\max}$不得超过材料的许用切应力 $[\tau]$，即

$$\tau_{\max} \leqslant [\tau]$$

根据式（4.11），上述强度条件可写为

$$\tau_{\max} = \frac{T_{\max}}{W_P} \leqslant [\tau] \tag{4.16}$$

理论与试验研究表明，材料纯剪切时的许用切应力 $[\tau]$与许用应力 $[\sigma]$之间存在下述关系。

对于塑性材料，有

$$[\tau] = (0.5 \sim 0.577)[\sigma]$$

对于脆性材料，有

$$[\tau] = (0.8 \sim 1.0)[\sigma]$$

应用式（4.16）可以解决圆轴扭转时的三类强度问题，即进行扭转强度校核、圆轴截面尺寸设计及确定许用荷载。

【例 4.2】 已知钻机如图 4.19（a）所示，空心钻杆的外径 $D = 60\text{mm}$，内径

$d=50\text{mm}$，功率 $P=7.35\text{kW}$，转速 $n=180\text{r/min}$，钻杆入土深度 $l=40\text{m}$，$[\tau]=40\text{MPa}$。设土壤对钻杆的阻力是沿长度均匀分布的，试校核该钻杆的强度。

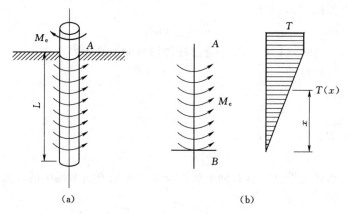

图 4.19 ［例 4.2］图

解：（1）作扭矩图。作用在钻杆上 A 截面上的外力偶矩为

$$M_e = 9549\frac{P}{n} = 9549 \times \frac{7.35}{180} = 390(\text{N} \cdot \text{m})$$

钻杆单位长度上的阻力矩为

$$m_e = \frac{M_e}{l} = \frac{390}{40} = 9.75(\text{N} \cdot \text{m/m})$$

钻杆的扭矩图如图 4.19（b）所示。

（2）强度校核。钻杆的扭转截面系数为

$$W_P = \frac{\pi D^3}{16}(1-\alpha^4) = \frac{\pi \times 60^3}{16}\left[1-\left(\frac{50}{60}\right)^4\right] = 2.19 \times 10^4(\text{mm}^3)$$

最大扭矩 $T_{\max}=390\text{N} \cdot \text{m}$，出现在 A 截面，所以 A 截面为危险截面。其上最大工作切应力为

$$\tau_{\max} = \frac{T_{\max}}{W_P} = \frac{390 \times 10^3}{2.19 \times 10^4} = 17.8\text{MPa} \leqslant [\tau]$$

所以，钻杆强度满足要求。

【例 4.3】 长度相等的两根受扭圆轴，一为空心圆轴，另一为实心圆轴，两者的材料相同，受力情况也一样。实心轴直径为 d；空心轴的外径为 D，内径为 d_0，且 $d_0/D=0.8$。试求当空心轴与实心轴的最大切应力均达到材料的许用切应力（$\tau_{\max}=[\tau]$）时扭矩 T 相等时的重量比。

解：（1）求空心圆轴的最大切应力，并求 D。

$$\tau_{\max} = \frac{T}{W_P}$$

式中，$W_P = \frac{1}{16}\pi D^3(1-\alpha^4)$，故

$$\tau_{\max,\text{空}} = \frac{16T}{\pi D^3(1-0.8^4)} = \frac{27.1T}{\pi D^3} = [\tau]$$

$$D^3 = \frac{27.1T}{\pi[\tau]}$$

（2）求实心圆轴的最大切应力。

$$\tau_{\max} = \frac{T}{W_P}，式中，W_P = \frac{1}{16}\pi d^3，故：\tau_{\max,\text{实}} = \frac{16T}{\pi d^3} = \frac{16T}{\pi d^3} = [\tau]$$

$$d^3 = \frac{16T}{\pi[\tau]}，\left(\frac{D}{d}\right)^3 = \frac{27.1T}{\pi[\tau]} \times \frac{\pi[\tau]}{16T} = 1.69，\frac{D}{d} = 1.192$$

（3）求空心圆轴与实心圆轴的重量比。

$$\frac{W_{\text{空}}}{W_{\text{实}}} = \frac{0.25\pi(D^2 - d_0^2)l\gamma}{0.25\pi d^2 l\gamma} = \left(\frac{D}{d}\right)^2(1 - 0.8^2) = 0.36\left(\frac{D}{d}\right)^2 = 0.36 \times 1.192^2 = 0.512$$

上述数据充分说明，实心轴所用材料要比空心轴多。

4.5 圆轴扭转变形、刚度条件

4.5.1 扭转时的变形

圆轴在扭转时的变形通常用两个横截面间的相对扭转角 φ 来表示，如图 4.3 所示。由式（4.8）可知，微段 dx 的扭转变形为

$$d\varphi = \frac{T}{GI_P}dx$$

因此，相距 l 的两横截面的扭转角为

$$\varphi = \int_l \frac{T}{GI_P}dx \tag{4.17}$$

由此可见，对于长为 l、扭矩 T 为常数的等直圆轴，其两端截面间的相对扭转角即扭转角为

$$\varphi = \frac{Tl}{GI_P} \tag{4.18}$$

这就是等直圆轴扭转变形公式。式（4.18）表明，扭转角 φ 与扭矩 T、轴长 l 成正比，与乘积 GI_P 成反比。乘积 GI_P 称为圆轴截面的**扭转刚度**。

对于扭矩、横截面面积或切变模量沿杆逐段变化的圆截面轴，其扭转变形则为

$$\varphi = \sum_{i=1}^n \frac{T_i l_i}{G_i I_{Pi}} \tag{4.19}$$

式中：T_i、l_i、G_i 与 I_{Pi} 分别为轴段 i 的扭矩、长度、切变模量与极惯性矩；n 为杆件的总段数。

4.5.2 刚度条件

对于受扭的圆轴来说，有时即使满足了强度条件，也不一定能保证正常工作。因为过大的扭转角会影响机器的精密度，还会引起机器在运转时发生较大的振动。因此，设计轴时，除需考虑强度外，还应对其变形有一定限制，即应满足刚度要求。

在计算轴的刚度时，通常是限制轴的单位长度扭转角 θ，使之不超过规定的允许值 $[\theta]$。

由式（4.18）可得单位长度扭转角为

$$\theta = \frac{\varphi}{l} = \frac{T}{GI_P} \qquad (4.20)$$

所以，等直圆轴扭转的刚度条件为

$$\theta = \frac{T_{max}}{GI_P} \leqslant [\theta] \qquad (4.21)$$

$[\theta]$ 称为**许可单位长度扭转角**，由工程所需的精度要求决定，可查相应的规范。工程中，$[\theta]$ 的单位通常采用°/m，而 θ 的单位为 rad/m，换算后的刚度条件可写为

$$\theta = \frac{T_{max}}{GI_P} \times \frac{180°}{\pi} \leqslant [\theta] \qquad (4.22)$$

【例 4.4】 图 4.20 所示为等直圆杆，已知外力偶矩 $M_A = 3 \text{kN} \cdot \text{m}$，$M_B = 7.20 \text{kN} \cdot \text{m}$，$M_C = 4.2 \text{kN} \cdot \text{m}$，许用切应力 $[\tau] = 70 \text{MPa}$，许可单位长度扭转角 $[\theta] = 1°/\text{m}$，切变模量 $G = 80 \text{GPa}$。试确定该轴的直径。

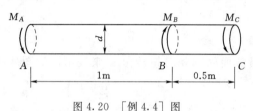

图 4.20 ［例 4.4］图

解： AB 段的扭矩大小 $T_{AB} = -M_A = -3 \text{kN} \cdot \text{m}$，$BC$ 段的扭矩大小 $T_{BC} = M_C = 4.2 \text{kN} \cdot \text{m}$，所以 $T_{max} = 4.2 \text{kN} \cdot \text{m}$

根据强度条件，有

$$\tau_{max} = \frac{T_{max}}{W_P} = \frac{T_{max}}{\pi d^3/16} \leqslant [\tau]$$

$$d \geqslant \sqrt[3]{\frac{16 T_{max}}{\pi [\tau]}} = \sqrt[3]{\frac{16 \times 4.2 \times 10^3}{\pi \times 70 \times 10^6}} = 67 (\text{mm})$$

根据刚度条件，有

$$\theta = \frac{T_{max}}{GI_P} \times \frac{180°}{\pi} = \frac{T_{max}}{G \pi d^4/32} \times \frac{180°}{\pi} \leqslant [\theta]$$

$$d \geqslant \sqrt[4]{\frac{32 T_{max}}{G \pi [\theta]} \times \frac{180°}{\pi}} = \sqrt[4]{\frac{32 \times 4.2 \times 10^3}{80 \times 10^9 \pi \times 1} \times \frac{180°}{\pi}} = 74 (\text{mm})$$

综合考虑强度条件和刚度条件，直径取 74mm。

4.6 非圆截面轴扭转

圆截面轴是最常见的受扭构件，在工程中也常常碰到一些非圆截面轴，如矩形与椭圆形截面轴。

4.6.1 非圆截面轴扭转的概念

圆轴扭转时，外表面上的纵向直线保持螺旋线，横截面的边缘（横截面与柱面的交线）保持为平面圆，横截面保持平面。矩形截面轴扭转时，由图 4.21 可以观察到，横截面与 4 个外表面的交线将扭曲为空间曲线，由此可以推断横截面将不

再保持为平面，而成为起伏的空间曲面，这种现象称为**翘曲**。非圆截面轴的扭转可分为自由扭转和约束扭转。图 4.21 所示的矩形截面轴扭转时，各截面的翘曲如不受任何约束，则任意两横截面的翘曲情况应完全相同。此时各纵向纤维的长度都未改变，由此可以推断出横截面上只有切应力，而不会产生正应力，这种扭转称为**自由扭转**；反之，受约束条件和受力条件的限制，扭转时各横截面翘曲的情况也就受到限制，于是在横截面上不仅有切应力，还会有正应力出现，这种情况的扭转称为**约束扭转**。精确分析表明，对于一般非圆实体轴，限制扭转引起的正应力很小，实际计算时可以忽略不计。本节只介绍矩形截面轴的自由扭转。

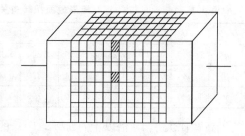

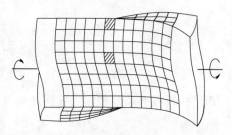

图 4.21 矩形截面轴扭转示意图

4.6.2 矩形截面轴扭转

由于矩形截面轴在扭转时横截面发生翘曲而变为曲面，对这曲面要作简单的假设是很困难的，因此用材料力学的方法不能解决这一问题，而需用弹性力学的方法来研究。下面仅将矩形截面轴在自由扭转时的弹性力学研究的主要结果简述如下。

（1）矩形截面轴在自由扭转时横截面上只有切应力而无正应力。

（2）周边上各点的切应力的方向与周边平行。在对称轴上各点的切应力垂直于对称轴，在其他各点上的切应力的方向是程度不同的斜方向，如图 4.22 所示。

（3）在截面的中心和 4 个角点处，切应力等于零，如图 4.22 所示。

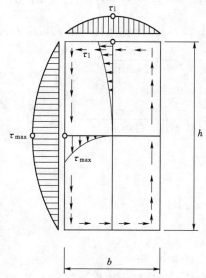

图 4.22 矩形截面轴自由扭转
横截面应力分布

（4）最大切应力 $\tau_{\max}$ 发生在截面长边的中点。此外，短边中点的切应力 τ_1 也较大。它们分别为

$$\tau_{\max} = \frac{T}{W_t} = \frac{T}{\alpha h b^2} \qquad (4.23)$$

$$\tau_1 = \gamma \tau_{\max} \qquad (4.24)$$

（5）相对扭转角为

$$\varphi = \frac{Tl}{GI_t} = \frac{Tl}{G\beta h b^3} \qquad (4.25)$$

式中：W_t 和 I_t 仅仅是为了写成与圆截面相当的形式而已，并无相似的几何意义，分别称为**相当扭转截面系数**和**相当极惯性矩**；h 和 b 分别为矩形截面长边和短边的长度；α、β 及 γ 与比值 h/b 有关，其值见表 4.1。

表 4.1   矩形截面扭转有关的系数 α、β 与 γ

h/b	1.0	1.2	1.5	1.75	2.0	2.5	3.0	4.0	6.0	8.0	10.0	∞
α	0.208	0.219	0.231	0.239	0.246	0.258	0.267	0.282	0.299	0.307	0.313	0.333
β	0.141	0.166	0.196	0.214	0.229	0.249	0.263	0.281	0.299	0.307	0.313	0.333
γ	1.000	0.930	0.859	0.820	0.795	0.766	0.753	0.745	0.743	0.742	0.742	0.742

高宽比大于 10 倍以上（$h/b > 10$）的矩形称为狭长矩形，此时，α、β 及 γ 近似为

$$
\begin{cases}
\alpha = \beta = \dfrac{1}{3} \\
\gamma = 0.74
\end{cases}
$$

相当扭转截面系数和相当极惯性矩分别为

$$
I_t = \frac{1}{3} h t^3, \quad W_t = \frac{1}{3} h t^2
$$

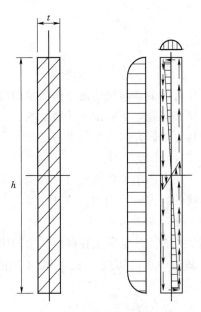

图 4.23 狭长矩形截面轴自由扭转
横截面上切应力分布

式中：t 为狭长矩形短边的长度。其横截面上的切应力分布情况如图 4.23 所示。除角点附近以外，横截面长边边缘处的切应力近似均匀分布。

【例 4.5】 一圆形截面杆和矩形截面杆受到相同扭矩 $T = 400\text{N} \cdot \text{m}$ 的作用，圆杆直径 $d = 40\text{mm}$，矩形截面为 $60\text{mm} \times 20\text{mm}$。试比较这两种杆的最大切应力和截面面积。

解：分别计算两种截面杆最大切应力

由式（4.11），圆截面杆的最大切应力为

$$
\tau_{\max} = \frac{T}{W_P} = \frac{16T}{\pi d^3} = \frac{16 \times 400}{\pi \times (40)^3} = 31.9 (\text{MPa})
$$

由式（4.23），方形截面杆的最大切应力为

$$
\frac{h}{b} = \frac{60\text{mm}}{20\text{mm}} = 3
$$

查表 4.1，$\beta = 0.801$

$$
\tau_{\max} = \frac{T}{\beta b^3} = \frac{400\text{N} \cdot \text{m}}{0.801 \times (20\text{mm})^3} = 62.4 (\text{MPa})
$$

分别计算两杆截面面积。

圆杆截面面积为

$$
A = \frac{\pi (40)^2}{4} = 1260 (\text{mm}^2)
$$

矩形杆截面面积为

$$
A = 60\text{mm} \times 20\text{mm} = 1200 (\text{mm}^2)
$$

以上结果表明，矩形截面面积与圆形面积相近，但是最大切应力却增大了近一倍，因此工程中应尽量避免使用矩形截面杆作扭转杆件。

4.7 扭转超静定问题

杆件在扭转时未知力偶（支反力偶矩与扭矩）的数目多于有效平衡方程的数目时，就称为扭转的超静定问题。

求解扭转超静定问题时，除应考虑静力平衡条件外，还需考虑变形协调条件，再应用物理关系（扭转角计算公式）建立补充方程。下面通过例子说明扭转超静定问题的基本方法。

【例4.6】 如图4.24（a）所示，两端固定圆轴 AB，在 C 处作用一外力偶矩 M_e。已知轴的抗扭刚度为 GI_P。求轴两端的支反力偶矩。

解： 设两端支力偶矩为 M_{eA} 和 M_{eB}，其方向如图4.24（b）所示，则轴的平衡方程为

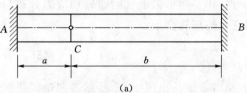

(a)

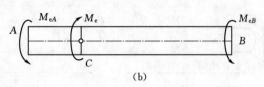

(b)

图4.24 ［例4.6］图

$$\sum M_x = 0, \quad M_{eB} + M_{eA} - M_e = 0 \tag{4.26}$$

根据轴的约束条件可知，横截面 A 与 B 之间的相对扭转角即扭转角 φ_{AB} 为零，所以轴的变形协调条件为

$$\varphi_{AB} = \varphi_{AC} + \varphi_{CB} = 0 \tag{4.27}$$

式中：φ_{AC} 与 φ_{CB} 分别为 AC 与 BC 段的扭转角。可以看出，AC 与 BC 段的扭矩分别为

$$T_1 = -M_{eA}$$
$$T_2 = M_{eB}$$

所以，相应的扭转角分别为

$$\varphi_{AC} = \frac{T_1 a}{GI_P} = -\frac{M_{eA}}{GI_P} \tag{4.28}$$

$$\varphi_{CB} = \frac{T_2 b}{GI_P} = -\frac{M_{eB}}{GI_P} \tag{4.29}$$

将式（4.28）、式（4.29）代入式（4.27），即得补充方程为

$$M_{eB}b - M_{eA}a = 0 \tag{4.30}$$

最后，联立平衡方程式（4.26）和补充方程式（4.30），于是得

$$M_{eA} = \frac{M_e b}{a+b}, \quad M_{eB} = \frac{M_e a}{a+b}$$

思 考 题

4.1 扭转的外力与变形各有何特点？试举一扭转的实例。

4.2 何谓扭矩？扭矩的正负号是如何规定的？如何计算扭矩？

4.3 圆轴扭转切应力公式是如何建立的？假设是什么？

4.4 薄壁圆轴扭转切应力公式是如何建立的？该公式的应用条件是什么？

4.5 金属材料圆轴破坏有几种形式？圆轴扭转强度条件是如何建立的？如何确定扭转许用切应力？

4.6 轴的转速、所传功率与扭矩之间有何关系？该公式是如何建立的？

4.7 从强度方面考虑，空心圆截面轴为什么比实心圆截面轴合理？

4.8 密圈螺旋弹簧丝横截面上有何内力？应力如何分布？如何计算最大切应力？

4.9 何谓扭转角？其单位是什么？如何计算圆轴的扭转角？何谓扭转刚度？圆轴扭转刚度条件是如何建立的？应用该条件时应注意什么？

4.10 矩形截面轴的扭转切应力分布与扭转变形有何特点？如何计算最大扭转切应力与扭转变形？

习　题

4.1 试绘出图 4.25 所示各圆轴的扭矩图，并写出最大扭矩值。

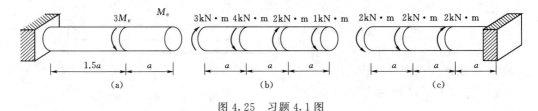

图 4.25　习题 4.1 图

4.2 传动轴如图 4.26 所示，转速 $n=350\text{r/min}$，主动轮 Ⅱ 输出的功率 $P_2=70\text{kW}$，从动轮 Ⅰ 和动轮 Ⅲ 传递的功率为 $P_1=P_2=20\text{kW}$，从动轮 Ⅳ 传递的功率为 $P_4=30\text{kW}$。(1) 试作轴的扭矩图；(2) 若将动轮 Ⅱ 和动轮 Ⅲ 的位置互换，试比较扭矩图有何变化。

4.3 圆截面轴如图 4.27 所示，直径 $d=50\text{mm}$，扭矩 $T=1\text{kN}\cdot\text{m}$。试计算横截面上的最大扭转切应力以及 A 点处（$\rho_A=15\text{mm}$）的扭转切应力。

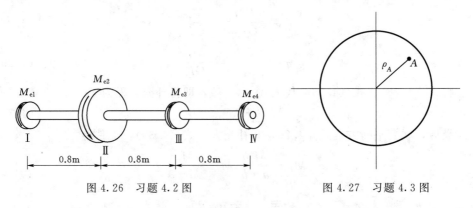

图 4.26　习题 4.2 图　　　　图 4.27　习题 4.3 图

4.4 空心圆截面轴如图 4.28 所示，外径 $D=40\text{mm}$，内径 $d=20\text{mm}$，扭矩 $T=1\text{kN}\cdot\text{m}$。试计算横截面上的最大、最小扭转切应力以及 A 点处 $\rho_A=20\text{mm}$ 的扭转切应力。

4.5 一受扭薄壁圆管，外径 $D=32\text{mm}$，内径 $d=30\text{mm}$，材料的弹性模量

$E=200\text{GPa}$，泊松比 $\nu=0.25$。设圆管表面纵向线的倾角 $\gamma=1.25\times10^{-3}\text{rad}$，试求管承受的扭矩。

4.6 圆轴受力如图 4.29 所示，已知材料的许用切应力 $[\tau]=40\text{MPa}$，剪切弹性模量 $G=8\times10^{4}\text{MPa}$，单位长度圆轴的许用扭转角 $[\theta]=1.2°/\text{m}$。试求圆轴的直径。

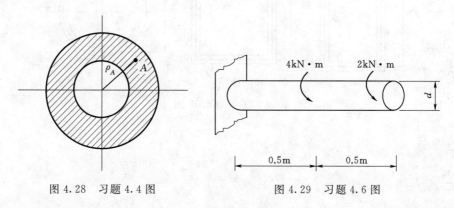

图 4.28 习题 4.4 图　　　　图 4.29 习题 4.6 图

4.7 一薄壁钢管受扭矩 $M_e=2\text{kN·m}$ 作用，如图 4.30 所示。已知：$D=60\text{mm}$，$d=50\text{mm}$，$E=210\text{GPa}$。已测得管表面上相距 $l=200\text{mm}$ 的 AB 两截面的相对扭转角 $\theta_{AB}=0.43°$，试求材料的泊松比 ν。

4.8 变截面圆轴 AB 如图 4.31 所示，AC 段直径 $d_1=40\text{mm}$，CB 段直径 $d_2=70\text{mm}$，外力偶矩 $M_{eB}=1500\text{N·m}$，$M_{eA}=600\text{N·m}$，$M_{eC}=900\text{N·m}$，$G=80\text{GPa}$，$[\tau]=60\text{MPa}$，$[\theta]=2°/\text{m}$。试校核该轴的强度和刚度。

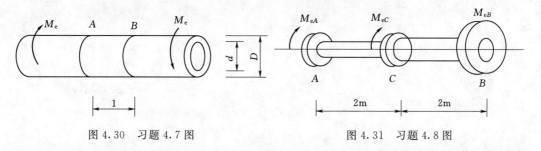

图 4.30 习题 4.7 图　　　　图 4.31 习题 4.8 图

4.9 一圆截面试样，直径 $d=20\text{mm}$，两端承受外力偶矩 $M_e=230\text{N·m}$ 作用。设由试验测得标距 $l_0=100\text{mm}$ 内，轴的扭转角 $\theta=0.0174\text{rad}$。试确定切变模量 G。

4.10 空心轴外径 $D=100\text{mm}$，内径 $d=80\text{mm}$，许用切应力 $[\tau]=55\text{MPa}$，转速 $n=300\text{r/min}$。试按扭转强度确定空心轴能传递的功率。

4.11 横截面面积、杆长与材料均相同的两根轴，截面分别为正方形与 $h/b=2$ 的矩形。试比较其扭转刚度。

4.12 矩形截面轴承受扭矩 $T=3000\text{N·m}$。若已知材料 $G=80\text{GPa}$，试求：（1）轴内最大切应力的大小和方向并指出其作用位置；（2）单位长度的扭转角。

4.13 3 种截面形状的闭口薄壁杆如图 4.32 所示。若截面中心线的长度、壁厚、杆长、材料以及所受扭矩均相同，试计算最大扭转切应力之比。

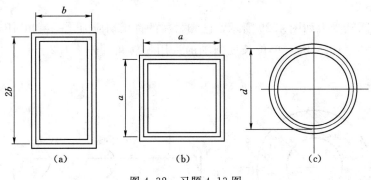

图 4.32　习题 4.13 图

第 5 章

弯曲内力

5.1 平面弯曲的概念和实例

当杆件受到垂直于杆轴线的外力（包括力偶）作用时，杆的轴线由直线变成曲线，任意两横截面绕截面内某一轴做相对转动，这种变形形式称为弯曲。以弯曲变形为主的杆件称为梁。梁在工程中的应用很广，如桥式起重机的大梁（图 5.1）是以弯曲变形为主的构件。

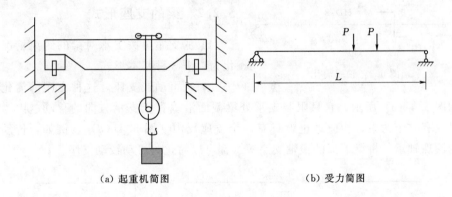

(a) 起重机简图   (b) 受力简图

图 5.1 起重机大梁

工程实际中多数的梁，其截面至少具有一根对称轴，由截面的对称轴与梁轴线所构成的平面称为梁的纵向对称面。当梁上的所有外力都作用在此对称面内时（图 5.2），梁弯曲变形后的轴线是位于纵向对称面内的一条平面线，这种弯曲称为平面弯曲。这是弯曲问题中最常见也是最基本的情况。本章及第 6、7 章仅限于讨论等直梁平面弯曲内力、应力和变形计算。

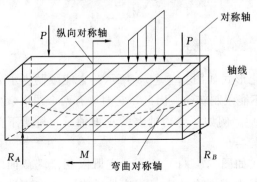

图 5.2 梁对称面

5.2　梁上荷载、梁的支座、梁的计算简图

工程问题中，梁的截面形状、梁上的荷载和支承形式有各种情况，必须加以简化，得到梁的计算简图，以便进行分析和计算。由于本章主要研究的是等直梁，所以梁的简化通常是用它的轴线来表示。

5.2.1　梁上荷载

作用在梁上的荷载可以简化为以下 3 种。

（1）集中荷载。作用在梁上与梁轴线垂直的横向荷载，如果其分布范围远小于梁的长度，就可简化为作用于一点的集中力，如起重机的车轮对梁的压力（图 5.1）等都可简化为集中力 P。

（2）集中力偶。作用在梁的纵向对称面内的力偶，其矩用 M 表示。例如，传动轴上的斜齿轮，其啮合力中的轴向分量为 H，如图 5.3 所示（其他分量未画出），将力 H 向传动轴的轴线简化后，得轴向力 H 和集中力偶 $M=HD/2$，此力偶就是作用在梁 C 截面处的集中力偶。

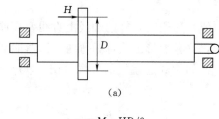

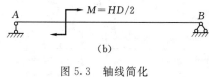

图 5.3　轴线简化

5.2.2　梁的支座形式

梁的支座可按支承对梁的约束情况简化为以下 3 种基本形式。

（1）可动铰支座。这种支座的简化形式如图 5.4（a）所示。它只限制支承处梁截面沿垂直于支承方向的移动。因为它对梁仅有一个约束，相应地也就只有一个支座反力 ［图 5.4（d）］。例如，传动轴上的滚珠轴承、桥梁下部的滚轴支座等，都可以简化为可动铰动支座。

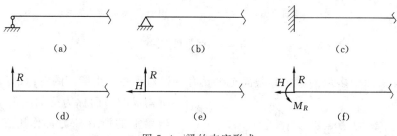

图 5.4　梁的支座形式

（2）固定铰支座。这种支座的简化形式如图 5.4（b）所示。它能限制支承处梁截面沿水平和竖直方向的移动，但不能限制转动。因此，它对梁有两个约束，相应地也就有两个支座反力 ［图 5.4（e）］。例如，传动轴上的止推轴承、桥梁下部的固定支座等，都可简化为固定铰支座。

（3）固定端。这种支座的简化形式如图 5.4（c）所示。它既限制梁端截面的移动，也限制转动。因此，它对梁端截面有 3 个约束，相应地就有 3 个支座反力

[图 5.4（f）]。例如，传动轴上的长止推轴承、车床上用卡盘夹持的棒料，都可简化为固定端。

在对梁的支座进行简化时，还必须从所有支座对整个梁的约束情况来确定每个

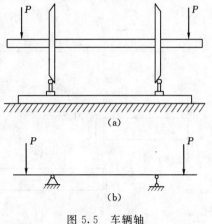

支座的简化结果。例如，图 5.5 所示的车辆轴，该轴两端通过车轮支承在钢轨上，当两个车轮的轮缘都未紧靠钢轨时，车轴可能有微小的水平移动，两支承处均可简化为可动铰支座，但从整体考虑时，当某个轮缘紧靠钢轨时，车轴沿水平方向的移动就受到限制，因此将两个支座中的一个简化为固定铰支座，另一个简化为可动铰支座。

图 5.5 车辆轴

对梁上荷载和支座进行简化后，就可得到梁的计算简图。单凭平衡方程就能求出支反力的梁称为静定梁。工程中常见的静定梁可分为以下 3 种。

（1）悬臂梁 [图 5.6（a）]。梁的一端固定，另一端自由。

（2）简支梁 [图 5.6（b）]。梁的一端为固定铰支座，另一端为可动铰支座。

（3）外伸梁 [图 5.6（c）、（d）]。梁的一端或两端伸出支座外。

梁在两支座间的长度（悬臂梁就是梁的长度）称为跨度。

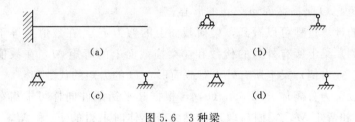

图 5.6 3 种梁

工程实际中，有时为了减少梁的变形，提高梁的承载能力，对梁设置较多的支座，如图 5.7 所示。若梁的支反力数目较多，单凭平衡方程是无法确定所有支反力的。这种梁称为静不定梁或超静定梁，将在第 7 章中讨论。

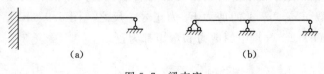

图 5.7 梁支座

5.3 剪力和弯矩

当梁上的所有外力（包括荷载和支反力）均已知时，就可用截面法来计算梁横截面上的内力。

现以图 5.8（a）所示的简支梁为例来分析梁的任意横截面上的内力。设 AB

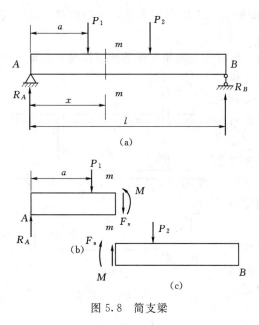

图 5.8 简支梁

梁受集中荷载 P_1 和 P_2 的作用，先根据梁的平衡方程条件求出两端的支座反力 R_A 和 R_B。现分析距 A 端 x 处的横截面 m—m 处假想地把梁截分左、右两段，取左段梁为分离体［图 5.8 (b)］。作用于左段梁上的外力有 P_1 和 R_A，还有右段梁作用于截面 m—m 上的内力。为满足左段梁的平衡方程 $\sum Y = 0$ 和 $\sum m_0 = 0$，横截面 m—m 上必有一个沿横截面切线方向的内力 F_s 以及位于荷载平面内的内力偶 M。内力 F_s 称为剪力，内力偶 M 称为弯矩（F_s、M 方向假设如图），它们均可利用平衡方程求得。

由 $\sum Y = 0$，$R_A - P_1 - F_s = 0$

得 $\qquad F_s = R_A - P_1$

由 $\sum m_0 = 0$，$M + P_1(x-a) - R_A x = 0$

得

$$M = R_A x - P_1(x-a)$$

这里的矩心 O 是横截面 m—m 的形心。

从以上的计算过程可以看到，梁横截面上的剪力 F_s，在数值上等于该截面的左侧（或右侧）梁上所有外力的代数和。梁横截面上的弯矩 M，在数值上等于该截面的左侧（或右侧）梁上所有外力对截面形心 O 的力矩的代数和。

如取右段梁为分离体［图 5.8 (c)］，根据其平衡条件同样可求得截面 m—m 上的剪力 F_s 和弯矩 M，它们与取左段梁为分离体时求得的 F_s 和 M，大小相等、方向（或转向）相反，二者是作用力与反作用力的关系，这就是内力的成对性。为使两段梁在同一截面上的剪力和弯矩有相同的正负号，应根据梁的变形来规定剪力和弯矩的符号。为此可在截面 m—m 处附近从梁上截取长为 dx 的微段梁（图 5.9）。规定：使该微段梁有左端截面向上而右端截面向下的相对错动变形时［图 5.9 (a)］，横截面 m—m 上的剪力 F_s 为正号，反之［图 5.9 (b)］为负号。依此规定，图 5.8 (b) 或 (c) 中的剪力和弯矩都为正。

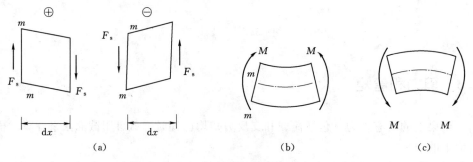

图 5.9 微段梁

【例 5.1】　简支梁 AB 受集中荷载 P、集中力偶 M 及一段均布荷载的作用，如图 5.10（a）所示。q、a 均已知。试求梁上 1—1 截面的剪力和弯矩。

解：（1）求支反力。设各支座的反力方向如图 5.10（a）所示。AC 段上的均布荷载在求支反力时可用其合力（作用于 AC 中点）$q \cdot 2a$ 来代替。

由平衡方程 $\sum m_A = 0$，$R_B \cdot 4a + M - P \cdot 2a - (q \cdot 2a) \cdot a = 0$

解得

$$R_B = \frac{2Pa + 2qa^2 - M}{4a} = \frac{2qa^2 + 2qa^2 - qa^2}{4a} = \frac{3}{4}qa$$

又由

$$\sum m_B = 0, R_A \cdot 4a - P \cdot 2a - M - (q \cdot 2a) \cdot 3a = 0$$

解得

$$R_A = \frac{2Pa + M + 6qa^2}{4a} = \frac{2qa^2 + qa^2 + 6qa^2}{4a} = \frac{9}{4}qa$$

R_A、R_B 所得结果为正，说明原先假设方程的方向正确。

然后利用平衡方程 $\sum Y = 0$ 校核支反力。

（2）求指定的 1—1 截面上的剪力和弯矩。假想地将梁沿 1—1 截面截开，并取左段为分离体，假设截面上的剪力和弯矩均为正〔图 5.10（b）〕。左段梁上的均布荷载用其合力 qa 替代，作用于 AE 中点。根据左段梁的平衡条件由

$$\sum Y = 0, \ R_A - q \cdot a - F_{s1} = 0$$

得 $F_{s1} = R_A - qa = \dfrac{9}{4}qa - qa = \dfrac{5}{4}qa$

又由 $\sum m_0 = 0$，$M_1 + qa \cdot \dfrac{a}{2} \cdot R_A \cdot a = 0$

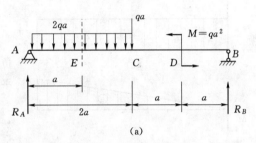

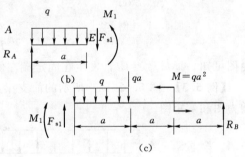

图 5.10　〔例 5.1〕图

得

$$M_1 = R_A \cdot a - \frac{1}{2}qa^2 = \frac{9}{4}qa^2 - \frac{1}{2}qa^2 = \frac{7}{4}qa^2$$

所得结果为正，说明所设剪力和弯矩的方向（或转向）是正确的，均为正值。

若取右段梁为分离体〔图 5.10（c）〕来计算 F_{s1} 和 M_1，也会得到相同的结果。

5.4　剪力方程和弯矩方程、剪力图和弯矩图

从 5.3 节的例题中可知，在一般情况下，梁横截面上的剪力和弯矩是随横截面位置的不同而变化。若以梁的左端为原点，沿梁轴线方向取作 x 轴，坐标 x 表示截面位置，则可将剪力和弯矩表示为

$$\begin{cases} F_s = F_s(x) \\ M = M(x) \end{cases}$$

以上两函数表达式分别称为梁的剪力方程和弯矩方程。根据这两个方程，仿照轴力图和扭矩图的画法，画出剪力与弯矩沿梁轴线变化的图线，分别称为剪力图与弯矩图。从剪力图、弯矩图上可以确定出梁的剪力与弯矩的最大值及其所在截面

位置。

【例 5.2】　图 5.11（a）所示的悬臂梁，在自由端受集中荷载 P 的作用，试求此梁的剪力图和弯矩图。

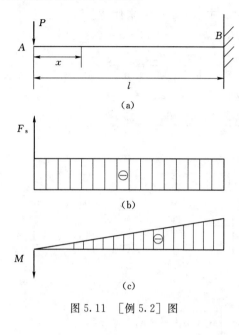

图 5.11　[例 5.2] 图

解：（1）列剪力方程和弯矩方程。取梁的左端 A 点为坐标原点，求距左端为 x 的任意截面的剪力和弯矩，取截面左侧梁为分离体，根据其上的外力写出的剪力方程和弯矩方程分别为

$$F_s(x) = -P \quad (0 < x < l) \qquad (1)$$
$$M(x) = -Px \quad (0 \leqslant x < l) \qquad (2)$$

（2）作剪力图和弯矩图。

式（1）表明剪力 F_s 与 x 无关，为负常数，故剪力图为 x 轴下方的一条水平线，如图 5.11（b）所示。

式（2）表明弯矩 M 是 x 的一次函数，故弯矩图为一斜直线，只需确定其上两个坐标点便可画出图线。例如，在 $x=0$ 处，$M=0$；在 $x=l$ 处，$M=-Pl$。画出的弯矩图如图 5.11（c）所示。

由图可知，$|M|_{max} = Pl$，发生在固定端左侧截面上。

【例 5.3】　图 5.12（a）所示的简支梁，全长上受均布荷载作用，求作此梁的剪力图和弯矩图。

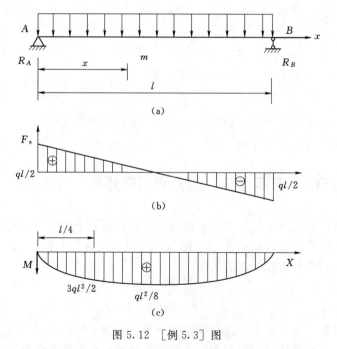

图 5.12　[例 5.3] 图

解：（1）求支反力。利用荷载及支座的对称性可知

$$R_A = R_B = \frac{ql}{2}$$

（2）列剪力方程和弯矩方程。取梁左端 A 点为坐标原点，根据 x 截面左侧梁上的外力写出的剪力方程和弯矩方程为

$$F_s(x) = R_A \tag{1}$$

$$M(x) = R_A x - qx \cdot \frac{x}{2} = \frac{ql}{2}x - \frac{qx^2}{2} \quad (0 \leqslant x < l) \tag{2}$$

（3）作剪力图和弯矩图。式（1）表明剪力图是一斜直线，在 $x=0$ 处，$F_s = \frac{ql}{2}$；在 $x=l$ 处，$F_s = -\frac{ql}{2}$。连成直线后的剪力图如图 5.12（b）所示。

式（2）表明弯矩 M 是 x 的二次函数，故弯矩图为一抛物线，在确定几个坐标点处的弯矩数值后，得到的弯矩图如图 5.12（c）所示。

由图 5.12 可知，最大剪力发生在两支座内侧横截面上，其值 $|F_s|_{max} = \frac{ql}{2}$；最大弯矩发生在跨度中点横截面上，其值 $M_{max} = \frac{ql^2}{8}$。

5.5 剪力、弯矩与分布荷载集度之间的关系

观察以上例题可见，若将弯矩函数 $M(x)$ 对 x 求导数，可得剪力函数 $F_s(x)$；将 $F_s(x)$ 对 x 求导数，则得均布荷载集度 q，这些关系是普遍存在的。下面就来推导这些关系。

设梁上作用有任意荷载 [图 5.13（a）]，其中分布荷载的集度 $q(x)$ 是 x 的连续函数，并规定向上为正。现取梁的左端为坐标原点，x 轴向右为正，用坐标为 x 和 $x+dx$ 处的两截面 $m—m$ 和 $n—n$，假想地截出长为 dx 的微段梁 [图 5.13（b）] 来研究。设截面 $m—m$ 上的剪力和弯矩分别为 $F_s(x)$ 和 $M(x)$；截面 $n—n$ 上的剪力和弯矩分别为 $F_s(x) + dF_s(x)$ 和 $M(x) + dM(x)$，内力均设为正值。作用在

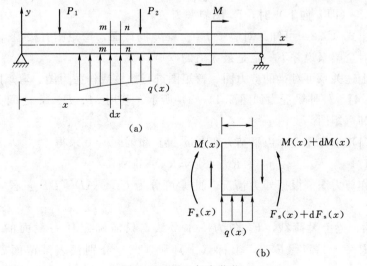

图 5.13 梁上任意荷载

微段梁上的分布荷载可视为均匀分布。

由微段梁的平衡方程

$$\sum Y = 0 \quad F_s(x) + q(x)\mathrm{d}x - F_s(x) - \mathrm{d}F_s(x) = 0$$

得

$$\frac{\mathrm{d}F_s(x)}{\mathrm{d}x} = q(x) \tag{5.1}$$

$$\sum m_C = 0 \ [M(x) + \mathrm{d}M(x)] - M(x) - F_s(x)\mathrm{d}x - q(x)\mathrm{d}x\,\frac{\mathrm{d}x}{2} = 0$$

略去二阶微量，得

$$\frac{\mathrm{d}M(x)}{\mathrm{d}x} = F_s(x) \tag{5.2}$$

由式（5.1）、式（5.2）又可得

$$\frac{\mathrm{d}^2 M(x)}{\mathrm{d}x^2} = q(x) \tag{5.3}$$

以上三式就是弯矩 $M(x)$、剪力 $F_s(x)$ 和荷载集度 $q(x)$ 三函数间的微分关系式。

由高等数学可知，式（5.1）和式（5.2）的几何意义是：剪力图上某点的切线斜率等于梁上对应点处的荷载集度 q；弯矩图上某点的切线斜率等于梁上对应截面上的剪力。

根据上述关系式，可以得出梁上荷载、剪力图和弯矩图三者的一些关系。

（1）在无分布荷载作用的那段梁，即 $q(x) = 0$，于是 $F_s(x) =$ 常数，$M(x)$ 是 x 的一次函数。因此，此段梁的剪力图为水平线，弯矩图为斜直线。

若 $F_s > 0$，M 图斜率为正。

若 $F_s < 0$，M 图斜率为负。

（2）在均布荷载作用的那段梁，即 $q(x) = q =$ 常数。$F_s(x)$ 为 x 的一次函数，$M(x)$ 为 x 的二次函数。因此，剪力图为一斜直线，弯矩图为抛物线。

若 $q > 0$（即 q 向上）时，F_s 图斜率为正。

若 $q < 0$（即 q 向下）时，F_s 图斜率为负。

（3）由式（5.2）可知，对应于 $F_s(x) = 0$ 的截面，弯矩图有极值。但应指出，极值弯矩对全梁来说并不一定是最大值的弯矩。

利用上述关系可对梁的剪力图、弯矩图进行校核或作剪力图、弯矩图。

【例 5.4】 外伸梁受力如图 5.14（a）所示。利用 M、F_s、q 之间关系作此梁的剪力图和弯矩图。

解：（1）求支反力。由平衡方程 $\sum m_B = 0$ 和 $\sum m_A = 0$ 求得

$$R_A = 8\mathrm{kN}, R_B = 3\mathrm{kN}$$

（2）作剪力图。根据外力情况，此梁可分为 CA、AD、DB 三段，然后分段作图。

CA 段：梁上无荷载，F_s 图为一水平线，只需确定任一截面的 F_s 值，如 $F_{sC}^{(+)} = -P = -3\mathrm{kN} = F_{sA}^{(-)}$，上标（+）和（-）分别代表某截面处的右邻截面（下同）。

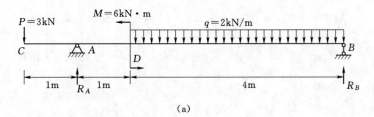

(a)

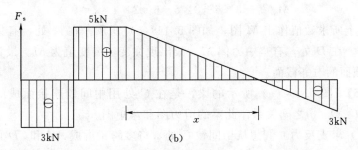

(b)

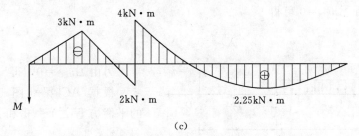

(c)

图 5.14 ［例 5.4］图

AD 段：梁上也无荷载，F_s 图还是一水平线，$F_{sA}^{(+)} = -P + R_A = -3 + 8 = 5 \text{kN} = F_{sD}^{(-)}$。

DB 段：梁上有向下的均布荷载，F_s 图应为右下斜线，集中力偶作用处剪力无变化，故只需确定两个剪力值。

$$F_{sD}^{(+)} = -P + R_A = -3 + 8 = 5 \text{kN} = F_{sD}^{(-)}$$

$$F_{sB}^{(-)} = -P + R_A - q \cdot 4 = -3 + 8 - 2 \times 4 = -3 (\text{kN})$$

根据以上求得的数值作出 F_s 图如图 5.14（b）所示。在 C、A、B 处有突变，突变值分别等于集中力 P、R_A、R_B 的数值。最大剪力所在截面为支座 A 的右邻截面。

（3）作弯矩图。

CA 段：梁上 $q = 0$，$F_s < 0$，M 图应为一右下斜直线。在 C 截面，$M_C = 0$，在 A 截面，$M_A = -3 \times 1 = -3 \text{kN} \cdot \text{m}$。

AD 段：F_s 图为水平线，且 $F_s > 0$，M 图应为一右上斜直线，$M_A = -3 \text{kN} \cdot \text{m}$，$M_D^{(-)} = -3 \times 2 + 8 \times 1 = 2 (\text{kN} \cdot \text{m})$。

DB 段：梁上有向下的均布荷载，M 图为上凸抛物线，对应于 F_s 图上 $F_s = 0$ 的 E 截面，弯矩有极值。利用 $F_{sE} = 0$ 的条件确定 $M_{极}$ 的位置，即

$$F_{sE} = -3 + 8 - q \cdot x = 0$$

$$x = \frac{5}{2} = 2.5 \text{m}$$

$$M_{\text{极}} = -P(2+2.5) + R_A(1+2.5) - m - q \times 2.5 \times \frac{2.5}{2}$$

$$= -3 \times 4.5 + 8 \times 3.5 - 6 - 2 \times \frac{2.5^2}{2} = 2.25(\text{kN} \cdot \text{m})$$

再计算 $M_D^{(+)}$ 和 M_B。

$$M_D^{(+)} = -3 \times 2 + 8 \times 1 - 6 = -4\text{kN} \cdot \text{m}$$

$$M_B = -3 \times 6 + 8 \times 5 - 6 - 2 \times 4 \times 2 = 0$$

根据以上所求数值作出 M 图，如图 5.14（c）所示。在 A 处，有集中力 R_A，故出现尖角。在 D 处，有集中力偶 M，故出现突变，突变值为 M。最大弯矩所在截面为 D 截面的右邻截面。

【例 5.5】 图 5.15（a）所示的梁，是在 C 处用中间铰连接而成的多跨静定梁。试用 M、Q、q 之间关系作此梁的剪力图和弯矩图。

解：（1）求支反力。假想从中间铰 C 处，将多跨梁拆成 AC 和 CD 两部分，并以 x_C 和 y_C 表示两部分之间的相互作用力。根据 CD 梁 [图 5.15（b）] 的平衡方程 $\sum X = 0$ 和 $\sum m_B = 0$ 可得

$$X_C = 0, \quad Y_C = \frac{qa}{2}$$

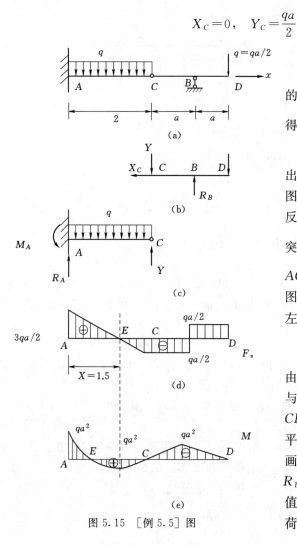

(a)

(b)

(c)

(d)

(e)

图 5.15 [例 5.5] 图

另由 $\sum m_C = 0$，得 $R_B = qa$。

根据 AC 梁 [图 5.15（c）] 的平衡方程 $\sum Y = 0$ 和 $\sum m_A = 0$，得 $R_A = \frac{3}{2}qa$，$M_A = qa^2$。

（2）作剪力图。对应于梁长画出基线，从梁的左端开始向右作图。在 A 处有向上的集中力（支反力）R_A，故从基线的 A 点向上突变，取突变值 $\frac{3}{2}qa$，得 A' 点。AC 段梁上有向下的均布荷载，F_s 图是一右下斜直线，计算截面 C 左邻截面的剪力值，即

$$F_{sC}^{(-)} = -y_C = -\frac{1}{2}qa$$

由此值在图上确定 C' 点。连接 A' 与 C'。梁上 C 点处无集中荷载，CB 段梁上无荷载，F_s 图为一水平线，故从 C' 点沿平行基线方向画至 B'，因 B 处有向上的反力 R_B，故 F_s 图从 B' 点向上突变 qa 值而得 B'' 点，由于 BD 段梁上无荷载，故 F_s 图由 B'' 点沿平行基线

方向画至 D' 点，在 D 处有向下的集中力 P，故从 D' 点向下突变 $qa/2$ 值，端点恰好落在基线上。这样，F_s 图从基线上左端的始点 A 出发，经过 A' 点、C' 点、B' 点、D' 点，最后到达基线上右端的终点 D，F_s 图应是封闭的，如图 5.15（d）所示。

（3）作弯矩图。画出水平基线，从左端的 A 点出发，梁上的 A 端有支反力偶 m_A（逆时针转向），$M_A^{(+)}=-m_A=-qa^2$，故从基线上 A 点向下突变 qa^2 值而得 A' 点。AC 段梁上的 q 向下，M 图应是上凸抛物线，对应于 F_s 图上 $F_s=0$ 的 E 截面，应有极值弯矩 $M_{极}$，由 $F_{sE}=0$ 的条件或 $\triangle AA'E$ 与 $\triangle EC'C$ 相似，可求得 AE 长度，即 $F_{sE}=\dfrac{3}{2}qa-qx=0$

得
$$x=\frac{3}{2}a=1.5a$$

故
$$M_{极}=-qa^2+\frac{3}{2}qa\cdot\frac{3}{2}a-\frac{1}{2}q\left(\frac{3}{2}a\right)^2=\frac{1}{8}qa^2$$

由此值确定 E' 点。因梁 C 截面为铰链连接，故 $M_C=0$。

从而得 C 点（在基线上）。连接 A'、E'、C 三点为一抛物线。

从 CB 段的 F_s 图上可知 $F_s<0$，M 图为一向右下斜直线，可由截面 B 右侧上外力求 M_B 值，即
$$M_B=-Pa=-\frac{1}{2}qa^2$$

由此可确定 B' 点。BD 段的 $F_s>0$，M 图为一右上斜直线，因 D 点无集中力偶，故 $M_D=0$。可得基线上的终点 D，连接 B'、D 两点作出的弯矩图如图 5.15（e）所示。由图可知，中间铰处的弯矩 $M_C=0$，这说明中间铰只能传递力，而不能传递力偶矩。此外，全梁的最大弯矩出现在固定端处的右邻截面。

5.6 平面刚架的内力图

刚架是由几根杆件在节点处刚性连接而成的结构，其连接点称为刚节点，在刚节点处杆件之间的夹角保持不变，即各杆无相对转动，并且可以传递力和力偶矩。若刚架的轴线是一条平面折线，所有外力均作用于刚架轴线平面内，就称为平面刚架。平面刚架横截面上一般有轴力、剪力和弯矩 3 个内力。故其内力图包括 N 图、F_s 图和 M 图。作刚架内力图的方法基本上与梁相同，需要分杆分段进行。作 N 图、F_s 图时，轴力与剪力的正负号仍按以前的规定，而作 M 图时，通常可将弯矩图画在杆弯曲时受拉的一侧，图中就不注明正负号了。

【例 5.6】 试作图 5.16（a）所示平面刚架 ABC 的内力图。

解：（1）求刚架支反力。由平衡方程可求得 $H_C=qa$，$R_A=2qa$，$R_C=qa$ 方向如图所示。

（2）作 AB 杆的内力图。取分离体如图 5.16（b）所示，由平衡方程可得
$$N_1=0,\ F_{s1}=R_A-qx_1=2qa-qx_1$$
$$M_1=R_A\cdot x_1-\frac{1}{2}qx_1^2=2qax_1-\frac{1}{2}qx_1^2$$

F_s 图为右下斜直线，$x_1=0$，$F_{s1}=2qa$；$x_1=a$，$F_{s1}=qa$。M 图为下凸抛物

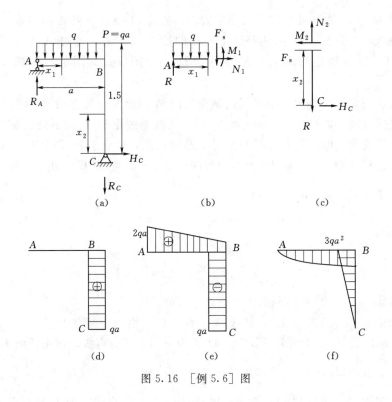

图 5.16 ［例 5.6］图

线，$x_1 = 0$，$M = 0$；$x_1 = a$，$M = \dfrac{3}{2}qa^2$，中间无极值。在图 5.16（e）、（f）上作出 AB 杆的 F_s、M 图。

（3）作 BC 杆的内力图。取 BC 杆的下部分为分离体，如图 5.16（c）所示，由平衡方程可得

$$N_2 = R_C = qa, \quad F_{s2} = -H_C = -qa, \quad M_2 = H_C \cdot x = qa \cdot x$$

N 图、F_s 图为平行于 BC 杆轴线的竖直线，M 图为斜直线，在图 5.16（d）、（e）、（f）上作出 BC 杆的 N 图、F_s 图、M 图。

5.7 叠加法画弯矩图

在小变形条件下，当梁上有几个荷载共同作用时，任意横截面上的弯矩与各荷载呈线性关系。因此，每个荷载引起的弯矩不受其他荷载的影响。这样，当梁受几个荷载共同作用时 ［图 5.17（a）］，可分别算出每个荷载单独作用下梁上某截面的弯矩 ［图 5.17（b）、(c)］，再求出它们的代数和，即得这几个荷载共同作用下该截面的弯矩。

这里实际上是应用了一个带有普遍性的原理，即叠加原理。它叙述为：由几个外力所引起的某一参数（内力、应力或位移）等于每个外力单独作用时所引起的该参数值的叠加。

由于梁的弯矩可根据叠加原理求得，故弯矩图也可按此原理作出，即先分别作出各个荷载单独作用下梁的弯矩图，尔后将其对应的纵坐标进行叠加，就得到所有

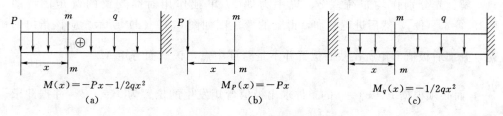

$$M(x)=-Px-1/2qx^2 \qquad M_P(x)=-Px \qquad M_q(x)=-1/2qx^2$$

(a)   (b)   (c)

图 5.17　梁的弯矩计算

荷载共同作用下梁的弯矩图。这样的作图方法称为叠加法。

【例 5.7】　试用叠加法作图 5.18（a）所示外伸梁的弯矩图。

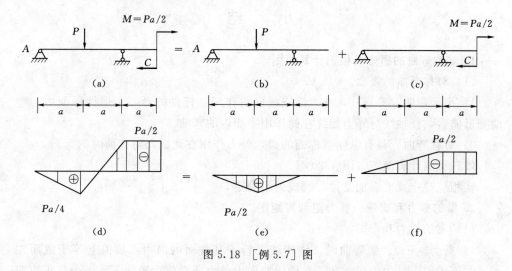

图 5.18　［例 5.7］图

解： 将梁上荷载分解为单个荷载单独作用的情况［图 5.18（b）、（c）］。分别作出集中力 P、集中力偶 M 单独作用下弯矩图如图 5.18（e）、（f）。然后将这两个弯矩图对应的纵坐标进行叠加，即可得该梁的弯矩图如图 5.18（d）所示。

【例 5.8】　用叠加法作图 5.19（a）所示的简支梁的弯矩图。

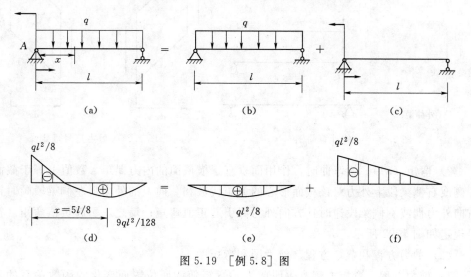

图 5.19　［例 5.8］图

解：先分别作均布荷载 q、集中力偶 M 单独作用时简支梁的弯矩图 [图 5.19（e）、（f）]，然后进行叠加，得梁的弯矩图如图 5.19（d）所示。应该指出的是，叠加后极值弯矩所在截面位置并不是跨度中点，该截面弯矩 $M_{\frac{l}{2}} = \dfrac{ql^2}{8} - \dfrac{ql^2}{16} = \dfrac{ql^2}{16}$，而必须根据 $F_s(x)=0$ 的条件求出极值弯矩发生的位置为 $x = \dfrac{5}{8}l$，并据此求出极值弯矩为

$$M_{\text{极}} = \frac{5}{8}ql \cdot \frac{5l}{8} - \frac{ql^2}{8} - \frac{1}{2}q\left(\frac{5l}{8}\right)^2 = \frac{9}{128}ql^2$$

小　　结

1. 对称弯曲的概念及梁的计算简图

（1）对称弯曲的概念。

1）平面弯曲。等直杆，外力偶或横向力作用在杆件的形心主惯性平面内，弯曲变形前后，杆轴线与外力始终在此作用平面内的弯曲。

2）对称弯曲。具有纵向对称面的梁，外力作用在此纵向对称面时的弯曲。

（2）梁的计算简图（图 5.20）。

在相应静定梁上多加支撑，则成为超静定。

2. 梁的剪力和弯矩、剪力图和弯矩图

（1）梁的剪力和弯矩。

1）剪力（F_s）。梁弯曲时，作用线平行于其截面的内力，数值上等于截面左侧或右侧梁段上外力的代数和。左侧梁段向上外力或右侧梁段向下外力引起正值剪力；反之，引起负值剪力。符号规定如图 5.21 所示。

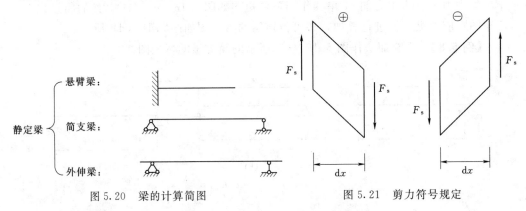

图 5.20　梁的计算简图　　　　　　图 5.21　剪力符号规定

2）弯矩（M）。梁弯曲时，作用面垂直于横截面的内力偶矩。数值上等于截面左侧或右侧梁段上外力对该截面形心的力矩代数和。向上的外力、左侧梁段顺时针方向外力偶或右侧梁段逆时针方向外力偶引起正值弯矩；反之，引起负值弯矩。符号规定如图 5.22 所示。

（2）剪力方程和弯矩方程、剪力图和弯矩图。

1）剪力方程、弯矩方程。表明剪力、弯矩随截面位置而变化的函数关系的方

程,即

$$F_s = F_s(x), M = M(x)$$

2）剪力图、弯矩图。表示各横截面上剪力、弯矩沿梁轴线变化规律的图线。

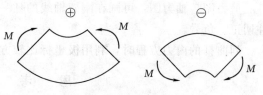

图 5.22　弯矩符号规定

梁上外力不连续处，梁的弯矩方程和弯矩图分段；集中力和分布荷载开始处和结束处，梁的剪力方程和剪力图分段。

集中力作用处，剪力图有突变，突变值等于集中力值。

集中力偶作用处，弯矩图有突变，突变值等于集中力偶值。

（3）弯矩、剪力与分布荷载集度间的微分关系及其应用。

1）剪力、弯矩与分布荷载集度间的微分关系为

$$\frac{\mathrm{d}M(x)}{\mathrm{d}x} = F_s(x), \frac{\mathrm{d}F_s(x)}{\mathrm{d}x} = q(x), \frac{\mathrm{d}^2 M(x)}{\mathrm{d}x^2} = q(x)$$

几种荷载下的剪力图与弯矩图的特征见表 5.1。

表 5.1　　　　　　　　　　几种荷载下的剪力图与弯矩图的特征

特征 ＼ 荷载	无荷载 $q=0$	均布荷载 $q=$ 常数	集中力 F	集中力偶 M_e
剪力图	水平直线⊕或⊖	斜直线 $q>0$（向上）　$q<0$（向下）	有突变 突变方向沿 F 指向，突变值等于 F 值	无影响
弯矩图	斜直线 $F_s>0$（向上）　$F_s<0$（向下）	二次曲线 $q>0$　$q<0$	力作用点处为尖角点	有突变，顺时针方向 M_e 使 M 增大，反之减小。突变值等于 M_e 值
M_{max} 可能位置		$F_s=0$ 的截面	F_s 突变的截面	靠集中力偶作用处

2）荷载集度、剪力、弯矩间的积分关系为

$$F_{s2} - F_{s1} = \int_{x_1}^{x_2} q(x)\mathrm{d}x, \text{或 } F_{s2} = F_{s1} + \int_{x_1}^{x_2} q(x) \cdot \mathrm{d}x$$

$$M_2 - M_1 = \int_{x_2}^{x_1} F_s(x) \cdot \mathrm{d}x, \text{或 } M_2 = M_1 + \int_{x_2}^{x_1} F_s(x) \cdot \mathrm{d}x$$

（4）按叠加原理作弯矩图。叠加原理：当所求参数（内力、应力或位移）与梁上荷载呈线性关系时，由几项荷载作用时所引起的某一参数就等于每项荷载单独作用时所引起的该参数值的叠加。

3. 平面刚架和曲杆的内力图

平面刚架及曲杆横截面的内力一般有轴力、剪力和弯矩。轴力以拉力为正，压力为负；剪力符号规定与直梁相同，即绕分析对象顺时针方向为正，反之为负；弯矩的正负不作规定，但在同一结构中必须统一。

弯矩图：画在各杆受拉的一侧，不注正、负号。

剪力图、轴力图：可画在刚架轴线的任一侧（通常正值画在刚架的外侧），需注明正、负号。

列曲杆的内力方程时，利用极坐标比较方便。曲杆的内力图为曲线。

思 考 题

5.1 在写 F_s、M 方程时，试问需要在何处分段？

5.2 试问在求梁横截面上的内力时，为什么可直接由该截面任一侧梁上的外力来计算？

5.3 试问弯矩、剪力和荷载集度三函数间的微分关系，即教材中式（5.1）和式（5.2）的应用条件是什么？在集中力和集中力偶作用处此关系能否适应？

5.4 具有中间铰的矩形截面梁上有一活动荷载 F 可沿全梁 l 移动，如图 5.23 所示。试问如何布置中间铰 C 和可移动铰支座 B 才能充分利用材料的强度？

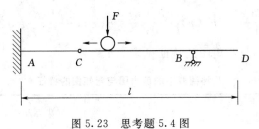

图 5.23 思考题 5.4 图

第 6 章

弯曲应力

6.1 概述

在第 5 章中分析和讨论了梁在平面弯曲时的剪力和弯矩，为了研究梁的强度问题，必须进一步研究梁横截面上的应力分布规律及其计算。从第 5 章中可知，在一般荷载情况下，梁的横截面上既有剪力 F_s 又有弯矩 M。剪力 F_s 是由截面上的切向内力元素 τdA 所组成的合力，弯矩 M 是由截面上法向内力元素 σdA 所组成的合力偶矩（图 6.1）。所以，在梁的横截面上一般是既有剪应力 τ 又有正应力 σ。本章主要是研究等直梁平面弯曲时，横截面上这两种应力的分布规律及其计算。

取一简支梁 AB，两个数值相等的集中力 P 对称作用于梁上，如图 6.2（a）所示，从图 6.2（b）、（c）的剪力图和弯矩图中可知，在梁的 CD 段，各截面的剪力为零，弯矩为常量，横截面上只有正应力而无剪应力，这样的弯曲称为纯弯曲。对于 AC 段或 DB 段，各截面上同时有剪力和弯矩，因此截面上既有剪应力又有正应力，这样的弯曲称为横力弯曲。

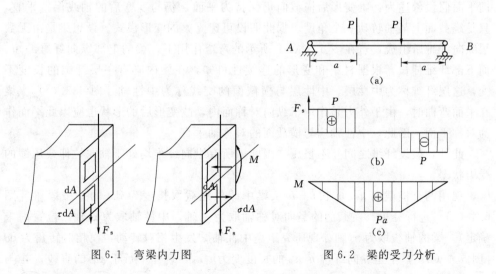

图 6.1　弯梁内力图　　　　　　图 6.2　梁的受力分析

下面首先针对纯弯曲情况来研究横截面上的正应力。这是弯曲理论中最基本、最简单的情况。

6.2　纯弯曲时梁横截面上的正应力

推导纯弯曲时梁横截面上的正应力计算公式，与推导圆轴扭转时的剪应力公式所用的方法相同，也是综合考虑了变形几何、物理和静力学三方面的关系。

6.2.1　变形几何关系

观察纯弯曲的变形可由试验进行，加载前，在梁上画出一组互相平行的横向线与一组与其垂直的纵向线 ［图 6.3 (a)］，梁受力变形后可观察到以下的现象 ［图 6.3 (b)］。

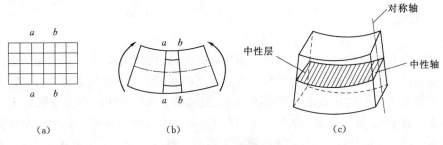

图 6.3　弯梁受力变形示意图

（1）横向线如 $a—a$、$b—b$，仍与变为曲线的纵向线保持垂直，只是相对转动了一个角度。

（2）在凹入一侧（顶面）的纵向线缩短了，而在凸出一侧（底面）的纵向线伸长了。

根据上述变形现象，进而分析和推断梁内的变形情况，作出以下的变形假设，即平面假设叙述为：梁变形后横截面仍保持为平面，仍与变弯后的轴线保持垂直，只是绕截面上某轴转动一个角度。据此假设可建立梁的变形模式。设想梁是由无数层纵向纤维所组成，若在图 6.3 (b) 所示的弯矩作用下，梁的上部纵向纤维缩短，而下部纤维伸长。根据材料和变形的连续性可知，在梁内必有一层纤维的长度不变，这层纤维称为中性层，中性层与横截面的交线称为中性轴 ［图 6.3 (c)］。梁在平面弯曲时，由于外力是作用于纵向对称面内，故变形后的形状也应以此平面作为对称平面。因此，中性轴应与横截面的对称轴垂直。

此外，假设纤维之间互不挤压，因此，所有纵向纤维均处于轴向拉伸或压缩的受力状态。

现用两个横截面 $a—a$ 和 $b—b$ 从梁中假想地截取长度为 dx 的一微段梁 ［图 6.4 (a)］进行分析。横截面的竖向对称轴取为 y 轴，中性轴取为 z 轴（位置尚未确定），梁的轴线取为 x 轴。现研究距离中性轴 z 发生相对转动，设相对转角为 $d\theta$ ［图 6.4 (b)］，于是纵向纤维 n_1n_2 的长度变为 $\widehat{n_1n_2}$，现作平行于 aa 的直线 cc，与 $\widehat{n_1n_2}$ 交于 n_3 点。可见，$\widehat{n_1n_2}$ 就是纤维 n_1n_2 的伸长量，由 $\widehat{n_1n_3}=\widehat{o_1o_2}=dx$，$\widehat{n_3n_2}=yd\theta$，故纤维 n_1n_2 的纵向线应变为

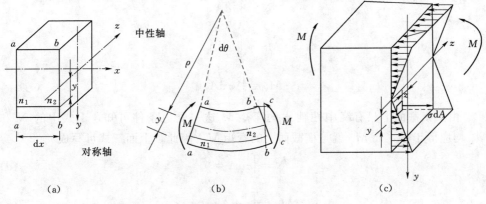

图 6.4 弯梁单元分析

$$\varepsilon = \frac{\widehat{n_3 n_2}}{\widehat{n_1 n_3}} = y \frac{\mathrm{d}\theta}{\mathrm{d}x}$$

设中性层的曲率半径为 ρ，由图 6.4（b）可知

$$\frac{\mathrm{d}\theta}{\mathrm{d}x} = \frac{1}{\rho}$$

将此式代入上式可得

$$\varepsilon = \frac{y}{\rho} \qquad\qquad (a)$$

式（a）表明横截面上任一点的纵向线应变 ε 与该点离中性轴的距离 y 成正比。这是基于平面假设，横截面像刚性平面一样绕中性轴转动的结果。

6.2.2 物理关系

根据纵向纤维之间互不挤压的假设，可认为纵向纤维只受轴向拉伸或压缩，于是，当材料在线弹性范围内工作时，就可应用虎克定律，即

$$\sigma = E\varepsilon \qquad\qquad (b)$$

将式（a）代入式（b），得

$$\sigma = E \frac{y}{\rho} \qquad\qquad (c)$$

式（c）表明横截面上任一点处的正应力与该点到中性轴的距离 y 成正比。横截面上正应力的变化规律如图 6.4（c）所示。由于中性轴 z 的位置及中性层的曲率半径 ρ 都未确定，因此还不能利用式（c）计算应力，必须进一步利用静力学关系建立曲率半径 ρ 与弯矩的关系。

6.2.3 静力学关系

由于在横截面上，在坐标为（y，z）的微面积上有法向内力元素 $\sigma \mathrm{d}A$ ［图 6.4（c）］，整个截面上的法向内力元素就构成一个空间平行力系，因此，可合成 3 个内力分量，分别为

$$N = \int_A \sigma \, dA$$

$$M_y = \int_A z\sigma \, dA$$

$$M_z = \int_A y\sigma \, dA$$

由梁横截面上只有绕中性轴 z 的弯矩 M 这一受力条件可知，上式中的 N 和 M_y 均应等于零，而 M_z 就是横截面上的弯矩 M。因此，上面三式可写成

$$N = \int_A \sigma \, dA = 0 \qquad\qquad (d)$$

$$M_y = \int_A z\sigma \, dA = 0 \qquad\qquad (e)$$

$$M_z = \int_A y\sigma \, dA = M \qquad\qquad (f)$$

将式（c）分别代入式（d）、式（e）、式（f），并根据附录Ⅰ.1 和附录Ⅰ.2 中有关静矩、惯性矩和惯性积的定义，得

$$N = \frac{E}{\rho} \int_A y \, dA = \frac{E}{\rho} S_z = 0 \qquad\qquad (g)$$

$$M_y = \frac{E}{\rho} \int_A zy \, dA = \frac{E}{\rho} I_{yz} = 0 \qquad\qquad (h)$$

$$M_z = \frac{E}{\rho} \int_A y^2 \, dA = \frac{E}{\rho} I_z = M \qquad\qquad (i)$$

由于 $\dfrac{E}{\rho} \neq 0$，要满足式（g），故只能是横截面对中性轴 z 的静矩 $S_z = 0$，从附录可知，z 轴必须通过截面的形心，这就确定了中性轴的位置。

式（h）是自然满足的，因为 y 轴是横截面的对称轴，所以 I_{yz} 必等于零（见附录Ⅰ.2）。

最后，由式（i）可得到中性层曲率 $\dfrac{1}{\rho}$ 的表达式，即

$$\frac{1}{\rho} = \frac{M}{EI_z} \qquad\qquad (6.1)$$

式中：EI_z 为梁的抗弯刚度。

将式（6.1）代入式（c），即得纯弯曲时梁横截面上任一点处正应力的计算公式为

$$\sigma = \frac{My}{I_z} \qquad\qquad (6.2)$$

式中：M 为横截面上的弯矩；y 为所求正应力的点离中性轴的距离；I_z 为横截面对中性轴的惯性矩，是截面的几何性质之一，它与截面的形状和尺寸有关。式（6.2）表明，横截面上的正应力沿截面高度呈线性变化。在中性轴上，因 $y = 0$，所以正应力 $\sigma = 0$。在横截面的上下边缘（离中性轴最远）处，正应力达到最大值。

关于正应力 σ 的正、负号（即拉应力或压应力），通常可根据梁的变形直接判

定，以中性层为界，梁变形后凸出的一侧受拉应力，凹入的一侧受压应力。

根据式（6.2）可得到横截面上离中性轴最远的各点处的最大正应力计算公式为

$$\sigma_{max} = \frac{M}{I_z} y_{max} \qquad (6.3)$$

若令

$$W_z = \frac{I_z}{y_{max}} \qquad (6.4)$$

则

$$\sigma_{max} = \frac{M}{W_z} \qquad (6.5)$$

式中：y_{max} 为横截面上离中性轴最远的距离；W_z 为抗弯截面模量。对矩形截面（与中性轴平行和垂直的尺寸分别为 b 和 h），有

$$W_z = \frac{I_z}{y_{max}} = \frac{\frac{bh^3}{12}}{\frac{h}{2}} = \frac{bh^2}{6} \qquad (j)$$

对圆形截面（直径为 d），有

$$W_z = \frac{I_z}{y_{max}} = \frac{\frac{\pi d^4}{64}}{\frac{d}{2}} = \frac{\pi d^3}{32} \qquad (k)$$

式（j）和式（k）中的 I_z 可从附录的表中查得，对于型钢截面的 W_z 值，可从型钢表中直接查得。

对于矩形、圆形和"工"字形等截面，中性轴也是截面的对称轴，据此，截面上最大拉应力与最大压应力的绝对值相等。有些截面如 T 形、U 形截面，其中性轴就不是截面的对称轴，因此，最大拉应力与最大压应力的绝对值就不相等，此时，必须用中性轴两侧不同的 y_{max} 值来计算抗弯截面模量。

6.3 横力弯曲时梁横截面上的正应力及强度条件

当梁在横向荷载作用下使横截面同时存在弯矩和剪力时，即横力弯曲情况，此时梁的横截面上不仅有正应力而且还有剪应力。由于剪应力的存在，横截面将产生翘曲而不再保持为平面。此外，由于横向荷载的作用，梁的纵向纤维之间将引起挤压应力。可见，纯弯曲时所作的平面假设与纵向纤维之间互不挤压假设对横力弯曲情况均不成立。但是，根据弹性力学分析的结果可知，当梁的跨长 l 与横截面高度 h 之比大于 5 时，剪应力对弯曲正应力的影响很小，可忽略不计。工程实际中多数的梁，都能满足上述要求。因此，应用纯弯曲时的正应力计算式（6.2）来计算梁在横力弯曲时截面上的正应力是有足够精确度的。

对于横力弯曲，由于弯矩是随截面的位置而变化的，因此，计算横截面上的最大正应力时，应该用相应截面上的弯矩 $M(x)$ 代替式（6.5）中的 M，即

$$\sigma_{max} = \frac{M(x)}{W_z} \tag{6.6}$$

在等直梁中，全梁的最大正应力发生在最大弯矩 M_{max} 所在截面上离中性轴最远的点处，即

$$\sigma_{max} = \frac{M_{max}}{W_z} \tag{6.7}$$

仿照轴向拉（压）杆的强度条件形式，可建立梁的正应力强度条件：全梁的最大工作应力 σ_{max} 不得超过材料的许用弯曲应力 $[\sigma]$，即

$$\sigma_{max} = \frac{M_{max}}{W_z} \leqslant [\sigma] \tag{6.8}$$

根据上述的强度条件可对梁进行强度校核，选择截面或确定容许荷载。

需要指出的是，对于抗拉强度和抗压强度不同的脆性材料，则应针对最大拉应力和最大压应力分别建立强度条件。

【例 6.1】　矩形截面的外伸梁受力如图 6.5（a）所示。已知 $l=2m$，$b=60mm$，$h=90mm$，$P=4kN$，$q=5kN/m$。试求截面上的最大弯曲正应力 σ_{max}。

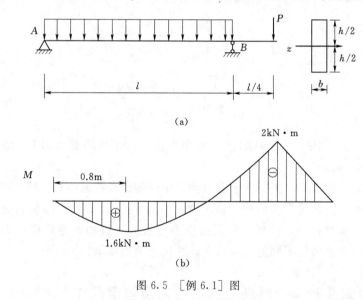

图 6.5　[例 6.1] 图

解：首先作出梁的弯矩图 [图 6.5（b）]。由图可见，绝对值最大的弯矩 M_{max} 所在截面在支座 B 处。

B 截面上下边缘处应力最大为

$$\sigma_{max} = \frac{M_B}{W_z} = \frac{2 \times 10^3 \times 10^{-6}}{\frac{1}{6} \times 60 \times 90^2 \times 10^{-9}} = 24.7(MPa)$$

根据梁的受力特点可知，梁上翼缘处是拉应力，梁下翼缘处为压应力。

【例 6.2】　图 6.6（a）所示简支钢梁，跨中作用一集中力 $P=20kN$，若已知 $l=2m$，许用弯曲应力 $[\sigma]=160MPa$。试按下列 3 种截面形状分别确定尺寸或型钢号，并比较所耗费的材料：（1）圆形；（2）矩形（高宽比 $\frac{h}{b} = \frac{3}{2}$）；（3）"工"

字形。

解：作梁的弯矩图，如图 6.6 （b）所示。最大弯矩为

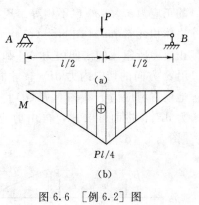

图 6.6 ［例 6.2］图

$$M_{\max}=\frac{Pl}{4}=\frac{2\times10^3\times2}{4}=10(\text{kN}\cdot\text{m})$$

由强度条件式（6.8）求得

$$W_z\geqslant\frac{M_{\max}}{[\sigma]}=\frac{10\times10^3}{160\times10^6}=62.5\times10^{-6}\text{m}^3=62.5\text{cm}^2$$

（1）确定圆形截面直径 d：$W_z=\dfrac{\pi d^3}{32}$

则

$$d\geqslant\sqrt[3]{\frac{32\times62.5}{\pi}}=8.6\text{cm}$$

圆截面面积为 $A_1=\dfrac{\pi d^2}{4}=58\text{cm}^2$。

（2）确定矩形截面的 b、h。

$$W_z=\frac{bh^2}{6}=\frac{b\left(\frac{3}{2}b\right)^2}{6}=62.5\text{cm}^2$$

$$b=\sqrt[3]{\frac{8\times62.5}{3}}=5.5\text{cm}$$

$$h=\frac{3}{2}b=8.25\text{cm}$$

矩形截面面积 $A_2=bh=5.5\times8.25=45.4(\text{cm}^2)$

（3）选工字钢号。

查型钢表，选用 12.6 号工字钢，$W_z=77.5\text{cm}^2$，$A_3=18.1\text{cm}^2$

经比较可见，$A_1:A_2:A_3=58:45.4:18.1$。圆形截面耗料最多，"工"字形截面耗料最少。

6.4 弯曲剪应力

工程实际中的梁，多数情况是受横力弯曲，横截面上既有弯矩又有剪力，因此，截面上既有正应力又有剪应力。一般情况下，梁的跨长远大于横向尺寸，故正应力是梁的强度计算的主要因素，只是在某些情况下，当梁的跨度较短而截面较高时，或是非标准的"工"字形截面梁（腹板薄而高），才需要对弯曲剪应力进行强度校核。下面按梁的截面形状分别讨论弯曲剪应力的计算。

6.4.1 矩形截面梁

图 6.7 （a）表示一矩形截面梁受任意横向荷载作用。用相距为 $\text{d}x$ 的 $m—m$ 和 $n—n$ 两横截面假想从梁上截取一微段 ［图 6.7 （b）］，两截面上的剪力相等且均为 F_s，而弯矩则不相等，分别为 M 和 $M+\text{d}M$。因此，在两截面上同一个 y 坐标处

的正应力 σ_{I} 与 σ_{II} 也不相等。现再用平行于中性层的纵截面假想地从微段 pq 处截出体积元素 pn' [图 6.7 (c)]，由此可知，在两端面部分横截面 pm' 和 qn' 上，由正应力所组成的法向内力 N_{I}^{*} 和 N_{II}^{*} 的数值也不相等。因此，在纵截面 pq' 上必有沿 x 方向的切向内力 $\mathrm{d}F_{s}'$，才能维持体积元素 pn' 的平衡，据此，在 pq' 面上相应地就有剪应力 τ' [图 6.7 (d)]。根据平衡方程 $\sum X = 0$ 可以求得 pq' 面上的切向内力 $\mathrm{d}F_{s}'$，进而可求 τ'，再由剪应力互等定理求得横截面上横线 pp' 处的剪应力 τ [图 6.7 (d)]。

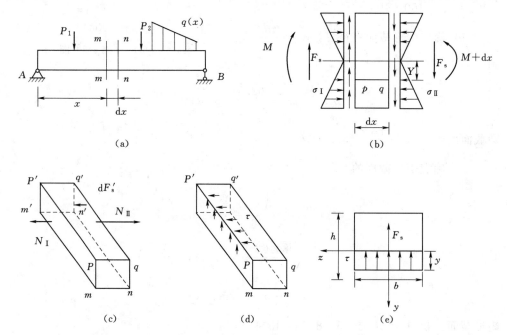

图 6.7　矩形截面梁受力及内力分布

按上述方法推导剪应力计算公式时，还必须知道剪应力的方向以及沿截面宽度的变化规律，对此作出以下两个假设。

（1）横截面上各点处的剪应力方向均与侧边平行。

（2）剪应力沿横截面宽度均匀分布，即距中性轴等远的各点处的剪应力大小相等，如图 6.7 (e) 所示。精确理论计算表明，这两个假设对于狭长矩形截面是合理的。

针对图 6.7 (b)，利用式 (6.2) 分别求出 m—m 和 n—n 截面上距中性轴为 y 处的正应力 σ_{I} 和 σ_{II}，并由此求得体积元素 pn' 的两端面上的法向内力 N_{I}^{*} 和 N_{II}^{*} [图 6.7 (c)] 分别为

$$N_{I}^{*} = \int_{A_{1}} \sigma_{I} \, \mathrm{d}A = \int_{A_{1}} \frac{My}{I_{z}} \mathrm{d}A = \frac{M}{I_{z}} \int_{A_{1}} y \, \mathrm{d}A = \frac{M}{I_{z}} S_{z}^{*} \tag{a}$$

$$N_{II}^{*} = \int_{A_{1}} \sigma_{II} \, \mathrm{d}A = \int_{A_{1}} \frac{(M + \mathrm{d}M)y}{I_{z}} \mathrm{d}A = \frac{M + \mathrm{d}M}{I_{z}} \int_{A_{1}} y \, \mathrm{d}A = \frac{M + \mathrm{d}M}{I_{z}} S_{z}^{*} \tag{b}$$

式中：A_{1} 为图 6.7 (c) 所示体积元素的侧面 pm' 的面积；$S_{z}^{*} = \int_{A_{1}} y \, \mathrm{d}A$ 为面积 A_{1} 对中性轴的静矩，也就是距中性轴为 y 的横线 pp' 以下的部分横截面面积对中性轴

的静矩。

在纵截面 pq' 上由假设（2）及剪应力互等定理可推知，剪应力 τ' 沿横线 pp' 均匀分布 [图 6.7（d）]。至于在 $\mathrm{d}x$ 长度上，τ' 即使有变化，其增量也是一阶无穷小，可忽略不计。由此，pq' 面上各点处的 τ' 均相等，则

$$\mathrm{d}F_s' = \tau' b \mathrm{d}x \tag{c}$$

由平衡方程 $\sum X = 0$，有

$$N_{\mathrm{II}}^* - N_{\mathrm{I}}^* - \mathrm{d}F_s' = 0 \tag{d}$$

将式（a）、式（b）、式（c）代入式（d），化简后即得

$$\tau' = \frac{\mathrm{d}M}{\mathrm{d}x} \cdot \frac{S_z^*}{b I_z}$$

由式（5.2），$\dfrac{\mathrm{d}M}{\mathrm{d}x} = F_s$，上式即变为

$$\tau' = \frac{F_s \cdot S_z^*}{b \cdot I_z}$$

由剪应力互等定理可知 $\tau = \tau'$，因此

$$\tau = \frac{F_s \cdot S_z^*}{b \cdot I_z} \tag{6.9}$$

式中：F_s 为横截面上的剪力；b 为矩形截面的宽度；I_z 为整个横截面对中性轴的惯性矩；S_z^* 为横截面上距中性轴为 y 的横线以外部分横截面面积对中性轴的静矩。式（6.9）就是矩形截面等直梁横截面上任一点处的剪应力计算公式。

对于矩形截面，取 $\mathrm{d}A = b\mathrm{d}y_1$，$S_z^*$ 的计算式为

$$S_z^* = \int_{A_1} y_1 \mathrm{d}A = \int_y^{\frac{h}{2}} b y_1 \mathrm{d}y_1 = \frac{b}{2}\left(\frac{h^2}{4} - y^2\right)$$

将此式代入式（6.9），可得

$$\tau = \frac{F_s}{2 \cdot I_z}\left(\frac{h^2}{4} - y^2\right)$$

由上式可见，剪应力 τ 沿截面高度按抛物线规律变化（图 6.8）。

当 $y = \pm\dfrac{h}{2}$ 时（上、下边缘），$\tau = 0$。

当 $y = 0$ 时（在中性轴上），剪应力达到最大值 $\tau_{\max}$，即

$$\tau_{\max} = \frac{F_s h^2}{8 I_z} = \frac{F_s h^2}{8 \dfrac{bh^3}{12}} = \frac{3}{2} \cdot \frac{F_s}{bh}$$

或

$$\tau_{\max} = \frac{3}{2} \cdot \frac{F_s}{A} \tag{6.10}$$

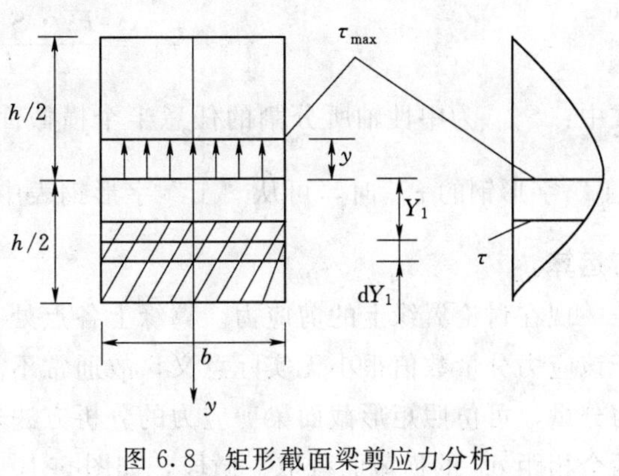

图 6.8 矩形截面梁剪应力分析

式中：$A = bh$ 为矩形截面的面积。式（6.10）说明矩形截面梁横截面上的最大剪应力值比平均剪应力值 F_s/A 大 50%。

6.4.2 "工"字形截面梁

"工"字形截面可分为上、下翼缘和中间的腹板这两部分。首先讨论腹板上的剪应力。由于腹板是一个狭长矩形，因此，有关矩形截面剪应力的两个假设仍然适用，腹板上距中性轴为 y 处的剪应力，可直接应用式（6.9）计算，即

$$\tau = \frac{F_s S_z^*}{d \cdot I_z}$$

式中：d 为腹板宽度；S_z^* 为横截面上距中性轴为 y 的横线以外部分的横截面面积 [图 6.9（a）中阴影线面积] 对中性轴的静矩，即

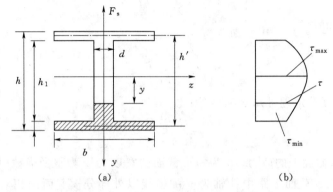

图 6.9　"工"字形截面梁剪应力分布

$$S_z^* = bt \frac{h'}{2} + d \frac{h_1}{2} - y \cdot \frac{1}{2}\left(\frac{h_1}{2} + y\right) = bt \frac{h'}{2} + \frac{d}{2}\left(\frac{h_1^2}{4} - y^2\right)$$

于是

$$\tau = \frac{F_s}{d \cdot I_z}\left[bt \frac{h'}{2} + \frac{d}{2}\left(\frac{h_1^2}{4} - y^2\right)\right] \tag{6.11}$$

可见，腹板上的剪应力沿高度按抛物线规律分布，如图 6.9（b）所示。最大剪应力也在中性轴上，即

$$\tau_{max} = \frac{F_s \cdot S_{z max}^*}{d \cdot I_z} \tag{6.12}$$

式中：$S_{z max}^*$ 为中性轴所分割的任意半个横截面面积对中性轴的静矩。在具体计算 "工"字形钢的 τ_{max} 时，可从 "工"字形钢表中查出 $\dfrac{I_x}{S_x}$（即 $\dfrac{I_z}{S_{z max}^*}$）代入式（6.12）进行运算。

现在讨论翼缘上的剪应力。翼缘上各点处有平行于剪力 F_s 的剪应力分量，由于该应力分量数值很小无实际意义，故通常不需计算。与翼缘长边平行的水平剪应力分量，可仿照矩形截面梁剪应力的分析方法来推导其计算公式。沿梁长度方向用两个相距 $\mathrm{d}x$ 的横截面截取一微段，如图 6.10（a）所示。

现用平行于纵向对称面的截面 AC 在下翼缘的右侧距右端为 u 处截出一体积元素 AC'，如图 6.11（b）所示。由平衡方程 $\sum X = 0$，得

$$N_{II}^* - N_I^* - \mathrm{d}F_s' = 0$$

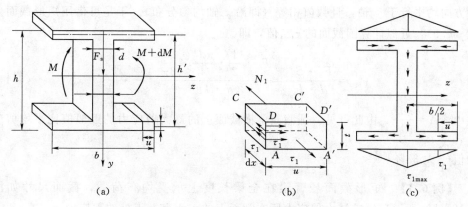

图 6.10 "工"字形截面梁翼缘剪应力分布

其中 $dF'_s = \tau' b dx$，$N^*_{\mathrm{I}} = \int_{A_1} \sigma_{\mathrm{I}} dA = \dfrac{M}{I_z} \int_{A_1} y dA = \dfrac{M}{I_z} S^*_z$，$N^*_{\mathrm{II}} = \dfrac{M+dM}{I_z} S^*_z$

将 dF'_s、N^*_{I}、N^*_{II} 的表达式代入平衡方程后整理可得

$$\tau_1 = \frac{F_s \cdot S^*_z}{t \cdot I_z} \tag{a}$$

式中：$S^*_z = \int_{A_1} y dA$ 为面积 A_1 [图 6.10（b）] 中竖线 AD 以右至翼缘边缘的翼缘部分面积（即矩形 $ADD'A'$ 面积）对中性轴的静矩，即

$$S^*_z = ut \frac{h'}{2} \tag{b}$$

将式（b）代入式（a）得

$$\tau_1 = \frac{F_s h'}{2I_z} u \tag{c}$$

式中：u 为翼缘边缘到所求剪应力的点的距离。由式（c）可知，水平剪应力 τ_1 沿翼缘宽度按线性规律变化 [图 6.10（c）]。将 $u = \dfrac{b}{2}$ 代入式（c），即得翼缘宽度中点的最大剪应力为

$$\tau_{\max} = \frac{F_s(h-t)b}{4I_z} \tag{6.13}$$

式中：b 为翼缘宽度。用同样的方法可求得下翼缘左侧及上翼缘左、右侧的水平剪应力，其方向如图 6.10（c）所示。

6.4.3 圆形截面梁的最大剪应力

对于圆形截面（图 6.11），由剪应力互等定理可知，截面周边上各点处的剪应力 τ 的方向必然与圆周相切。因此，有关矩形截面剪应力方向的假设就不适用于圆截面。经进一步分析研究所得的结果可知，圆截面上的最大剪应力 $\tau_{\max}$ 仍在中性轴上各点处。由于在中性轴两端处的剪应力方向与 y 轴平行，故假设在中性轴上各点的剪应

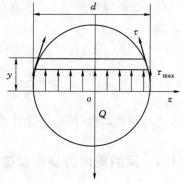

图 6.11 圆形截面剪应力

力方向均平行于 y 轴，且数值相等（即沿 z 轴均匀分布）。于是可借用矩形截面公式 (6.9)，近似计算圆截面的 $\tau_{\max}$ 值，即

$$\tau_{\max} = \frac{F_s \cdot S_z^*}{d \cdot I_z} = \frac{F_s \times \frac{1}{2} \cdot \frac{\pi d^4}{4} \times \frac{2d}{3\pi}}{d \cdot I_z} = \frac{4}{3} \cdot \frac{F_s}{A} \qquad (6.14)$$

式中：$A = \frac{\pi d^2}{4}$。由此可见，圆截面梁横截面上的最大剪应力的近似值比平均剪应力值 $\frac{F_s}{A}$ 大 33%。

【例 6.3】　矩形截面悬臂梁在全梁长度上承受均布荷载，截面尺寸如图 6.12 (b) 所示。试求最大剪应力所在截面上的 a 点和 b 点处的剪应力。

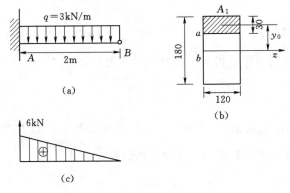

图 6.12　［例 6.3］图

解：作此梁的剪力图如图 6.12 (c) 所示。最大剪力发生在固定端 A 截面，其值为 $F_{s\max} = 6\text{kN}$，A 截面的 I_z 为

$$I_z = \frac{bh^3}{12} = \frac{120 \times 10^{-3} \times (180 \times 10^{-3})^3}{12} = 0.583 \times 10^{-4} (\text{m}^4)$$

(1) 求 a 点的剪应力。过 a 点的水平线与截面上边缘间的面积 A_1 对中性轴的静矩为

$$S_z^* = A_1 y_0 = 120 \times 10^{-3} \times 30 \times 10^{-3} \times 75 \times 10^{-3} = 0.27 \times 10^{-3} (\text{m}^3)$$

故

$$\tau_a = \frac{F_{s\max} S_z^*}{b I_z} = \frac{6 \times 10^3 \times 0.27 \times 10^{-3} \times 10^{-6}}{120 \times 10^{-3} \times 0.583 \times 10^{-4}} = 0.23 (\text{MPa})$$

(2) 求 b 点的剪应力。b 点位于中性轴上，S_z^* 为半个矩形截面对中性轴的静矩，即

$$S_{z\max}^* = 120 \times 10^{-3} \times 90 \times 10^{-3} \times 45 \times 10^{-3} = 0.486 \times 10^{-3} (\text{m}^3)$$

故

$$\tau_b = \tau_{\max} = \frac{F_{s\max} \cdot S_{z\max}^*}{b I_z} = \frac{6 \times 10^3 \times 0.486 \times 10^{-3} \times 10^{-6}}{120 \times 10^{-3} \times 0.583 \times 10^{-4}} = 0.417 (\text{MPa})$$

对于矩形截面，也可用 $\frac{3F_s}{2A}$ 来计算 b 点的剪应力，所得结果相同。

6.4.4　梁的剪应力强度校核

在等直梁中，最大剪应力是发生在最大剪应力所在截面的中性轴上各点处，计

算公式为

$$\tau_{\max}=\frac{F_{s\max}S_{z\max}^*}{b \cdot I_z} \tag{6.15}$$

式中：$S_{z\max}^*$ 为中性轴一侧的截面面积对中性轴的静矩。而在中性轴上各点的正应力 $\sigma=0$。若略去梁纵向纤维间的挤压应力后，则最大剪应力所在的各点处均可看作纯剪切应力状态。因此，仿照纯剪切应力状态的强度条件而建立弯曲应力的强度条件是：全梁的最大剪应力不超过材料的许用剪应力，即

$$\tau_{\max}=\frac{F_{s\max}S_{z\max}^*}{b \cdot I_z} \leqslant [\tau] \tag{6.16}$$

在作梁的强度计算时，必须同时满足正应力和剪应力这两个强度条件。对于细长的梁，正应力是强度的主要控制因素，通常是根据正应力强度条件确定梁的截面，在一般情况下都能满足剪应力的强度条件，故无需再作剪应力强度校核。只在以下情况下才应校核梁的剪应力：①梁的跨长较小，或在支座附近有较大的荷载作用，此时最大弯矩较小而最大剪力却很大；②由钢板直接焊接或铆接而成的"工"字形钢梁，截面的腹板厚度与梁高之比很小，往往小于型钢的相应比值；③木梁，由于木材在顺纹方向的抗剪强度较差，受横力弯曲时可能因中性层上的剪应力超过许用应力值而沿中性层发生剪切破坏。

【例6.4】 一外伸"工"字形钢梁，工字钢的型号为 22a，梁上的荷载如图 6.13（a）所示。已知 $l=6\text{m}$，$P=30\text{kN}$、$q=6\text{kN/m}$，材料的容许应力为 $[\sigma]=170\text{MPa}$、$[\tau]=100\text{MPa}$，检查此梁是否安全。

解： 分别检查正应力和剪应力。最大正应力与最大剪应力分别发生在最大弯矩与最大剪力的截面上，剪力图、弯矩图如图 6.13（b）和图 6.13（c）所示。

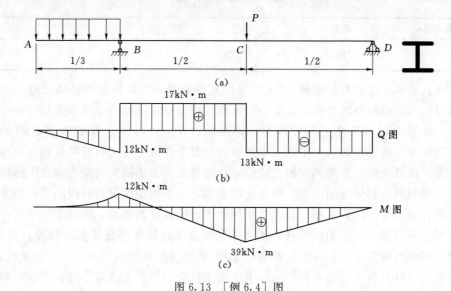

图 6.13 ［例 6.4］图

W_z、b 以及计算中性轴上的最大剪应力所需的 $S_{z\max}$ 均可在钢表中查的。但表中不是直接给出 $S_{z\max}$ 而是给出 $\dfrac{I_z}{S_{z\max}}$。从表中查得

$$W_z=309\text{cm}^3=0.309\times10^{-3}\text{m}^3$$

$$\frac{I_z}{S_{z\max}} = 18.9\text{cm} = 0.189\text{m}$$

$$b = d = 7.5\text{mm} = 0.0075\text{m}$$

最大正应力为 $\sigma = \dfrac{M_{\max}}{W_z} = \dfrac{39 \times 10^3}{0.309 \times 10^{-3}} = 126 \times 10^6 \text{Pa} = 126\text{MPa} < [\sigma]$

最大剪应力为 $\tau_{\max} = \dfrac{F_{s\max} S_{z\max}}{I_z b} = \dfrac{17 \times 10^3}{0.189 \times 0.075} = 12 \times 10^6 (\text{MPa}) = 12\text{MPa} < [\tau]$

所以梁安全。

6.5 提高弯曲强度的措施

在一般情况下，弯曲正应力是控制梁弯曲强度的主要因素，根据正应力强度条件，要提高梁的弯曲强度，可从以下几方面考虑，并采取相应的措施。

6.5.1 选择合理的截面形状

由改写后的正应力强度条件 $M_{\max} \leqslant [\sigma]W_z$ 可以看到，梁所能承受的最大弯矩 $M_{\max}$ 与抗弯截面模量 W 成正比，W_z 值越大越有利。此外，使用材料的多少与横截面面积 A 成正比，A 越小材料消耗越少，经济性就越好，因此，比较合理的截面应该是，用较小的截面面积 A 而获得较大的抗弯截面模量 W_z 的截面。即比值 $\dfrac{W_z}{A}$ 越大的截面就越合理。表 6.1 列出几种常用截面的 $\dfrac{W_z}{A}$ 值。

表 6.1　　　　　　　　　　　几种常用截面的 $\dfrac{W_z}{A}$ 值

截面形状	圆形	矩形	槽形	"工"字形
$\dfrac{W_z}{A}$	$0.125d$	$0.167h$	$(0.27 \sim 0.31)h$	$(0.27 \sim 0.31)h$

比较表 6.1 所列数值可知，"工"字形或槽形截面比矩形截面经济合理，矩形截面又比圆形截面经济合理。从正应力分布规律来看，截面在中性轴附近处正应力很小，那里的材料未能充分发挥作用，因此，在中性轴附近堆积较多材料的截面（如圆形）就不合理。为了充分发挥材料的潜力，应尽可能将材料移到离中性轴较远处。此外，还应考虑到材料的特性，应该使截面上的最大拉应力和最大压应力同时达到材料的相应许用应力。根据上述要求，对于用塑性材料制成的梁，由于材料的抗拉强度与抗压强度相同，通常采用对中性轴对称的截面，如"工"字形、矩形、箱形等截面。对于用脆性材料制成的梁，由于抗拉强度低于抗压强度，所以，最好采用中性轴偏于受拉一侧的截面，如 T 形和门形截面（图 6.14）。对于后者，最理想的设计是使全梁最不利的截面上的最大拉应力与最大压应力之比等于材料拉伸许用应力与压缩许用应力之比，即 $\dfrac{\sigma_{l\max}}{\sigma_{y\max}} = \dfrac{[\sigma]_l}{[\sigma]_y}$。

由此而得

$$\frac{y_1}{y_2} = \frac{[\sigma]_l}{[\sigma]_y} \tag{6.17}$$

式中：y_1 和 y_2 分别为最大拉应力和最大压应力所在点到中性轴的距离；$[\sigma]_l$、$[\sigma]_y$ 分别为材料的拉伸和压缩的许用应力。

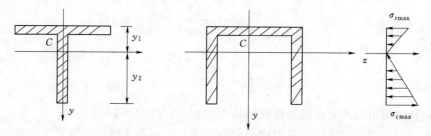

图 6.14　T 形和门形截面比较

6.5.2　采用变截面梁或等强度梁

根据正应力强度条件设计的等截面梁，抗弯截面模量 W_z 为一个常量，全梁中只有最大弯矩 M_{max} 所在截面的最大正应力达到材料的许用应力。而在一般情况下，梁在各截面上的弯矩值是不相同的，因此，设计成等截面梁就使除最大弯矩截面以外的其余截面的材料未能充分发挥作用。为了节省材料、减轻自重，可按弯矩沿梁轴线的变化情况相应地改变截面尺寸，把梁设计成变截面的，变截面梁的正应力计算公式仍可近似地沿用等截面梁的公式。

对于抗拉强度与抗压强度相同的材料，最理想的设计是使变截面梁各截面上的最大正应力都相等，且均等于许用应力。根据这种观点设计而成的梁称为等强度梁。设梁在任一截面上的弯矩为 $M(x)$，其抗弯截面模量为 $W(x)$，按等强度梁的要求，应有

$$\frac{M(x)}{W(x)} = [\sigma]$$

由此可得

$$W(x) = \frac{M(x)}{[\sigma]} \tag{6.18}$$

这就是等强度梁的 $W(x)$ 沿梁轴线变化的规律。

例如，在自由端受一集中荷载 P 作用的悬臂梁 [图 6.15 （a）]，截面为矩形，现将它设计为高度 h 保持不变，而宽度是变化的等强度梁。为此，需确定宽度 $b(x)$ 的变化规律，此时，梁的弯矩方程为

$$M(x) = Px$$

这里，只取弯矩的绝对值而不考虑其正、负号。由式 （6.18）可知，截面宽度 $b(x)$ 应满足的条件是

$$\frac{b(x)h^2}{6} = \frac{Px}{[\sigma]}$$

解得

$$b(x) = \frac{6P}{h^2[\sigma]}x$$

可见，宽度 $b(x)$ 应按直线规律变化，如图 6.15 （b）所示。当 $x=0$ 时，$b=0$，即自由端的截面宽度为零，这显然不满足剪切强度要求，因而必须按剪切强度

条件修改截面宽度。设所需的最小宽度为 b_{min}，由弯曲剪应力强度条件及式
(6.10)，有

$$\tau_{max} = \frac{3F_{smax}}{2A} = \frac{3P}{2b_{min}h} = [\tau]$$

可求得

$$b_{min} = \frac{3P}{2h[\tau]}$$

所以，自由端附近的宽度应修改成图 6.15（c）所示的虚线形状。

若设想将此等强度梁沿梁宽度方向分割成若干狭条，然后叠放起来，并使其略
微翘起，这就成为车辆中广泛应用的叠板弹簧，如图 6.16 所示。

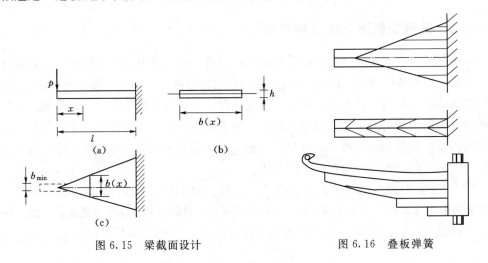

图 6.15 梁截面设计   图 6.16 叠板弹簧

此外，也可采用宽度 b 保持不变而高度变化的矩形截面等强度梁。例如，图
6.17（a）所示的简支梁，按照同样的方法可以求得

$$h(x) = \sqrt{\frac{3Px}{b[\sigma]}}, \quad h_{min} = \frac{3P}{4b[\tau]}$$

由此而确定的等强度梁的形状如图 6.17（b）所示。厂房建筑中广泛使用的
"鱼腹梁"就是这种等强度梁。

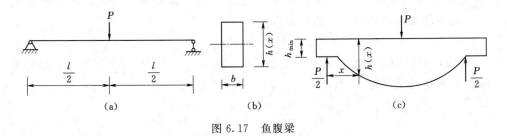

图 6.17 鱼腹梁

6.5.3 合理安排梁的受力情况

合理安排梁的受力情况，以达到降低梁内最大弯矩值的目的，这样也就提高了
梁的承载能力。为此，首先可采取改变梁的受载方式的措施。例如，图 6.18（a）

所示的简支梁 AB，在跨中受集中荷载 P 的作用，由弯矩图可知，跨中截面上的最大弯矩为 $M_{max}=\dfrac{Pl}{4}$，如在该梁中部放置一根长为 $\dfrac{l}{2}$ 的辅助梁 CD [图 6.18（b）]，集中荷载 P 作用于 CD 梁的中点，在 C、D 处各以 $P/2$ 的集中荷载作用在 AB 梁上，此时，AB 梁的最大弯矩变为

$$M_{max}=\frac{Pl}{8}$$

此值仅为前者的一半。

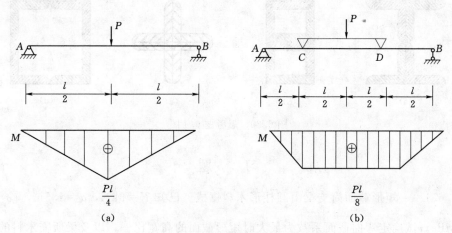

图 6.18 不同荷载加载形势下梁上弯矩分布

其次，可采取合理布置梁支座的措施。例如，图 6.19（a）所示为全梁受均布荷载 q 作用的简支梁。如果将两端的铰支座各向内移动 $0.2l$ [图 6.19（b）]，以使跨中截面与支座截面上的弯矩尽可能地接近，此时，梁内的最大弯矩为

$$M_{max}=\frac{ql^2}{40}$$

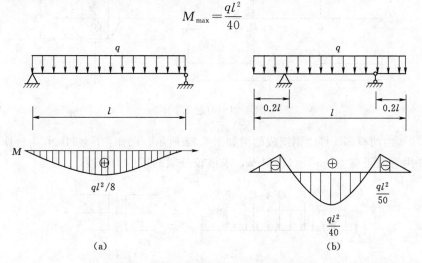

图 6.19 梁支座改变条件下弯矩的变化

此值仅为前者的 $1/5$。

此外，还可采取增加支座的措施，这就使静定梁变成静不定梁，有关静不定梁的分析将在第 7 章中讨论。

思　考　题

6.1　如何考虑几何、物理与静力学三方面以建立弯曲正应力方程式？

6.2　弯曲平面假设与单向受力假设在建立弯曲正应力分析模型中起什么作用？

6.3　试问在直梁弯曲时，为什么中性轴必定通过截面的形心？

6.4　由 4 根 100mm×80mm×10mm 不等边角钢焊成一体的梁，在纯弯曲条件下按图 6.20 所示 4 种形式组合，试问哪一种强度最高？哪一种强度最低？

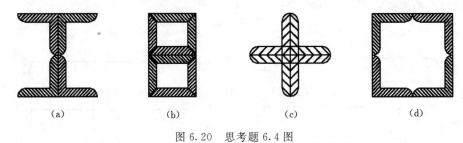

图 6.20　思考题 6.4 图

习　题

6.1　一矩形截面简支梁由圆柱形木料锯成。已知 $F=5\text{kN}$，$a=1.5\text{m}$，$[\sigma]=10\text{MPa}$。试确定弯曲截面系数为最大时矩形截面的高宽比 $\dfrac{h}{b}$，以及梁所需木料的最小直径 d。

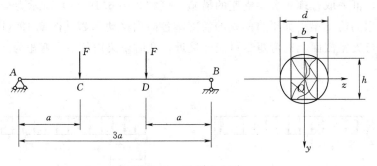

图 6.21　习题 6.1 图

6.2　由两根 36a 号槽钢组成的梁如图 6.22 所示。已知：$F=44\text{kN}$，$q=1\text{kN/m}$。钢的许用弯曲正应力 $[\sigma]=170\text{MPa}$，求该校核梁的正应力强度。

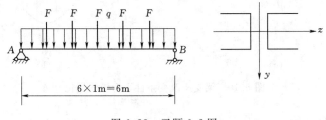

图 6.22　习题 6.2 图

6.3　T 形截面外伸梁受力情况、截面尺寸（单位：mm）如图 6.23 所示，材料为铸铁。许用拉应力 $[\sigma]_l=30\text{MPa}$，许用压应力 $[\sigma]_y=60\text{MPa}$。试校核此梁的强度。

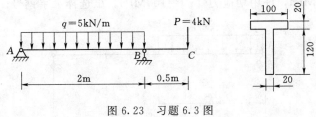

图 6.23　习题 6.3 图

6.4　一简支木梁受力如图 6.24 所示，荷载 $F=5\text{kN}$，距离 $a=0.7\text{m}$，材料的许用弯曲正应力 $[\sigma]=10\text{MPa}$，横截面为 $\dfrac{h}{b}=3$ 的矩形。试按正应力强度条件确定梁横截面的尺寸。

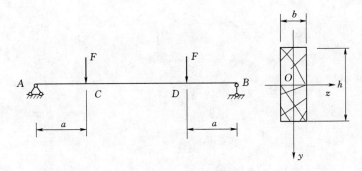

图 6.24　习题 6.4 图

6.5　由两根 28a 号槽钢组成的简支梁受 3 个集中力作用，如图 6.25 所示。已知该梁材料为 Q235 钢，其许用弯曲正应力 $[\sigma]=170\text{MPa}$。试求梁的许可荷载 $[F]$。

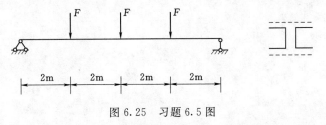

图 6.25　习题 6.5 图

6.6　图 6.26 所示木梁受一可移动的荷载 $F=40\text{kN}$ 作用。已知许用弯曲正应力 $[\sigma]=10\text{MPa}$，许用切应力 $[\tau]=3\text{MPa}$。木梁的横截面为矩形，其高宽比 $h/b=3/2$。试选择梁的截面尺寸。

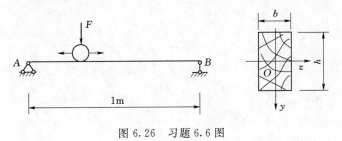

图 6.26　习题 6.6 图

6.7 由"工"字钢制成的简支梁受力如图 6.27 所示。已知材料的许用弯曲正应力 $[\sigma]=170\text{MPa}$，许用切应力 $[\tau]=100\text{MPa}$。试选择工字钢号。

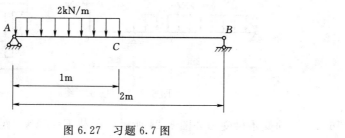

图 6.27 习题 6.7 图

第 7 章

弯曲变形

7.1 概述

本章主要研究等直梁在平面弯曲时变形的计算。工程实际中的梁除了要满足强度条件之外，还不允许产生过大的弯曲变形。例如，桥式起重机的大梁，如果弯曲变形过大，将使梁上小车行走困难，并引起梁的严重振动。又如齿轮传动轴，如果弯曲变形过大不仅会影响轴上齿轮的正常啮合，而且会加剧轴承的磨损。对于车床的主轴，过大的弯曲变形通常用梁的位移表示。为计算梁的位移，可选取变形前梁的轴线为 x 轴；与其垂直向上的轴上为 y 轴（图 7.1），xy 平面是梁的纵对称面或形心主惯性平面。设梁发生平面弯曲时，梁轴线在 xy 平面内由直线变成一条曲线，变弯后的轴线称为挠曲线。横截面的形心（即梁轴线上的点）在垂直于梁轴（x 轴）方向的线位移 ω，称为截面的挠度；横截面绕其中性轴转动的角位

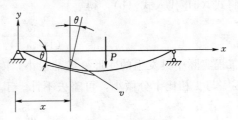

图 7.1 梁的弯曲变形

移 θ，称为截面的转角。挠度与转角是度量梁位移的两个基本量。

工程实际中的梁，其挠度都远小于跨长。因此，梁变形后的挠曲线是一平坦的曲线。轴线上各点沿 x 轴方位的线位移都很小，可以忽略不计，而认为仅有垂直于 x 轴方向的线位移 ω。一般情况下，不同截面的挠度 ω 是不同的。它将随截面位移而变化，于是，梁的挠曲线可用以下函数表达，即

$$\omega = f(x) \tag{a}$$

此式称为梁的挠曲线方程或挠度函数。

转角 θ 的方程为

$$\theta \approx \tan\theta = \omega' = f'(x) \tag{b}$$

即挠曲线上任一点处切线的斜率 ω' 可足够精确地代表该点处横截面的转角 θ。

由此可见，求梁的挠度 ω 和转角 θ，可归结为求挠曲线方程式（a），一旦求得，就能确定梁轴上任一点处的挠度大小和方向，并由式（b）确定任一横截面转角的数值和转向。在图 7.1 所示坐标系中，向上的挠度规定为正，逆时针方向转动的转角规定为正，反之为负。

7.2　梁的挠曲线近似微分方程

为了求梁的挠曲线方程，可应用式（6.1），即

$$\frac{1}{\rho}=\frac{M}{EI} \tag{a}$$

式中：I 为截面对中性轴 z 的惯性矩（省写下标 z）。

式（a）是梁在纯弯曲时建立的，对于横力弯曲的梁，通常剪力对梁的位移影响很小，可以忽略不计。所以式（b）仍可应用，但这时 M 和 ρ 都是 x 的函数，式（a）应改写为

$$\frac{1}{\rho(x)}=\frac{M(x)}{EI} \tag{b}$$

式中：$\dfrac{1}{\rho(x)}$ 和 $M(x)$ 分别为梁轴线上任一点处挠曲线的曲率和该处横截面上的弯矩。由高等数学可知，平面曲线的曲率可写成

$$\frac{1}{\rho(x)}=\pm\frac{\omega''}{(1+\omega'^{2})^{3/2}} \tag{c}$$

将式（c）代入式（b），得

$$\frac{\omega''}{(1+\omega'^{2})^{3/2}}=\pm\frac{M(x)}{EI} \tag{d}$$

工程实际中梁发生的变形一般都很小，因此转角 ω' 是一个很小的量（如 0.01rad），ω'^{2} 与 1 相比十分微小，可略去不计。于是式（d）又可近似地写为

$$\omega''=\pm\frac{M(x)}{EI} \tag{e}$$

由于选用了图 7.2 所示的坐标系，梁弯成向下凸曲线时 ω'' 为正，弯成向上凸曲线时，ω'' 为负 [图 7.2（a）、（b）]。又由于对弯矩 M 已规定了正负号 [图 7.2（a）、（b）]，于是正值的弯矩对应于正的 ω''，负值的弯矩对应于负的 ω''，所以式（e）右端应取正号，即

$$\omega''=\frac{M(x)}{EI} \tag{7.1}$$

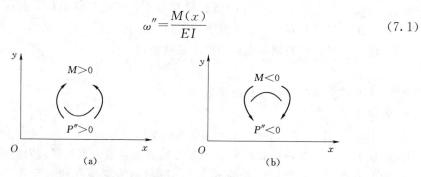

图 7.2　挠曲线与正负号的关系

此式称为梁的挠曲线近似微分方程。这是因为：①忽略了剪力对挠度的影响；②由于转角数值小，在 $(1+\omega'^{2})^{3/2}$ 中略去了 ω'^{2} 项。

7.3 积分法求梁的变形

对于等直梁，EI 为一常量，为求挠曲线方程可直接将式（7.1）进行积分，对 x 积分一次，可得转角方程为

$$EI\omega' = \int M(x)\mathrm{d}x + C \tag{7.2}$$

再积分一次得挠曲线方程为

$$EI\omega = \int [M(x)\mathrm{d}x]\mathrm{d}x + Cx + D \tag{7.3}$$

式中，积分常数 C、D 可利用梁支座处已知的位移条件即边界条件来确定。例如，在固定端处，梁横截面的挠度和转角均为零，即 $\omega = 0$，$\theta = 0$。

在铰支座处，横截面的挠度为零，即

$$\omega = 0$$

积分常数确定后，将其代入式（7.2）和式（7.3），即求得梁的转角方程为

$$\theta = \omega' = f'(x)$$

和挠曲线方程，即

$$\omega = f(x)$$

并由此求出任一横截面的转角和梁轴线上任一点的挠度。

应该指出，当梁上的荷载不连续时，弯矩方程必须分段写出，挠曲线近似微分方程也应分段建立，在各段分别积分中，每段都出现两个积分常数。为确定这些常数，除利用边界条件外，还应利用分段处挠曲线的连续、光滑。在相邻梁交接处，左、右两段的挠度和转角均应相等。这种条件称为连续条件。

【例 7.1】 等直悬臂梁在自由端受集中荷载 P 的作用，如图 7.3 所示。已知梁的抗弯刚度为 EI，试求此梁的挠曲线方程和转角方程，并求最大挠度 $\omega_{\max}$ 和最大转角 $\theta_{\max}$。

解：选取坐标系如图 7.3 所示，列出弯矩方程为

$$M(x) = -P(l-x) \tag{1}$$

将其代入式（7.1），得挠曲线近似微分方程为

$$EI\omega' = -Plx + \frac{Px^2}{2} + C \tag{2}$$

$$EI\omega = -\frac{Plx^2}{2} + \frac{Px^3}{6} + Cx + D \tag{3}$$

梁的边界条件是固定端处的挠度和转角均为零，即

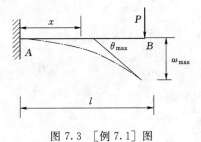

图 7.3 ［例 7.1］图

$$x = 0 \, 处，\omega = 0，\omega' = 0$$

将这两个边界条件代入式（2）、式（3）得

$$C = 0，D = 0$$

将 C、D 值代入式（2）、式（3），就得梁的转角方程和挠曲线方程分别为

$$\theta = \omega' = \frac{P}{EI}\left(-lx + \frac{x^2}{2}\right) \tag{4}$$

$$\omega = \frac{P}{6EI}(-3lx^2 + x^3) \tag{5}$$

根据梁的受力情况和边界条件，画出梁的挠曲线大致形状（图7.3）。梁的最大转角和最大挠度均在自由端 B 端面处，将 $x=l$ 分别代入式（4）、式（5），即得

$$\theta_{max} = -\frac{Pl^2}{2EI}$$

$$\omega_{max} = -\frac{Fl^3}{3EI}(\downarrow)$$

所得结果均为负值，说明截面 B 的转角是顺时针方向转动，B 点的挠度为向下。

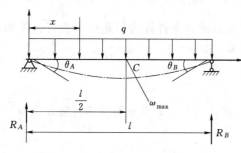

图 7.4 ［例 7.2］图

【例 7.2】 全梁上受均布荷载 q 作用的简支梁如图 7.4 所示。已知抗弯刚度 EI 为一常量，并确定最大挠度和 A、B 两个截面的转角。

解：选取坐标系如图 7.4 所示。由对称关系可得梁的两个支反力为

$$R_A = R_B = \frac{ql}{2}$$

列出梁的弯矩方程为

$$M(x) = \frac{ql}{2}x - \frac{qx^2}{2} = \frac{q}{2}(lx - x^2) \tag{1}$$

代入式（7.1），积分两次，分别得到

$$EI\omega' = \frac{q}{2}\left(\frac{lx^2}{2} - \frac{x^3}{3}\right) + C \tag{2}$$

$$EI\omega = \frac{q}{2}\left(\frac{lx^3}{6} - \frac{x^4}{12}\right) + Cx + D \tag{3}$$

简支梁的边界条件是左、右两铰支座处的挠度均为零，即：在 $x=0$ 处，$\omega=0$；在 $x=l$ 处，$\omega=0$。

将这两个边界条件分别代入式（3），可得

$$D = 0$$

及

$$EI\upsilon_{x=l} = \frac{q}{2}\left(\frac{l^4}{6} - \frac{l^4}{12}\right) + Cl = 0$$

从而解出

$$C = \frac{-ql^3}{24}$$

将 C、D 值代入式（2）、式（3），即得梁的转角方程和挠曲方程分别为

$$\theta = \upsilon' = \frac{-q}{24EI}(l^3 - 6lx^2 + 4x^3) \tag{4}$$

$$\upsilon = \frac{-qx}{24EI}(l^3 - 2lx^2 + x^3) \tag{5}$$

由于梁上的荷载及边界条件对于梁跨中点都是对称的。因此，梁的挠曲线也应是对称的。由图 7.4 可见，左、右两支座处的转角绝对值相等，均为最大值。分别

以 $x=0$ 及 $x=l$ 代入式（4）可得最大转角值为

$$\theta_{max} = \theta_A = -\theta_B = \frac{-ql^3}{24EI}$$

由于梁的挠曲线为对称，故最大挠度必在梁跨中点，即 $x=\frac{l}{2}$ 处，所以此梁的最大挠度值为

$$\omega_{max} = \omega_{x=\frac{l}{2}} = \frac{-q\,\frac{l}{2}}{24EI}\left(l^3 - \frac{l^2}{2} + \frac{l^3}{8}\right) = \frac{-5ql^4}{384EI}$$

从上面两个例题可以看到，积分常数 C 和 D 是具有物理意义的。即积分常数 C 和 D 除以 EI 后，分别代表坐标系原点处梁截面的转角 θ_0 和挠度 ω_0。这是不难求证的。

7.4 叠加法求梁的变形

前几节中在分析梁的位移和建立挠曲线近似微分方程时，都是在微小变形和梁材料服从胡克定律的条件下进行的，得到的挠曲线近似微分方程式（7.1）是线性的，因而所得到的梁的挠度和转角均与梁上荷载呈线性关系。

当梁上同时作用几个荷载时，为求任一截面的位移，可以分别求出每一荷载单独作用时该截面所产生的位移，然后将所得到的结果进行叠加（求代数和），即得到几个荷载共同作用时该截面的位移。

为了便于应用叠加法，将梁在几种简单荷载作用下求得的挠曲线方程及梁端截面的转角和最大挠度公式化列入表 7.1 中，以便直接查用。

表 7.1 　　　不同支承和荷载作用下挠曲线方程、梁端截面转角和最大挠度

序号	支承和荷载作用	挠曲线方程	梁端截面转角	最大挠度
1		$\omega = \frac{-Px^2}{6EI}(3l-x)$	$\theta = \frac{-Pl^2}{2EI}$	$\omega_{max} = \frac{-Pl^3}{3EI}$
2		$v = \frac{-Px^2}{6EI}(3a-x)$ $(0 \leqslant x \leqslant a)$ $\omega = \frac{-Pa^2}{6EI}(3x-a)$ $(a \leqslant x \leqslant l)$	$\theta = \frac{-Pa^2}{2EI}$	$\omega_{max} = \frac{-Pa^3}{6EI}(3l-a)$
3		$v = \frac{-Mx^2}{2EI}$	$\theta = \frac{-Ml}{EI}$	$\omega_{max} = \frac{-Ml^2}{2EI}$

序号	支承和荷载作用	挠曲线方程	梁端截面转角	最大挠度
4	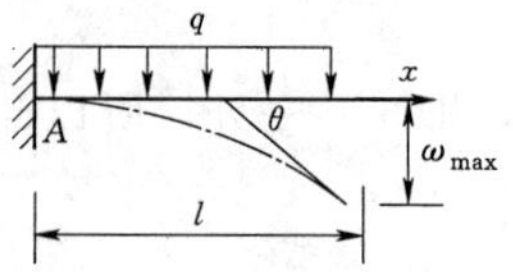	$\omega = \dfrac{-qx^2}{24EI}(x^2 + 6l^2 - 4lx)$	$\theta = \dfrac{-Pl^3}{6EI}$	$\omega_{max} = \dfrac{-ql}{8EI}$
5	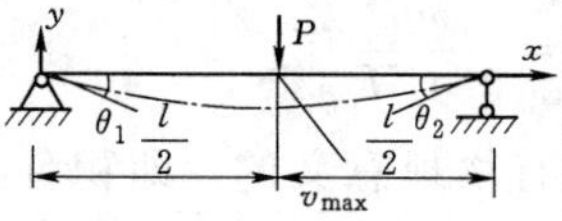	$\omega = \dfrac{-Px}{48EI}(3l^2 - 4x^2)$ $\left(0 \leqslant x \leqslant \dfrac{l}{2}\right)$	$\theta_1 = -\theta_2 = \dfrac{-Pl^2}{16EI}$	$\omega_{max} = \dfrac{-Pl^3}{48EI}$
6	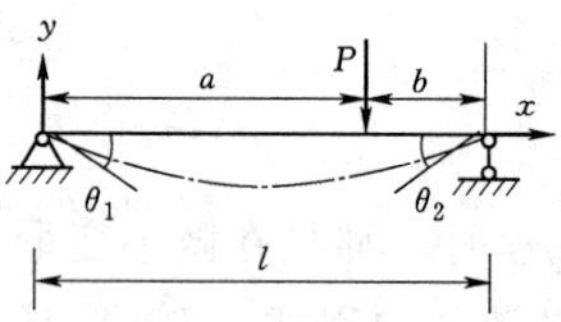	$v = \dfrac{-Pbx}{6lEI}(l^2 - b^2 - x^2)v$ $= \dfrac{-Pb}{6lEI}\left[\dfrac{l}{b}(x-a)^3 + (l^2 - b_2 - x^2)x\right]$ $(a \leqslant x \leqslant l)$	$\theta_1 = \dfrac{-Pab(l+b)}{6lEI}$ $\theta_2 = \dfrac{Pab(l+a)}{6lEI}$	若 $a > b$, 在 $x = \sqrt{\dfrac{l^2 - b^2}{3}}$ 处 $\omega_{max} = \dfrac{-Pb(l^2 - b^2)^{\frac{3}{2}}}{9\sqrt{3}\,lEI}$ 在 $x = \dfrac{l}{2}$ 处 $\omega_{\frac{l}{2}} = \dfrac{-Pb}{48EI}(3l^2 - 4b^2)$
7	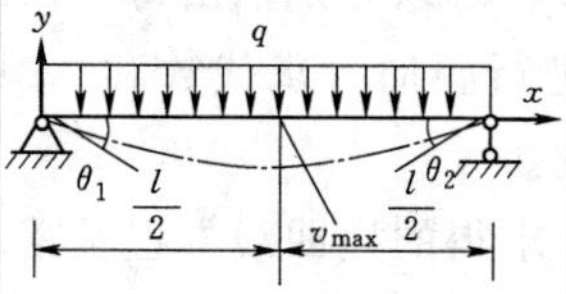	$\omega = \dfrac{-qx}{24EI}(l^3 - 2lx^2 - x^3)$	$\theta_1 = -\theta_2 = \dfrac{-ql^3}{24EI}$	$\omega_{max} = \dfrac{-5ql^4}{384EI}$
8	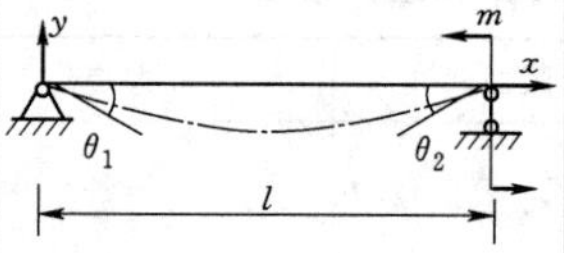	$\omega = \dfrac{-Mx}{6lEI}(l^2 - x^2)$	$\theta_1 = \dfrac{-Ml}{6EI}$ $\theta_2 = \dfrac{Ml}{3EI}$	在 $x = \dfrac{l}{\sqrt{3}}$ 处 $\omega_{max} = \dfrac{-Ml^2}{9\sqrt{3}}$ 在 $x = \dfrac{l}{2}$ 处 $\omega_{\frac{l}{2}} = \dfrac{-Ml^2}{16EI}$
9	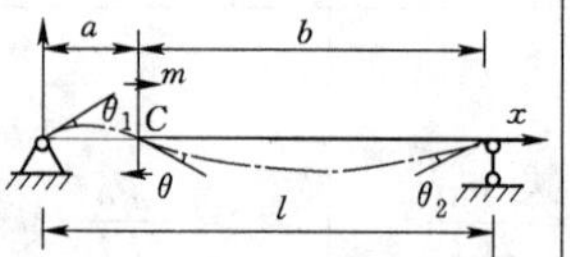	$\omega = \dfrac{Mx}{6lEI}(l^2 - 3b^2 - x^2)$ $(0 \leqslant x < a)$ $\omega = \dfrac{-M(l-x)}{6lEI}$ $[l^2 - 3a^2 - (l-x)^2]$ $(a \leqslant x \leqslant l)$	$\theta_1 = \dfrac{M}{6lEI}(l^2 - 3b^2)$ $\theta_2 = \dfrac{M}{6lEI}(l^2 - 3a^2)$ $\theta_c = \dfrac{-M}{6lEI}$ $(3a^2 + 3b^2 - l^2)$	在 $x = \left(\dfrac{l^2 - 3b^2}{3}\right)^{\frac{1}{2}}$ 处 $\omega_{1max} = \dfrac{M(l^2 - 3b^2)^{\frac{3}{2}}}{9\sqrt{3}\,lEI}$ 在 $x = \left(\dfrac{l^2 - 3a^2}{3}\right)^{\frac{3}{2}}$ 处 $\omega_{2max} = \dfrac{-M(l^2 - 3a^2)^{\frac{3}{2}}}{9\sqrt{3}\,lEI}$

【例 7.3】 简支梁受荷载如图 7.5 所示。试用叠加法求梁跨中点的挠度 ω_B。

解： 先从表 7.1 中查出各简单荷载分别作用时所求截面位移的计算式。而后就利用叠加法的计算式求其代数和，即可得到所求的位移值。

当均布荷载 q 单独作用时，截面 B 的挠度为

$$\omega_{Bq} = \frac{-5ql^4}{384EI}$$

当集中力 F 单独作用时，截面 B 的挠度为

$$\omega_{Bq} = \frac{-Ml^2}{48EI}$$

根据叠加法，当荷载 q 和集中力 F 同时作用时，截面 B 的挠度为

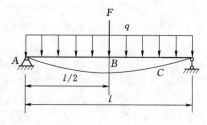

图 7.5 ［例 7.3］图

$$\omega_B = \omega_{Bq} + \omega_{BF} = \frac{-5ql^4}{384EI} + \frac{-Ml^2}{48EI}$$

【例 7.4】 外伸梁所受荷载如图 7.6（a）所示，试用叠加法求截面 B 的转角 θ_B 和 A 端以及 BC 段中点 D 的挠度 ω_A 和 ω_D。

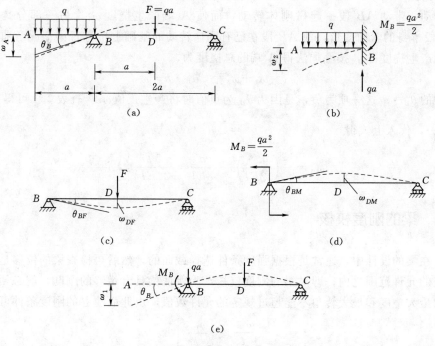

图 7.6 ［例 7.4］图

解： 在表 7.1 中没有外伸段的作用均布荷载时的位移公式。因此，可假想将此梁沿 B 截面截开分为两段，显然，在两段梁的 B 截面上应加上互相作用的力 qa 和力偶矩 $M_B = qa^2/2$。它们实际上就是截面 B 的剪力和弯矩值。于是可将外伸段看作 B 为固定端的悬臂梁，BC 段看作简支梁，［图 7.6（b）、（c）］。假设外伸梁的挠曲线大致如图 7.6（a）中段线所示。因此，用叠加法求得简支梁 BC 的 θ_B 及 ω_D，也就是原来梁的 θ_B 和 ω_D。在 BC 梁上的 3 个荷载中，集中力 qa 作用在支座处，不会使梁产生弯曲变形，从表 7.1 中可分别查出由 M_B 和集中力 P 所引起的 θ_B 和 ω_D ［图 7.6（d）、（e）］，得

$$\theta_{BM_B} = \frac{M_B l^4}{3EI} = \frac{\frac{1}{2}qa^2(2a)}{3EI} = \frac{qa^3}{3EI}$$

$$\theta_{Bp} = \frac{-Pl^2}{16EI} = \frac{-qa(2a)^2}{16EI} = \frac{-qa^3}{4EI}$$

$$\omega_{DM_B} = \frac{M_B l^2}{16EI} = \frac{\frac{1}{2}qa^2(2a)^2}{16EI} = \frac{qa^4}{8EI}$$

$$\omega_{DP} = \frac{-Pl^2}{48EI} = \frac{-qa(2a)^3}{48EI} = \frac{-qa^4}{6EI}$$

于是，由叠加法而得

$$\theta_B = \theta_{BM_B} + \theta_{BP} = \frac{qa^3}{3EI} - \frac{qa^3}{4EI} = \frac{qa^3}{12EI}(\mapsto)$$

$$\omega_D = \omega_{DM_B} + \omega_{DP} = \frac{qa^4}{8EI} - \frac{qa^4}{6EI} = \frac{-qa^4}{24EI}(\downarrow)$$

由图 7.6（a）~（c）可见，A 端挠度 ω_A 由两部分组成。一部分是由于截面 B 的转动，带动 AB 段一起做刚体转动，而使 A 端产生挠度 ω_1；另一部分是由于 AB 段本身的弯曲变形，使 AB 段在已有刚体转动的基础上按悬臂梁情况弯曲而在 A 端产生挠度 ω_2，按叠加法得 A 端的总挠度为

$$\omega_A = \omega_1 + \omega_2 = -\theta_B \cdot a + \omega_2$$

式中的 $\theta_B \cdot a$ 这一项为负，是因为 θ_B 为负值时将产生正值 ω_1。查表 7.1 可得 $\omega_2 = \frac{-qa^4}{8EI}$，代入上式得

$$\omega_A = -\left(\frac{qa^3}{12EI}\right)a - \frac{qa^4}{8EI} = \frac{-5qa^4}{24EI}(\downarrow)$$

7.5　梁的刚度校核

在梁的设计中，通常是根据强度条件选择截面的，然后再检查梁的位移是否在规定的允许范围之内，即对梁的刚度校核，为保证梁具有足够的刚度，就必须限制梁的最大挠度和最大转角不能超过规定的允许数值，由此而建立的刚度条件可写成

$$\frac{\omega_{max}}{l} \leqslant \left[\frac{\omega_{max}}{l}\right] \tag{7.4}$$

$$\theta_{max} \leqslant [\theta] \tag{7.5}$$

式中：$\left[\frac{\omega_{max}}{l}\right]$ 为允许挠度与梁跨长之比值；$[\theta]$ 为允许转角。这些允许值可在各工程部门制定的手册或规范中查到。例如，在机械制造部门，对于精密机床的主轴，$\left[\frac{\upsilon_{max}}{l}\right]$ 值限制在 $1/5000 \sim 1/10000$ 范围内，一般传动轴在支座处及齿轮所在截面的允许转角 $[\theta]$ 就限制在 $0.005 \sim 0.001$rad 范围内；再如，在土建工程中，$\left[\frac{\omega_{max}}{l}\right]$ 的值常限制在 $\frac{1}{250} \sim \frac{1}{1000}$ 范围内等。

【例 7.5】　如图 7.7 所示，简支梁跨中受集中荷载 P 作用，已知 $P = 35$kN，$l = 4$m，$E = 200$GPa，$[\sigma] = 160$MPa，$\left[\frac{\omega_{max}}{l}\right] = \frac{1}{500}$，试选择梁的工字钢号。

解：（1）根据强度要求考虑。梁的大弯矩为

$$M_{max} = \frac{Fl}{4} = \frac{35 \times 10^3 \times 4}{4} = 3.5 \times 10^4 (\text{N} \cdot \text{m})$$

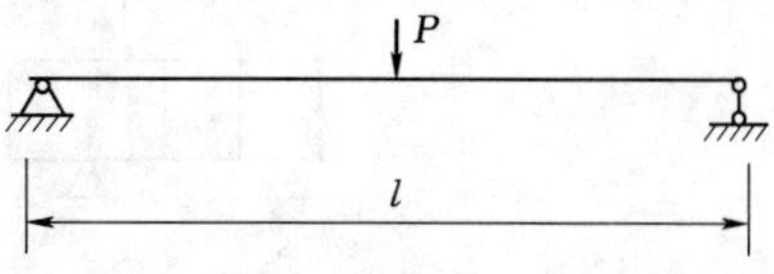

图 7.7 ［例 7.5］图

按弯曲应力强度条件求梁所需抗弯截面模量为

$$W_z \geqslant \frac{M_{max}}{[\sigma]} = \frac{3.5 \times 10^4 \text{N} \cdot \text{m}}{160 \times 10^6 \text{Pa}} = 2.19 \times 10^{-4} (\text{m}^3)$$

（2）根据刚度要求考虑。计算跨度中点的挠度代替最大挠度，查表 7.1 可得

$$\omega_{max} = \frac{Fl^3}{48EI} \leqslant \frac{l}{500}$$

$$I \geqslant \frac{500Fl^2}{48E} = \frac{500 \times 35 \times 10^3 \times 4^2}{48 \times 2 \times 10^{11}} = 2.92 \times 10^{-5} (\text{m}^4)$$

（3）选择型钢号。由型钢表查得 22a 号工字钢的 $I_z = 3.40 \times 10^{-5} \text{m}^4$ 及 $W_z = 3.09 \times 10^{-4} \text{m}^3$，所以，选用 22a 号工字钢能同时满足强度和刚度要求。

7.6 提高弯曲刚度的措施

为了保证梁的正常工作，梁不仅具有足够的强度，而且应具有足够的刚度，即必须同时满足强度条件和刚度条件。

由前面的分析和计算可知，梁的转角和挠度除了与梁的支承和荷载情况有关外，还与梁的材料、截面和跨长有关。因此，提高梁的弯曲刚度，可采取以下措施。

7.6.1 增大梁的抗弯刚度 EI

选用高强度钢可大大提高梁的强度，但却不能显著提高梁的刚度，这是因为高强度钢与普通低碳钢的 E 值相差太大。关于截面的因素，与强度有关的是抗弯截面模量 W，而与刚度有关的是惯性矩 I。梁的最大正应力取决于 M_{max}/W 值，而等直梁的位移则与全梁的刚度 EI 有关，若在梁的危险截面处采取局部加强的措施（增大其 W 值可以提高强度，但对提高刚度并不明显），所以，要用较小的截面面积来获得较大惯性 I 值时，必须是在全梁范围内增大才有收效。工程上常采用的工字梁、箱形梁等都能增强弯曲刚度。

7.6.2 调整跨长和改变结构

从前面的例题中可以看到，在集中荷载作用下，挠度与跨度 l 的 3 次方成正比，因此如果能设法缩短梁的跨长，将会显著减少其挠度和转角值。这是提高梁刚度的一个有效措施。桥式起重机的箱形梁或桁架钢梁，通常采用两端外伸的结构［图 7.8（a）］，就是为缩短跨长从而减少最大挠度值。此外，这种梁的外伸部分的自重作用，将使梁的 AB 跨产生向上的挠度［图 7.8（b）］，用以抵消 AB 跨的部分向下挠度。

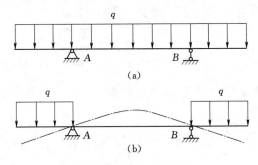

图 7.8 梁跨长的改变

此外，为减少梁的挠度，还可采取增加支座的措施，这样就使静定梁变成超静定梁，其解法将在 7.8 节中介绍。

7.7 弯曲变形能

当梁受力弯曲时，梁内将积蓄变形能。首先讨论纯弯曲时梁的变形能的计算。图 7.9（a）所示为一等截面简支梁，抗体弯刚度为 EI，在梁的两端作用外力偶 M_e，使梁发生线性弯曲，横截面上的 M 为常量且等于外力偶矩 M_e。当梁在线弹性范围内工作时，由式（6.1）可知，梁的轴线在弯曲后成为一段曲率为 $1/\rho = M/EI$ 的圆弧。若以 θ 表示梁的两端截面的相对转角，则

$$\theta = \frac{l}{\rho} = \frac{M_e l}{EI} \qquad (a)$$

或

$$\theta = \frac{M_e l}{EI} \qquad (b)$$

由式（b）可知，当外力偶矩从零开始逐渐加到最终值 M_e，则 θ 与 M_e 的关系也是一条斜直线 [图 7.9（b）]。由功能关系可知，梁的弯曲变形能 U 在数值上等于作用在梁上的外力偶矩所做的功 W，而 W 从图 7.9（b）中斜直线下的面积求得，即

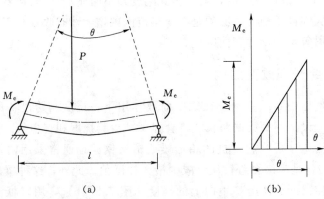

图 7.9 梁外力做功

$$W = \frac{1}{2} M_e \theta$$

从而得

$$U = W = \frac{1}{2} M_e \theta \qquad (c)$$

由于梁横截面上的弯矩 $M = M_e$，故式（c）又可改写为

$$U = \frac{1}{2} M \theta \qquad (d)$$

将式（a）代入式（b），即得

$$U = \frac{M^2 l}{2EI} \qquad (7.6)$$

在横力弯曲时，梁的横截面上除弯矩外，还有剪力。梁内的变形能包含两个部分，即与弯曲变形相应的弯曲变形能和与剪切变形相应的剪切变形能。由于工程中常用梁的剪切变形能比弯曲变形能小很多，所以，可将这部分变形能忽略不计，而只计算弯曲变形能。为此，从梁内取出长为 $\mathrm{d}x$ 的微段来研究（图 7.10），其左、右两段横截面上的弯矩分别为 $M(x)$ 和 $M(x) + \mathrm{d}M(x)$，忽略了剪力 $Q(x)$ 和弯矩增量 $\mathrm{d}M(x)$ 后，可将微段梁看作纯弯曲情况，这样就可按式（7.8）来计算此微段的弯曲变形能

$$\mathrm{d}U = \frac{M^2(x)}{2EI} \mathrm{d}x$$

而全梁的弯曲变形能则通过积分求得，即

$$U = \int_l \frac{M^2(x)}{2EI} \mathrm{d}x \qquad (7.7)$$

式中：$M(x)$ 为梁任一横截面上的弯矩表达式。如果梁上各段内的弯矩表达式不同，式（7.7）的积分必须分段进行，然后求其总和。

【例 7.6】 等截面简支梁受一集中荷载 P 的作用，如图 7.11 所示。试求此梁的弯曲变形能，并求 C 点的挠度 ω_c。

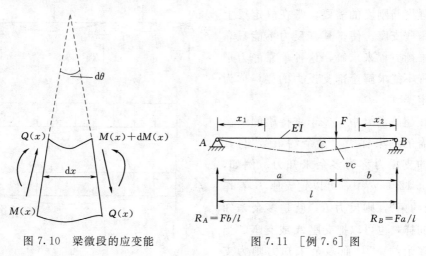

图 7.10　梁微段的应变能　　　　　　图 7.11　[例 7.6] 图

解： 按照图示的坐标系分段列弯矩方程，分别为

AC 段： $\qquad M(x_1)=R_Ax_1=\dfrac{Fb}{l}x_1(0\leqslant x_1\leqslant a)$

CB 段： $\qquad M(x_2)=R_bx_2=\dfrac{Fa}{l}x_1(0\leqslant x_2\leqslant b)$

应用式（7.7）计算弯曲变形能时应分段积分求和，即

$$U=\int_l\frac{M^2(x)}{2EI}\mathrm{d}x=\int_0^a\frac{M^2(x_1)\mathrm{d}x_1}{2EI}+\int_0^b\frac{M^2(x_2)\mathrm{d}x_2}{2EI}$$

$$=\frac{1}{2EI}\int_0^a\left(\frac{Fb}{l}x_1\right)^2\mathrm{d}x_1+\frac{1}{2EI}\int_0^b\left(\frac{Fa}{l}x_2\right)^2\mathrm{d}x_2$$

$$=\frac{F^2a^2b^2}{6lEI}$$

在梁发生变形过程中，集中荷载 P 所做的功为

$$W=\frac{1}{2}F\omega_c$$

根据 $U=W$ 的关系式，故有

$$\frac{1}{2}F\omega_c=\frac{F^2a^2b^2}{6lEI}$$

由此求得

$$\omega_c=\frac{Fa^2b^2}{3lEI}$$

所得结果为正值，由功的概念可知，ω_c 的指向与 F 力相同，即向下。

7.8 简单弯曲超静定问题

前面所讨论的梁，其支反力只靠静力平衡方程就可以全部求得，它们都属于静定梁。工程实际中，有时为了提高梁的强度与刚度的需要，常在静定梁上增加一些支座。使得其支反力不能只靠静力平衡方程来求解，这种单靠静力平衡方程不能求解全部支反力的梁，称为超静定梁。

在超静定梁中，多于维持梁的平衡所必需的约束称为"多余约束"，与其对应的支反力称为多余未知力。例如，在图 7.12（a）中，可以把支座 B 看作"多余约束"，则反力 R_B 就是多余未知力。同样，也可以把支座 A 或支座 C 当作"多余约束"，而多余未知力则为支反力 R_A 或 R_C，多余未知力的数目就称

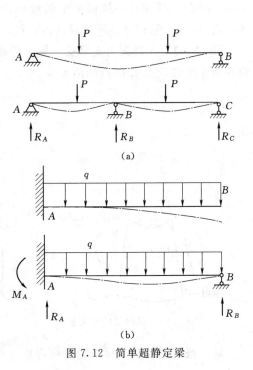

图 7.12 简单超静定梁

为静不定次数 n。图 7.12（a）、（b）中的静不定梁均为一次静不定。

和前几章中求解超静定问题的方法相同，在求解超静定梁的支反力时，也需要根据超静定梁的变形协调条件来求得补充方程。

下面就以图 7.13（a）所示的超静定梁为例，介绍求解简单超静定的解法。此梁有 3 个未知的支反力，只有两个平衡方程，为一次静不定，需要再找到一个补充方程。

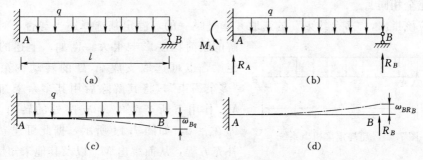

图 7.13 叠加法求解简单超静定梁

在求解时，先选定"多余约束"，可设想将其解除，代之其对应的支反力 R_B [图 7.13（b）]。假设 R_B 的方向向上。这样，静不定梁就在原有荷载 q 和多余未知力 R_B 共同作用下的静定梁，解除"多余约束"所得的这种静定梁称为原静不定基。为使静定基的位移与原静不定梁的位移完全等同，通过两梁的变形比较可知，原静不定梁在支座 B 处的挠度等于零，故要求静定基在解除"多余约束"处也必须满足这个变形条件，这就是变形协调条件，即必须使静定基在荷载 q 和未知力的支反力 R_B 作用下产生的 B 点挠度为零，有

$$\omega_B = 0 \qquad\qquad\qquad (a)$$

对于静定基的位移，可由叠加法得到

$$\omega_B = \omega_{Bq} + \omega_{BR_B} \qquad\qquad\qquad (b)$$

代入式（a），得

$$\omega_{Bq} + \omega_{BR_B} = 0 \qquad\qquad\qquad (c)$$

分别计算各荷载单独作用时 B 点的挠度 [图 7.13（c）、（d）]，可从表 7.1 查出相应的公式，即

$$\omega_{Bq} = \frac{-ql^4}{8EI}(\downarrow) \qquad\qquad\qquad (d)$$

$$\omega_{BR_B} = \frac{R_B l^3}{3EI}(\uparrow) \qquad\qquad\qquad (e)$$

将式（d）、式（e）代入式（c），即得补充方程为

$$-\frac{ql^4}{8EI} + \frac{R_B l^3}{3EI} = 0$$

由此解出

$$R_B = \frac{3}{8}ql$$

所得 R_B 为正号，说明原假设方程正确，即向上。

求出 R_B 后，就可由平衡方程求得两个反力［图 7.13（b）］为

$$R_A = \frac{5}{8}ql , M_A = \frac{1}{8}ql^2$$

上述这种方法是将静定基的变形与原静不定梁的变形进行比较来建立补充方程，故称为变形比较法。

当求解出静不定梁的全部支反力后，关于梁的内力、应力、强度和刚度就和静定梁完全相同。

应该指出，"多余约束"的选取并非是唯一的，静定基选择适当与否，对于求

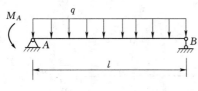

图 7.14 超静定梁相当系统

解的繁简程度影响很大。例如，上述的静不定梁，也可选取支座 A 处的转动约束作为"多余约束"，将其解除后用其多余未知力偶 M_A 作用下所产生的 A 支座处的转角为零，即 $\theta_A = 0$，如图 7.14 所示，据此可建立一个补充方程，从而解出 M_A 以及其他未知反力。

【例 7.7】 图 7.15（a）所示为承受均布载荷的悬臂梁。若 q、l、EI 等均为已知，求梁内的最大弯矩。

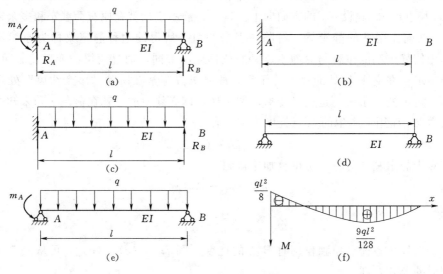

图 7.15 ［例 7.7］图

解： 对于本例所给出的梁，在 A、B 两处共有 4 个约束力，而平面力系只能提供 3 个独立的平衡方程，故此梁为一次超静定梁。

（1）判断多余约束，选择静定基，建立相当系统。

对于此梁，A 处的转角约束和 B 处的位移约束都可以作为多余约束。相应地便得到两种不同的静定基和相当系统，如图 7.15（b）～（e）所示。

（2）将相当系统与原超静定梁比较，在多余约束方向，寻找变形协调关系。

现选择图 7.15（b）所示静定结构，其相当系统如图 7.15（c）所示。可以看出，在均布载荷 q 与多余约束力 R_B 的作用下，相当系统在 B 处的挠度应为零，由此可得变形协调方程为

$$\omega_B = (\omega_B)_{R_B} + (\omega_B)_q = 0 \tag{a}$$

（3）计算位移，建立力与位移之间的物理关系。

$$(\omega_B)_{R_B} = -\frac{R_B l^3}{3EI}$$

$$(\omega_B)_q = \frac{ql^4}{8EI} \tag{b}$$

（4）求解全部未知量。

将式（b）代入式（a），得到求解超静定梁的补充方程为

$$-\frac{R_B l^3}{3EI} + \frac{ql^4}{8EI} = 0$$

解得

$$R_B = \frac{3}{8}ql$$

进而利用平衡方程

$$\sum Y = 0$$
$$\sum M_A = 0$$

解得

$$R_A = \frac{5}{8}ql, M_A = \frac{1}{8}ql^2$$

（5）绘制弯矩图，可以看出，弯矩最大值发生在固定端处，其值为

$$|M|_{max} = \frac{1}{8}ql^2$$

对图 7.15（d）所示静定系统同图 7.15（e）所示相当系统的求解，建议读者自行完成。

思　考　题

7.1　何为挠曲轴？何为挠度与转角？挠度与转角之间有什么关系？建立该关系的条件是什么？

7.2　挠曲轴近似微分方程如何建立？应用条件是什么？

7.3　如何利用积分法和叠加原理来分析梁的位移？

习　　题

7.1　试用积分法求图 7.16 所示简支梁的 θ_A、θ_B 及 ω_C。

7.2　试用积分法求图 7.17 所示悬臂梁 B 端的挠度 ω_B。

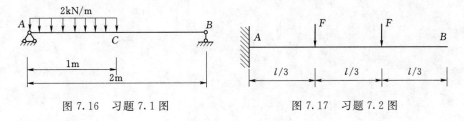

图 7.16　习题 7.1 图　　　　　　　　　图 7.17　习题 7.2 图

7.3 试用积分法求图 7.18 所示外伸梁的 θ_A 和 ω_C。

7.4 悬臂梁 AB 承受半梁的均布荷载作用，如图 7.19 所示。已知均布荷载 $q=15\text{kN/m}$，长度 $a=1\text{m}$，钢材的弹性模量 $E=200\text{GPa}$，许用弯曲正应力 $[\sigma]=160\text{MPa}$，许用切应力 $[\tau]=100\text{MPa}$，许可挠度 $[\omega]=l/500$（$l=2a$），试选择工字钢的型号。

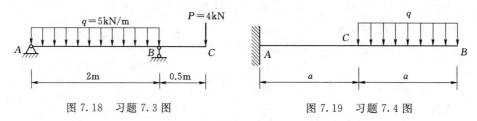

图 7.18 习题 7.3 图　　　　　图 7.19 习题 7.4 图

7.5 梁 AC 如图 7.20 所示，梁的 A 端用一钢杆 AD 与梁 AC 铰接，在梁受荷载作用前，杆 AD 内没有内力，已知梁和杆用同样的钢材制成，材料的弹性模量为 E，钢梁横截面的惯性矩为 I，拉杆横截面的面积为 A，试求钢杆 AD 内的拉力 N。

7.6 图 7.21 所示为一圆拱，试求 C 截面上的内力。

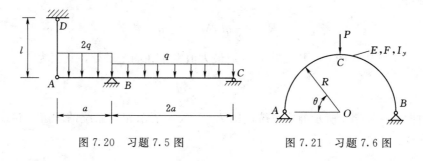

图 7.20 习题 7.5 图　　　　　图 7.21 习题 7.6 图

7.7 如图 7.22（a）所示，为使荷载 F 作用点的挠度 M_e 等于零，试求荷载 F 与 q 间的关系。

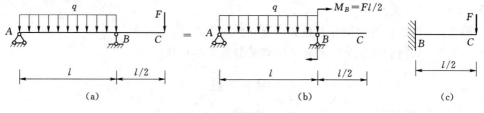

图 7.22 思考题 7.7 图

第8章

应力状态分析、强度理论

8.1　应力状态的概念

从轴向拉伸（压缩）、扭转的概念可知，通过杆内一点，不同方位的截面上其应力不同。通过一点，各个方位截面应力的总和称为一点处的应力状态。一点处的应力状态可以用微元体表示，图 8.1 所示为用 $\mathrm{d}x$、$\mathrm{d}y$、$\mathrm{d}z$ 微线段从物体中截取出的任一空间应力状态微元体（或称单元体）。将各个微面上所受的应力分解为与坐标轴平行的方向。正应力用 σ 表示，剪应力用 τ 表示，应力的第一个脚标表示应力作用截面的法线方向，第二个脚标表示应力的方向。例如，τ_{yx} 表示外法线方向平行 y 轴的截面上平行于 x 轴方向的剪应力。微元体上互相平行的面，

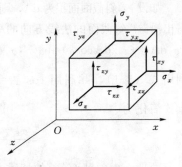

图 8.1　应力微元体

设其应力大小相等、方向相反。若图 8.1 所示微元体各微面上的应力已经求得，则可以用截面法求其任意方位斜截面上的应力。这就是应力状态分析所要研究的主要内容。

8.2　平面应力状态任意斜截面上的应力

现研究图 8.1 中微元体没有平行 z 方向应力的情形，称为平面应力状态。图 8.2（a）表示一平面应力状态的微元体 $abcd$ 及其各面上所受应力的情形。因微元体很小，微元体各面上的应力可认为是均匀分布的。设应力分量 σ_x、τ_{xy}、σ_y、τ_{yx} 为已知，现要求平行于 z 轴的任意斜面 ef 上的应力。在此之前先规定：正应力以拉为正，压为负；剪应力以绕其作用实体内任一点的矩为顺时针方向者为正，反之为负；对于 ef 截面外法线 n 与 x 轴的夹角 α，规定从 x 轴正方向逆时针方向转到截面 ef 的外法线 n 的 α 角为正，反之为负。

以微元体内任意一点为矩心，由力矩平衡方程可得

$$\tau_{xy} = \tau_{yx} \tag{8.1}$$

这就是剪应力互等定理。它可叙述为微元体上互相垂直的两个面上的剪应力，

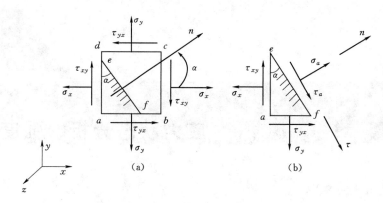

图 8.2　平面应力状态的微元体

其大小相等而方向共同指向或共同背离两者的交点。

图 8.2（b）表示假想用 ef 截面上从微元体上截开后留下的一部分，设 ef 面上的应力为 σ_a 和 τ_a，现研究留下部分的平衡问题。

如设 ef 斜截面面积为 dA，则 ae 截面、af 截面面积分别为 $dA \cdot \cos\alpha$ 和 $dA \cdot \sin\alpha$。写出沿 ef 斜截面的法线方向的平衡方程 $\sum n = 0$，可得

$$\sigma_a dA + (\tau_{xy}dA\cos\alpha)\sin\alpha - (\sigma_x dA\cos\alpha)\cos\alpha + (t_{yx}dA\sin\alpha)\cos\alpha - (\sigma_y dA\sin\alpha) = 0$$

利用式（8.1），并利用 $\cos^2\alpha = \dfrac{1+\cos2\alpha}{2}$、$\sin^2\alpha = \dfrac{1-\cos2\alpha}{2}$ 和 $2\sin\alpha\cos\alpha = \sin2\alpha$，上式简化为

$$\sigma_a = \frac{\sigma_x + \sigma_y}{2} + \frac{\sigma_x - \sigma_y}{2}\cos2\alpha - \tau_{xy}\sin2\alpha \tag{8.2}$$

同理，由斜截面 ef 的切线方向的平衡方程 $\sum t = 0$ 可得

$$\tau_a = \frac{\sigma_x - \sigma_y}{2}\sin2\alpha + \tau_{xy}\cos2\alpha \tag{8.3}$$

式（8.2）、式（8.3）就是平面应力状态下任意斜截面上的正应力、剪应力的解析公式。只要已知微元体上的 σ_x、σ_y、τ_{xy} 和 α，就可以求出任意斜截面 ef 上的正应力 σ_a 和剪应力 τ_a。从以上两式可以看出，σ_a、τ_a 都是 α 的连续可微函数。因此，可以用求极值的方法求出任意斜截面中的最大最小应力及其作用面位置。

8.3　应力圆

平面应力状态求任意斜截面上的应力还可以用图解法求得。为得到 σ_a 与 τ_a 间的函数关系，可从式（8.2）、式（8.3）中消去参数 α。为此，先将式（8.2）改写成

$$\sigma_a - \frac{\sigma_x + \sigma_y}{2} = \frac{\sigma_x - \sigma_y}{2}\cos2\alpha - \tau_{xy}\sin2\alpha$$

将上式以及式（8.3）的等号两边各自平方，然后将平方后两式等号的两边相加，整理后得

$$\left(\sigma_a - \frac{\sigma_x + \sigma_y}{2}\right)^2 + \tau^2 \alpha = \left(\frac{\sigma_x - \sigma_y}{2}\right)^2 + \tau_{xy}^2 \tag{8.4}$$

若以 σ_a 为横坐标、τ_a 为纵坐标，式（8.4）的轨迹是一个圆。该圆的圆心坐标为 $\left(\dfrac{\sigma_x+\sigma_y}{2},\ 0\right)$，圆的半径为 $\sqrt{\left(\dfrac{\sigma_x-\sigma_y}{2}\right)^2+\tau_{xy}^2}$（图 8.3）。通常称此圆为应力圆或莫尔圆。圆上一点的坐标（σ_a，τ_a）就代表微元体上某一斜截面上的两个应力分量。只要找到应力圆上的点与微元体上的斜截面的对应关系，就可利用应力圆来求任意截面上的应力。下面先介绍应力圆的画法。

将图 8.2（a）所示的微元体上 x 轴为外法线的面上的应力（σ_x，τ_{xy}）为坐标，按一定比例尺在 $\sigma-\tau$ 坐标系中得到一点 D_1（图 8.4）。再以微元体上 y 轴为外法线的面上的应力（σ_y，τ_{yx}）为坐标得到 D_2 点。连接 D_1 与 D_2 点，$\overline{D_1D_2}$ 与 σ 轴交于 C 点。C 点就是应力圆的圆心。以 C 点为圆心、$\overline{CD_1}$ 或 $\overline{CD_2}$ 为半径作出的圆就是应力圆。

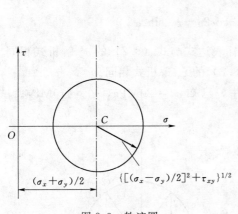

图 8.3 轨迹圆

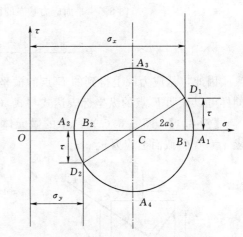

图 8.4 平面应力状态应力圆

证明：该圆圆心的横坐标从图 8.4 中可看出，为 $\dfrac{\sigma_x+\sigma_y}{2}$，而纵坐标为零。该圆半径为 $\sqrt{(\overline{CB_1})^2+(\overline{B_1D_1})^2}=\sqrt{\left(\dfrac{\sigma_x-\sigma_y}{2}\right)^2+\tau_{xy}^2}$，这与从式（8.4）所得的结论是一致的。

图 8.5 表示平面应力状态的微元体及其相应的应力圆，应力圆上的点与微元体上的面之间的对应关系有下面的结论。

结论：若以图 8.5（b）中 $\overline{CD_1}$ 为半径，使 D_1 点在圆上沿逆时针方向转过 2α 角度，到达圆上 E 点，则在微元体上，只要将 D_1 点所代表的面（以 x 为外法线的面）的外法线 x 同转向转过 α 角，外法线 n 所在的 ef 面即与圆上 E 点相对应。按比例尺量取 E 点的坐标（σ_a，τ_a）就代表该截面上的两个应力分量。下面来加以证明。

从图 8.5（b）上的 E 点向 σ 轴作垂线得到 F 点。

$$\overline{OF}=\overline{OC}+\overline{CF}=\overline{OC}+\overline{CE}\cos(2\alpha_0+2\alpha)$$
$$=\overline{OC}+\overline{CE}\cos2\alpha_0\cos2\alpha-\overline{CE}\sin2\alpha_0\sin2\alpha$$
$$=\overline{OC}+(\overline{CD_1}\cos2\alpha_0)\cos2\alpha-(\overline{CD_1}\sin2\alpha_0)\sin2\alpha$$

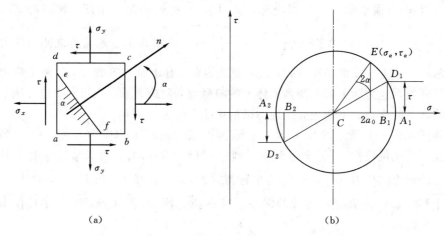

图 8.5 平面应力状态的微元体及其相应的应力圆

$$=\frac{\sigma_x+\sigma_y}{2}+\frac{\sigma_x-\sigma_y}{2}\cos2\alpha-\tau_{xy}\sin2\alpha$$

因此，从应力圆上得到的 E 点的横坐标表达式与式（8.2）的 σ_α 解析式相同。同样可以证明 E 点的纵坐标表达式与式（8.3）的 τ_α 解析式相同。

【例 8.1】 图 8.6（a）所示的微元体中，已知 $\sigma_x=20\text{MPa}$，$\tau_{xy}=10\text{MPa}$。试求 $\alpha=30°$ 斜截面上应力 σ_α、τ_α。

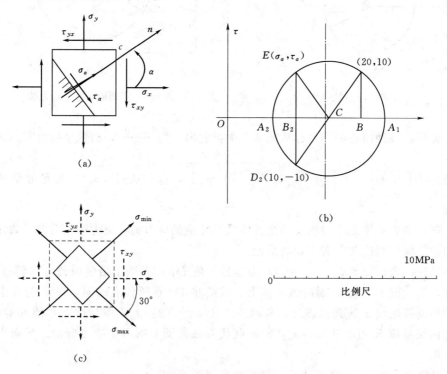

图 8.6 ［例 8.1］图

解： 选定比例尺如图 8.6 所示。按所规定的比例尺，量取 $\overline{OB_1}=\sigma_x=20\text{MPa}$ 和 $\overline{B_1D_1}=\tau_{xy}=10\text{MPa}$，写出 D_1 点。再量取 $\overline{OB_2}=\sigma_y=10\text{MPa}$ 和 $\overline{B_2D_2}=\tau_{yx}=$

-10MPa，定出 D_2 点，连接 D_1、D_2 交 σ 轴于 C 点。以 $\overline{D_1D_2}$ 为直径作出的圆就是所求的应力圆。

求 σ_α、τ_α：因 $\alpha = \pm 30°$，它是从外法线 x 沿逆时针方向转到 n 的，故在应力圆上从 $\overline{CD_1}$ 半径沿逆时针方向转 2α 即 $60°$ 的角到半径 $\overline{CE}$，则 E 点的坐标值就是 $\alpha = \pm 30°$ 面上的应力 σ_{30} 和 τ_{30}。按选定的比例尺量得

$$\sigma_\alpha = \sigma_{30} = 8.85(\text{MPa})$$
$$\tau_\alpha = \tau_{30} = 9.35(\text{MPa})$$

σ_α、τ_α 的作用面及其方向表示在图 8.6（a）上。

【例 8.2】 受力构件中某一点处于平面应力状态，其微元体受力如图 8.7（a）所示。试求 $\alpha = -50°$ 斜截面上的应力。

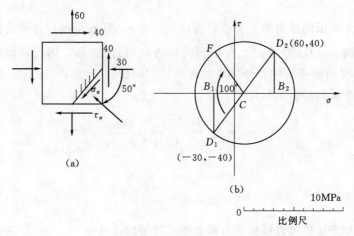

图 8.7 ［例 8.2］图

解： 已知 $\sigma_x = -30$MPa；$\tau_{xy} = -40$MPa；$\sigma_y = 60$MPa；$\tau_{yx} = 40$MPa。在图 8.7（b）中按选定的比例尺量取 $\overline{OB_1} = \sigma_x = -30$MPa 和 $\overline{B_1D_1} = \tau_{xy} = -40$MPa，定出 D_1 点；量取 $\overline{OB_2} = \sigma_y = 60$MPa 和 $\overline{B_2D_2} = \tau_{xy} = 40$MPa，定出 D_2 点。连接 D_1、D_2 交 σ 轴于 C 点，以 $\overline{D_1D_2}$ 为直径可作出应力圆。将半径 CD_1 转过 $2\alpha = -100°$（负号表示沿顺时针方向）得到 F 点。按比例尺量取 F 点两个坐标分别得到

$$\sigma_\alpha = \sigma_{-50} = -32.5(\text{MPa})$$
$$\tau_\alpha = \tau_{-50} = 37(\text{MPa})$$

σ_α、τ_α 的作用面及其方向表示在图 8.7（a）上。

8.4 平面应力状态的主应力、主平面、最大剪应力

从图 8.4 所示的应力圆上可以看出，在平面应力状态微元体上平行于 z 轴的任意斜截面中，以应力圆上 A_1、A_2 两点截面上的正应力取得极值（为最大最小者）。还可看出，这两个截面在微元体上正交（圆上的 CA_1 与 CA_2 半径相交 $180°$）且它们的剪应力为零。这两个截面叫主平面，其上的正应力叫主应力。也可以这样说，在平面应力状态的微元体上平行于 z 轴的任意斜截面中，可以找到一对剪应力等

于零的互相垂直的截面，称为主平面，其上的应力称为两个主应力。主应力是平行于 z 轴的所有斜截面中取得极值（最大、最小）的正应力。平面应力状态两个主应力以 $\sigma_{\max}$、$\sigma_{\min}$ 表示。从图 8.4 所示的应力圆上可以得出

$$\sigma_{\max} = \overline{OC} + \overline{CA_1} = \overline{OC} + \overline{CD_1}$$

$$= \frac{\alpha_x + \alpha_y}{2} + \sqrt{\left(\frac{\alpha_x - \alpha_y}{2}\right)^2 + \tau_{xy}^2} \tag{8.5}$$

同理可得

$$\sigma_{\min} = \frac{\alpha_x + \alpha_y}{2} - \sqrt{\left(\frac{\alpha_x - \alpha_y}{2}\right)^2 + \tau_{xy}^2} \tag{8.6}$$

从图 8.4 所示的应力圆上可以看出，主应力 $\sigma_{\max}$ 所在面的位置可这样确定：

在应力圆上，从 $\overline{CD_1}$ 到 $\overline{CA_1}$ 是沿顺时针方向转过 2α 角，因此，在微元体上是从 x 为外法线的面开始使其外法线沿顺时针方向转过 α_0 角，得到 $\sigma_{\max}$ 所在面的外法线方向。按 α 角的正负号规定，得

$$\tan(-2\alpha_0) = \frac{\overline{B_1 D_1}}{\overline{CB_1}} = \frac{2\tau_{xy}}{\sigma_x - \sigma_y}$$

或

$$\tan 2\alpha_0 = -\frac{2\tau_{xy}}{\sigma_x - \sigma_y} \tag{8.7}$$

主应力大小和方位也可直接从应力圆上按比例量得。

式（8.5）、式（8.6）和式（8.7）也可以通过方程式（8.2）、式（8.3）求极值而得到。

【例 8.3】 试求例 8.1 中微元体的主应力和主平面位置。

解： 从应力圆知，A_1、A_2 两点的横坐标即两个主应力数值。按比例尺量得

$$\sigma_{\max} = \overline{OA_1} = 26.2 (\text{MPa})(\text{拉应力})$$

$$\sigma_{\min} = \overline{OA_2} = 3.8 (\text{MPa})(\text{拉应力})$$

从图上量得 $2\alpha_0 \approx -60°$（从 $\overline{CD_1}$ 沿顺时针方向转到 $\overline{CA_1}$）。因此，在微元体上，应从外法线 x 沿顺时针方向转 $30°$，即为 $\sigma_{\max}$ 所在的主平面的法线方向 ［图 8.6（c）］。$\sigma_{\min}$ 所在的面与 $\sigma_{\max}$ 所在的面垂直。图 8.6（c）中主应力作用的微元体称为主应力微元体。

从图 8.4 所示的应力圆还可看出，平面应力状态的微元体，在平行于 z 轴的所有斜截面中，还可以找到一对互相垂直的截面（图上以 A_3、A_4 点代表），其剪应力为最大最小者，记为 $\tau_{\max}$、$\tau_{\min}$。A_3 点的纵坐标为 $\tau_{\max}$，其数值为

$$\tau_{\max} = \frac{\sigma_{\max} - \sigma_{\min}}{2} \tag{8.8}$$

A_4 点的纵坐标为 $\tau_{\min}$，其数值为 $\tau_{\min} = -\dfrac{\sigma_{\max} - \sigma_{\min}}{2}$。最大、最小剪应力作用面的方位是与主平面成 $45°$ 角。

8.5 空间应力状态及三向应力圆

可以证明，空间应力状态总可以找到 3 个互相垂直的主平面及 3 个主应力，凡有 3 个不为零的主应力者称为三向应力状态；两个不为零主应力者称为二向应力状态；一个不为零主应力者称为单向应力状态。本节研究的是三向应力状态。通常把单向应力状态称为简单应力状态，而把二向、三向应力状态称为复杂应力状态。

8.5.1 空间应力状态的主应力

设空间应力状态微元体中，外法线为 v 的截面是主平面；设其主应力为 σ_v；即 $P_v = \sigma_v$。在微四面体应力公式中代入 $P_{vx} = \sigma_v l$、$P_{vy} = \sigma_v m$、$P_{vz} = \sigma_v n$，得

$$\begin{cases} (\sigma_x - \sigma_v)l + \tau_{yx}m + \tau z_{xn} = 0 \\ \tau_{xy}l + (\sigma_y - \sigma_v)m + \tau_{zy}n = 0 \\ \tau_{xz}l + \tau_{yz}m + (\sigma_z - \sigma_v)n = 0 \end{cases} \tag{8.9}$$

但方向余弦必须满足

$$l_2 + m^2 + n^2 = 1 \tag{8.10}$$

因此，l、m、n 不能同时等于零，所以式（8.9）以 l、m、n 为未知量时的系数行列式必须等于零，即

$$\begin{vmatrix} \sigma_x - \sigma_v & \tau_{yz} & \tau_{zx} \\ \tau_{xy} & \sigma_y - \sigma_v & \tau_{zy} \\ \tau_{xz} & \tau_{yz} & \sigma_z - \sigma_v \end{vmatrix} = 0 \tag{8.11}$$

考虑到剪应力互等定理，展开式（8.11）后得

$$\sigma_v^3 - \mathrm{I}_\sigma \sigma_v^2 + \mathrm{II}_\sigma \sigma_v - \mathrm{III}_\sigma = 0 \tag{8.12}$$

其中

$$\begin{cases} \mathrm{I}_\sigma = \sigma_x + \sigma_y + \sigma_z \\ \mathrm{II}_\sigma = \begin{vmatrix} \sigma_x & \tau_{xy} \\ \tau_{xy} & \sigma_y \end{vmatrix} + \begin{vmatrix} \sigma_y & \tau_{yz} \\ \tau_{yz} & \sigma_z \end{vmatrix} + \begin{vmatrix} \sigma_z & \tau_{zx} \\ \tau_{zx} & \sigma_x \end{vmatrix} \\ \quad = \sigma_x\sigma_y + \sigma_y\sigma_z + \sigma_z\sigma_x - \tau_{xy}^2 - \tau_{yz}^2 - \tau_{xz}^2 \\ \mathrm{III}_\sigma = \begin{vmatrix} \sigma_x & \tau_{xy} & \tau_{zx} \\ \tau_{xy} & \sigma_y & \tau_{yz} \\ \tau_{zx} & \tau_{yz} & \sigma_z \end{vmatrix} = \sigma_x\sigma_y\sigma_z + 2\tau_{xy}\tau_{yz}\tau_{zx} \\ \quad - \sigma_x\tau_{yz}^2 - \sigma_y\tau_{zx}^2 - \sigma_z\tau_{xy}^2 \end{cases}$$

式中：I_σ、II_σ、III_σ 为应力状态的 3 个不变量。式（8.12）是一个 3 次方程，其 3 个根就是 3 个主应力，用 σ_1、σ_2、σ_3 表示。它们按代数值排列，即 $\sigma_1 > \sigma_2 > \sigma_3$。可以证明，3 个主平面是互相垂直的，且 3 个主应力中 σ_1、σ_3 分别为三向应力状态任意斜截面中正应力最大者和最小者。

8.5.2 三向应力圆

从前面分析可知，空间受力物体内的任一点，总存在这样一个微元体，其上 6

个面均为主平面，称为主应力微元体。下面证明：若主应力微元体上的斜截面平行于某一主应力，如平行于 σ_2，则 σ_2 对斜截面上的应力没有影响。

设主应力微元体如图 8.8（a）所示。用平行于 σ_2 的截面截取一分离体［图 8.8（b）］，沿该面的外法线 υ 再作一与 υ 和 σ_2 正交的参考轴 η，根据沿 υ 和 η 方向的平衡方程［参照式（8.2）、式（8.3）］，可得

$$\sum \upsilon = 0, \sigma_\alpha = \frac{\sigma_1 + \sigma_3}{2} + \frac{\sigma_1 - \sigma_3}{2}\cos 2\alpha$$

$$\sum \eta = 0, \tau_\alpha = \frac{\sigma_1 - \sigma_3}{2}\sin 2\alpha$$

由上式可见，σ_2 对 σ_α 和 τ_α 没有影响。于是，平行于 σ^2 的任意斜截面上的应力可以用与图 8.8（c）所示的微元体相应的应力圆［图 8.8（d）］来表示，该应力圆的直径为 $\sigma_1 - \sigma_3$，同理，对平行于 σ_1 的任意斜截面上的应力，可用直径为 $\sigma_2 - \sigma_3$ 的应力圆［图 8.8（d）］表示，对平行于 σ_3 的任意斜截面上的应力，可用直径为 $\sigma_1 - \sigma_2$ 的应力圆［图 8.8（d）］表示，这 3 个应力圆组成三向应力圆。三向应力圆中，上述 3 个圆上点的坐标分别表示平行于 σ_2、σ_1、σ_3 的斜截面上的应力。至于既不与 σ_1 平行又不与 σ_2 平行，也不同 σ_3 平行的任意斜截面［图 8.8（e）所示微元体上阴影部分斜面］上的应力，可以证明，它对应于图 8.8（d）所示三向应力圆上阴影部分中的某点 k（证明从略）。

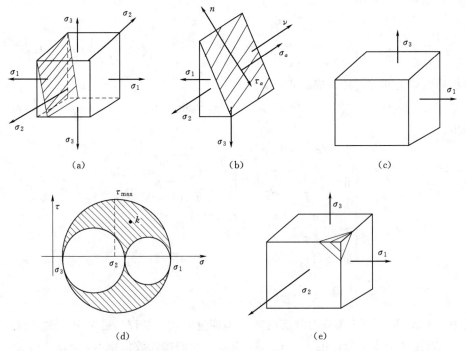

图 8.8　应力微元体

由三向应力圆可见，三向应力状态下，一点处的最大正应力和最小正应力是

$$\begin{cases} \sigma_{\max} = \sigma_1 \\ \sigma_{\min} = \sigma_3 \end{cases} \tag{8.13}$$

对应于用 $\sigma_1 - \sigma_3$、$\sigma_1 - \sigma_2$、$\sigma_2 - \sigma_3$ 为直径所作的应力圆的最大剪应力分别为

$$\begin{cases} \tau_{13} = \dfrac{\sigma_1 - \sigma_3}{2} \\[2mm] \tau_{12} = \dfrac{\sigma_1 - \sigma_2}{2} \\[2mm] \tau_{23} = \dfrac{\sigma_2 - \sigma_3}{2} \end{cases} \tag{8.14}$$

它们称为主剪应力，它们的作用分别平行某个主应力，且与其他两个主应力成 $45°$，其中最大的一个主剪应力是

$$\tau_{\max} = \tau_{13} = \frac{\sigma_1 - \sigma_3}{2} \tag{8.15}$$

它是三向上应力状态所有任意斜截面中剪应力的最大者。它的作用面与 σ_2 平行，与 σ_1、σ_3 都成 $45°$ 角。

8.6 广义胡克定律

对各向同性的弹性体，设微元体上的 3 个主应力分别为 σ_1、σ_2、σ_3（图 8.9）。与 3 个主方向相对应的线应变为主应变 ε_1、ε_2、ε_3。可以利用胡克定律和叠加原理来求得主应变与主应力之间的关系。以 ε_1 为例，它是由 σ_1 引起 σ_1 方向的线应变叠加上由 σ_2、σ_3 引起的 σ_1 方向的线应变得到，即

$$\varepsilon_1 = \frac{\sigma}{E} - \upsilon\frac{\sigma_2}{E} - \upsilon\frac{\sigma_3}{E} = \frac{1}{E}[\sigma_1 - \upsilon(\sigma_2 + \sigma_3)]$$

同理，可以求得 ε_2、ε_3。于是有

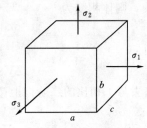

图 8.9 某微圆体

$$\begin{cases} \varepsilon_1 = \left(\dfrac{1}{E}\right)[\sigma_1 - \upsilon(\sigma_2 + \sigma_3)] \\[2mm] \varepsilon_2 = \left(\dfrac{1}{E}\right)[\sigma_2 - \upsilon(\sigma_3 + \sigma_1)] \\[2mm] \varepsilon_3 = \left(\dfrac{1}{E}\right)[\sigma_3 - \upsilon(\sigma_1 + \sigma_2)] \end{cases} \tag{8.16}$$

式（8.16）称为各向同性弹性体以主应力表示的广义胡克定律。如果主应力 σ_1、σ_2、σ_3 中的几个为压应力时，那么应连同负号一并代入。

对二向应力状态，只要把式（8.16）中某个为零的主应力去掉，就得到二向应力状态下的广义胡克定律。例如，当 $\varepsilon_3 = 0$ 时，则有

$$\begin{cases} \varepsilon_1 = \left(\dfrac{1}{E}\right)(\sigma_1 - \upsilon\sigma_2) \\[2mm] \varepsilon_2 = \left(\dfrac{1}{E}\right)(\sigma_2 - \upsilon\sigma_1) \\[2mm] \varepsilon_3 = -\left(\dfrac{\upsilon}{E}\right)(\sigma_1 + \sigma_2) \end{cases} \tag{8.17}$$

广义胡克定律是有条件的，只有当应力不超过材料的比例极限时才能适用。此外，它也只适用于力学性质在各个方向都相同的材料（各向同性材料）；否则，同

一材料的弹性模量 E 和横向变形系数 υ 就都将不止一个数值。由于工程中常用的材料，如钢、铸铁等，都是各向同性材料，所以以上各公式是广泛有用的。

必须指出，对于各面不是主平面的空间应力状态微元体，如图 8.1 所示，类似式（8.16）的广义胡克定律可很方便地得到。只要将式（8.16）中的 ε_3、ε_3、ε_3 分别换成 ε_x、ε_y、ε_z，同时将 σ_1、σ_2、σ_3 分别换成 σ_x、σ_y、σ_z，即得下面广义胡克定律的前三式，即

$$\begin{cases} \varepsilon_x = \left(\dfrac{1}{E}\right)\left[\sigma_x - \upsilon(\sigma_y + \sigma_z)\right] \\[2mm] \varepsilon_y = \left(\dfrac{1}{E}\right)\left[\sigma_y - \upsilon(\sigma_x + \sigma_z)\right] \\[2mm] \varepsilon_z = \left(\dfrac{1}{E}\right)\left[\sigma_z - \upsilon(\sigma_x + \sigma_y)\right] \end{cases} \tag{8.18}$$

$$\gamma_{xy} = \frac{\tau_{xy}}{G}; \gamma_{yz} = \frac{\tau_{yz}}{G}; \gamma_{zx} = \frac{\tau_{zx}}{G};$$

物体弹性变形一般伴随着体积的改变。如果设图 8.13 中的微六面体的 3 个边长分别为 a、b、c。其中体积 $V = abc$。变形后，各边边长为 $a + \Delta a$、$b + \Delta b$、$c + \Delta c$，则体积变为

$$V + \Delta V = (a + \Delta a)(b + \Delta b)(c + \Delta c)$$

则

$$\Delta V = (a + \Delta a)(b + \Delta b)(c + \Delta c) - abc$$

略去与 1 相比的二阶以上微小量，可得单位体积变形 θ 为

$$\theta = \frac{\Delta V}{V} = (1 + \varepsilon_1 + \varepsilon_2 + \varepsilon_3) - 1 = \varepsilon_1 + \varepsilon_2 + \varepsilon_3$$

若将广义胡克定律式（8.16）代入上式，可得到用主应力表示的单位体积的变形为

$$\theta = \frac{1 - 2\upsilon}{E}(\sigma_1 + \sigma_2 + \sigma_3) \tag{8.19}$$

式中：θ 为体积应变。

由式（8.19）可见，体积应变与 3 个主应力之和成正比，如 $\sigma_1 + \sigma_2 + \sigma_3 = 0$，则 $\theta = 0$，微元体则无体积改变。例如，在纯剪切应力状态时，$\sigma_1 = \tau$，$\sigma_3 = -\tau$，$\sigma_2 = 0$，所以有

$$\theta = \frac{1 - 2\upsilon}{E}(\sigma_1 + \sigma_2 + \sigma_3) = 0$$

8.7　复杂应力状态下一点处的变形比能

物体受外力作用产生弹性变形时，单位体积内储存的变形能称为比能。

在轴向拉伸（压缩）时，杆件的变形能为

$$U = \frac{1}{2}P \cdot \Delta L$$

比能为

$$u = \frac{1}{2}\sigma \cdot \varepsilon \tag{a}$$

图 8.10 表示有 3 个不为零的主应力的三向应力状态微元体。它的比能可以利用式（a）进行计算。

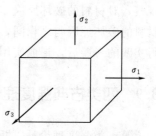

由于材料服从胡克定律且变形微小，于是可认为由变形引起的位移不影响外力的作用，因而物体内的变形能取决于外力最终的大小，而同加力的顺序无关。可以假设作用在物体上的所有外力是按同一比例增大的。因此，每个主应力所相应的比能均可按式（a）算得，将它们相加后得到微元体的比能为

图 8.10　三向应力状态微元体

$$u = \frac{1}{2}\sigma_1\varepsilon_1 + \frac{1}{2}\sigma_2\varepsilon_2 + \frac{1}{2}\sigma_3\varepsilon_3 \qquad (b)$$

将式（8.16）代入式（b），得

$$u = \left(\frac{1}{2}E\right)\left[\sigma_1^2 + \sigma_2^2 + \sigma_3^2 - 2\upsilon(\sigma_1\sigma_2 + \sigma_2\sigma_3 + \sigma_3\sigma_1)\right] \qquad (8.20)$$

微元体的体积变形可分为体积改变和形状改变，因此，微元体的比能也由体积改变为比能 u_υ 和形状改变比能 u_f 两部分组成，即

$$u = u_\upsilon + u_f$$

可以证明，上式中的

$$u_\upsilon = \frac{1-2\upsilon}{6E}(\sigma_1 + \sigma_2 + \sigma_3)^2 \qquad (8.21)$$

$$u_f = \frac{1+\upsilon}{6E}\left[(\sigma_1 - \sigma_2)^2 + (\sigma_2 - \sigma_3)^2 + (\sigma_3 - \sigma_1)^2\right] \qquad (8.22)$$

8.8　材料的失效方式

前面几章讨论了构件在几种基本变形下的受力分析及相应的强度条件。对于轴向拉伸（压缩）变形，可通过材料试验获得极限应力得到相应的强度准则，以防止构件发生塑性变形或断裂。对于构件危险点处于更复杂的应力状态，如三向应力状态的情形，就必须建立更一般的破坏准则，就是强度理论。一般而言，构件的强度与应力状态有关，材料的力学性质又与荷载、温度、环境有关，深入研究材料强度破坏的理论是固体力学的一个新的分支，这里作详细介绍，只在下面几节中简要介绍常温、静载下最简单的情形。

构件的主要失效方式大致有以下两种。

（1）脆性断裂。如铸铁等脆性材料，在静拉伸荷载作用下，断裂时几乎没有塑性变形。而当塑性材料制成的构件内含有宏观裂纹时，可能在拉应力低于材料强度极限的情况下发生脆断。

（2）屈服失效。塑性材料制成的构件，在静力加载条件下，当构件内最大应力达到材料屈服极限时，这部分材料便进入"屈服"状态，最大应力不再增加或增加得比较慢，应力分布趋于均匀，当构件中有足够部分进入屈服状态时才达到极限承载能力。通常设计中认为一旦最大应力达到屈服应力，构件即达到失效。

强度理论的观点是：对于复杂应力状态（如三向应力状态）的构件，完全通过用试验方法建立破坏准则是不可能的。因此，必须借助对材料拉伸试验破坏现象的

观察，对材料的破坏原因作出不同的假设，假定复杂应力状态（三向应力状态）下材料的破坏原因与之相同，用这样的办法来建立复杂应力状态下的破坏准则。在取得实践的考验后，形成实用的强度理论。下面介绍两类常用的强度理论。

8.9 四类古典强度理论

第一类强度理论是以断裂作为破坏标志的，其中包括最大拉应力理论和最大伸长线应变理论。远在17世纪时就有人先后提出了这些理论，因为当时的主要建筑材料是砖、石、铸铁等脆性材料，观察到的破坏现象多半是断裂。

1. 最大拉应力理论（又称第一强度理论）

这一理论所作的假说是：最大拉应力是引起材料破坏的共同因素。从拉伸试验知道，当试件横截面上的正应力，即试件中任一点处的最大拉应力，达到其极限值 σ_0 时，就发生断裂破坏。所以，按照这一理论可以推测到，当复杂应力状态下一点处的最大拉应力 σ_1 达到上述的 σ_0 时，材料就会发生断裂破坏。由此可见，危险点处于复杂应力状态的构件发生断裂破坏的条件是该点处的最大拉应力 σ_1 到达极限应力 σ_0，即

$$\sigma_1 = \sigma_0$$

将上式右边的极限应力除以安全系数，就得到材料的许用拉应力 $[\sigma]$。由此可知，对于危险点处于复杂应力状态的构件，按照第一强度理论所建立的强度条件为

$$\sigma_1 \leqslant [\sigma] \tag{8.23}$$

这一理论是在17世纪由伽利略根据直观经验提出的。实践证明，这个理论对于铸铁等脆性材料的破坏是比较符合的。但在后来的实践中发现，这个理论也有不完善之处。例如，该理论认为材料的强度只与最大拉应力 σ_1 有关，但试验结果表明，另外两个主应力的数值对强度也有影响。

2. 最大伸长线应变理论（又称第二强度理论）

这一理论所作的假说是：最大伸长线应变是引起材料破坏的共同因素。从拉伸试验知道，试件的最大伸长线应变到达其极限值 ε_0 时就发生断裂破坏。如果材料直到破坏时都符合胡克定律，那么 $\varepsilon_0 = \dfrac{\sigma_0}{E}$。这里的 ε_0 就是拉伸试件断裂破坏时横截面上的正应力。所以按照这一理论可以推测到，当复杂应力状态下一点处的最大伸长线应变 ε_1 到达 ε_0 时，材料就会发生断裂破坏。由此可见，危险点处于复杂应力状态的构件发生断裂破坏的条件为

$$\varepsilon_1 = \varepsilon_0 = \frac{\sigma_0}{E}$$

考虑到三向应力状态下的最大伸长线应变的表达式为

$$\varepsilon_1 = \left(\frac{1}{E}\right)[\sigma_1 - \upsilon(\sigma_2 + \sigma_3)]$$

于是上式可改写为

$$\left(\frac{1}{E}\right)[\sigma_1 - \upsilon(\sigma_2 + \sigma_3)] = \frac{\sigma_0}{E}$$

或

$$\sigma_1 - \upsilon(\sigma_2 + \sigma_3) = \sigma_0$$

将上式右边除以安全系数，即为材料拉伸时的许用应力 $[\sigma]$。由此可知，对于危险点处于复杂应力状态的构件，按照第二强度理论所建立的强度条件为

$$\sigma_1 - \upsilon(\sigma_2 + \sigma_3) \leqslant [\sigma] \tag{8.24}$$

式中：$[\sigma]$ 为材料的许用拉应力。

从对以上的两个理论所做试验的结果可知，铸铁在三向拉伸应力状态下，试验结果与第一强度理论基本符合。在两向拉伸（压缩）应力状态下，且压应力较大时，试验结果与第二强度理论接近。

第二强度理论是以出现流动现象或发生显著的塑性变形作为破坏标志的，其中包括最大剪应力理论和形状改变比能理论。这些理论都是自 19 世纪末，随着在工程实践中大量使用像低碳钢这类的塑性材料，并对材料发生塑性变形的物理实质有了较多的认识后，才先后提出和推广应用的。

3. 最大剪应力理论（又称第三强度理论）

这一理论所作的假说是：最大剪应力是引起材料破坏的共同因素。从拉伸试验知道，当试验内任一点处的最大剪应力达到 $\tau_0 = \dfrac{\sigma_0}{2}$ 时，就发生"屈服"。这里，σ_0 是试件发生"屈服"破坏时横截面上的正应力。所以，按照这一理论可以推测到，当复杂应力状态下一点处的最大剪应力到达 $\tau_0 = \dfrac{\sigma_0}{2}$ 时，材料就发生"屈服"破坏。由此可见，危险点处于复杂应力状态的构件发生"屈服"破坏的条件为

$$\tau_{max} = \tau_0 = \frac{\sigma_0}{2}$$

从式（8.15）得知，复杂应力状态下一点处的最大剪应力为 $\tau_{max} = \dfrac{\sigma_1 - \sigma_3}{2}$。所以，上式可改写为 $\dfrac{\sigma_1 - \sigma_3}{2} = \dfrac{\sigma_0}{2}$，$\sigma_1 - \sigma_3 = \sigma_0$。

将此式右边的极限应力除以安全系数，就得到材料的许用拉应力 $[\sigma]$。按照此理论所建立的复杂应力状态下的强度条件为

$$\sigma_1 - \sigma_3 \leqslant [\sigma] \tag{8.25}$$

这一理论是库伦在 1773 年提出的，当时他是指剪断的情形，之后屈雷斯卡将其引用到塑性流动情形。这个理论计算公式简单，物理概念清楚，与试验较符合。事实上，材料由弹性状态转入塑性状态主要取决于最大主应力与最小主应力之差，而与中间主应力关系不大。

4. 形状改变比能理论（又称第四强度理论）

贝尔特拉密在 1885 年提出了能量理论。这一理论假设材料进入极限状态是由于单位体积变形能（即比能）的数值到达了一定的极限值，即轴向拉伸（或压缩）试件到达极限状态时的比能值。但是这一理论与试验结果相互矛盾。例如，材料在各向等压力作用下不会产生塑性变形，而应变能却可以无限增大。胡勃在 1904 年提出了修正的理论，即形状改变比能理论。认为体积改变比能对材料的强度没有影响，引起材料破坏的原因是由于形状改变比能到达了一定的极限值，此值就是轴向

拉伸试件进入极限状态时的形状改变比能。从式（8.22）可以得到复杂应力状态下的形状改变比能，为

$$U_f = \frac{1+v}{6E}\left[(\sigma_1-\sigma_2)^2+(\sigma_2-\sigma_3)^2+(\sigma_3-\sigma_1)^2\right]$$

而轴向拉伸到达极限状态时的形状改变比能为 $U_f^0 = \frac{2(1+v)}{6E}(\sigma^0)^2$。这里 σ^0 是轴向拉伸试件的极限应力，所以，要使复杂应力状态下材料进入塑性状态，必须使得

$$\frac{\sqrt{2}}{2}\sqrt{(\sigma_1-\sigma_3)^2+(\sigma_2-\sigma_3)^2+(\sigma_3-\sigma_1)^2}=\sigma^0$$

引入安全系数后，可得第四强度理论的强度条件为

$$\frac{\sqrt{2}}{2}\sqrt{(\sigma_1-\sigma_3)^2+(\sigma_2-\sigma_3)^2+(\sigma_3-\sigma_1)^2}\leqslant[\sigma] \tag{8.26}$$

此条件由米塞斯于 1913 年用作屈服条件，称为米塞斯条件。

洛德在 1925 年以铁、铜、镍薄壁圆筒做受内压和拉伸联合作用试验，泰勒和奎尼在 1931 年以铜、铝、软钢做薄壁筒拉、扭联合作用的试验，比较了屈雷斯卡和米塞斯两个屈服条件，试验结果更接近于米塞斯屈服条件。

将以上 4 个强度理论的强度条件统一写成相当应力的形式，即

$$\sigma_\gamma \leqslant [\sigma] \tag{8.27}$$

式中：σ_γ 为相当应力。若以 $\sigma_{\gamma1}$、$\sigma_{\gamma2}$、$\sigma_{\gamma3}$、$\sigma_{\gamma4}$ 分别代表 4 个强度理论的相当应力，则有

$$\begin{cases} \sigma_{\gamma1}=\sigma_1 \\ \sigma_{\gamma2}=\sigma_1-\nu(\sigma_2+\sigma_3) \\ \sigma_{\gamma3}=\sigma_1-\sigma_3 \\ \sigma_{\gamma4}=\frac{\sqrt{2}}{2}\sqrt{(\sigma_1-\sigma_2)^2+(\sigma_2-\sigma_3)^2+(\sigma_3-\sigma_1)^2} \end{cases} \tag{8.28}$$

必须指出，材料的破坏是比较复杂的，试验指出塑性材料在轴向拉伸时会发生显著的塑性变形或明显的流动现象，而脆性材料在轴向拉伸时产生断面而破坏。但试验也指出，即使是塑性材料，如果处于三向拉伸应力状态，如处于钢球压在铸铁上时的情况，接触点处也会发生显著的塑性变形。因此，要根据不同的具体情况，有针对性地选用强度理论。

【**例 8.4**】 图 8.11（a）所示为一圆筒式蒸汽锅炉，它所受到的蒸汽压力表的压强 $p=1.6\text{MPa}$，这个锅炉是用厚度为 $t=1\text{cm}$ 的 A3 钢板制成的，锅炉圆筒部分的内直径为 $D=100\text{cm}$。已知材料许用应力 $[\sigma]=120\text{MPa}$，试校核该锅炉板的

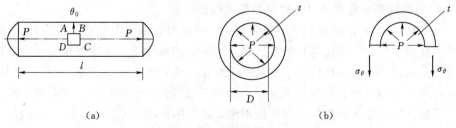

（a）   （b）

图 8.11 ［例 8.4］图

强度。

解： 由图 8.11 可见，蒸汽对筒两端的压力使筒沿轴线方向受拉应力；同时，对筒壁的压力还将使筒壁沿周向受拉应力。首先计算由筒内产生的筒盖的拉力 P 为

$$P = p \frac{\pi D^2}{4}$$

用假想横截面沿长度 l 将锅炉截为左、右两段，应用留下任一段沿长度方向的平衡方程，可以求得图中微元体 $ABCD$ 上的轴向应力 σ 为

$$\sigma = \frac{p \dfrac{\pi D^2}{4}}{t \pi D} = \frac{pD}{4t} = \frac{1.6 \times 100}{4 \times 1} = 40 \text{MPa}$$

用相距为 l 的两个横截面沿长度 l 从锅炉上假想截取一圆环，考虑上半圆环 [图 8.11 （b）] 的平衡，得微元体 $ABCD$ 上的周向应力 σ_θ 为

$$\sigma_\theta = \frac{pD}{2t} = \frac{1.6 \times 100}{2 \times 1} = 80 \text{MPa}$$

微元体 $ABCD$ 的主应力为

$$\sigma_1 = 80 \text{MPa}, \quad \sigma_2 = 40 \text{MPa}, \quad \sigma_3 = 0 (\text{略去 } p \text{ 的影响})$$

应用第三强度理论，有

$$\sigma_{\gamma 3} = \sigma_1 - \sigma_3 = 80 \text{MPa}, \quad \sigma_{\gamma 3} < 120 \text{MPa}, \text{ 所以安全。}$$

【例 8.5】 设碳钢制成的梁受力如图 8.12 （a）所示，梁横截面为"工"字形，材料许用应力 $[\sigma] = 160 \text{MPa}$，$[\tau] = 100 \text{MPa}$，试选择工字钢型号。

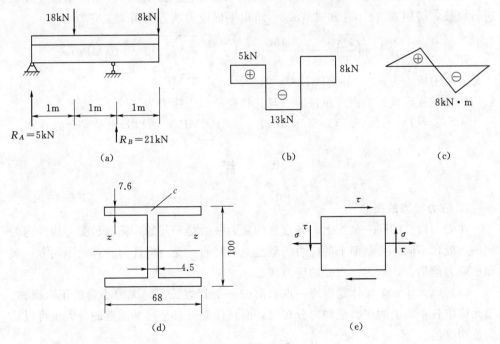

图 8.12　[例 8.5] 图

解： 从图 8.12 （b）、（c）所示梁的剪力图、弯矩图中可知，梁 B 支座左侧剪力最大 $Q_{max} = 13 \text{kN}$；梁 B 截面的弯矩为最大，$M_{max} = 8 \text{kN} \cdot \text{m}$。因此，$B$ 截面为

梁的危险截面，首先按正应力强度条件选择截面，求得所需的抗弯截面模量为

$$W_z = \frac{M_{max}}{[\sigma]} = \frac{8 \times 10^3}{160 \times 10^6} = 50(\text{cm}^3)$$

根据附录Ⅱ的型钢规格表选择 No.10 号工字钢。其截面尺寸如图 8.12（d）所示。

再对所选截面作剪应力强度校核。由型钢表查得 $I_z/S_z = 8.59\text{cm}$，危险截面最大剪应力为

$$\tau_{max} = \frac{Q_{max}}{(I_z/S_z) \times b} = \frac{13 \times 10^3 \times 10^{-6}}{8.59 \times 10^{-2} \times 4.5 \times 10^{-3}} = 33.6(\text{MPa})$$

$\tau_{max} < 100\text{MPa}$，所以所选截面的剪应力强度是足够的。

此外，对于危险截面上腹板与翼缘连接处 c 点［图 8.12（d）］，由于同时存在较大的正应力与剪应力，因此也必须应用强度理论对该点作强度校核，这种校核称为梁的主应力校核。因为对于承受较大剪力且腹板较窄的"工"字形梁，c 点有可能是危险点。

根据截面尺寸可得

$$I_z = 245\text{cm}^4, \quad S_z^* = 68 \times 7.6 \times 46.2 = 2.39 \times 10^4(\text{mm}^3)$$

危险截面 c 点处的正应力、剪应力分别为

$$\sigma = \frac{My}{I_z} = \frac{8 \times 10^3 \times 42.4 \times 10^{-3} \times 10^{-6}}{245 \times 10^{-8}} = 138(\text{MPa})$$

$$\tau = \frac{QS_z^*}{bI_z} = \frac{13 \times 10^3 \times 2.39 \times 10^{-5} \times 10^{-6}}{4.5 \times 10^{-3} \times 245 \times 10^{-8}} = 28.2(\text{MPa})$$

c 点处的应力状态如图 8.12（e）所示。由于是二向应力状态，必须应用强度理论进行校核，可用式（8.5）和式（8.6）求出平面应力状态的两个主应力为

$$\begin{matrix}\sigma_{max}\\\sigma_{min}\end{matrix} = \frac{\sigma}{2} \pm \sqrt{\left(\frac{\sigma}{2}\right)^2 + \tau^2} = \frac{138}{2} \pm \sqrt{\left(\frac{138}{2}\right)^2 + 28.2^2} = \begin{matrix}144\\-5.54\end{matrix}(\text{MPa})$$

于是 3 个主应力为 $\sigma_1 = 144\text{MPa}$，$\sigma_2 = 0$，$\sigma_3 = -5.54\text{MPa}$。

若应用第三强度理论的强度条件时，与其相应的相当应力为

$\sigma_{\gamma3} = \sigma_1 - \sigma_3 = 144 - (-5.54) = 150\text{MPa}$，$\sigma_{\gamma3} < 160\text{MPa}$，所以 c 点是安全的。

小　结

1. 应力状态的概念

在受力构件的同一截面上，各点处的应力一般是不同的；而通过受力构件内的同一点处，不同方位截面上的应力一般也是不同的。受力构件内一点处不同方位截面上应力的集合，称为一点处的应力状态。

（1）单元体。单元体是围绕一点取出的一个其边长都是无穷小量的正六面体。单元体中各个面上的应力是均匀分布的，而且任意一对平行平面上的应力也可以认为是相等的。

（2）主平面、主应力。切应力为零的平面，称为主平面。主平面上的正应力，称为主应力。

构件内任意一点都可以找到相互垂直的 3 个主平面，3 个主应力。主应力记为

σ_1、σ_2、σ_3，且规定 $\sigma_1 \geqslant \sigma_2 \geqslant \sigma_3$。

（3）应力状态的分类。

1）3 个主应力中只有一个不等于零的应力状态，称为单向应力状态。

2）3 个主应力中有两个不等于零的应力状态，称为二向或平面应力状态。

3）3 个应力都不等于零的应力状态，称为三向或空间应力状态。

单向应力状态也称为简单应力状态，二向应力状态和三向应力状态也统称为复杂应力状态。

2. 平面应力状态的应力分析

（1）解析法。任意斜截面上的应力如图 8.13 所示。

$$\sigma_a = \frac{\sigma_x + \sigma_y}{2} + \frac{\sigma_x - \sigma_y}{2}\cos 2\alpha - \tau_{xy}\sin 2\alpha$$

$$\tau_a = \frac{\sigma_x - \sigma_y}{2}\sin 2\alpha + \tau_{xy}\cos 2\alpha$$

主平面方位为

$$\tan 2\alpha_0 = \frac{2\tau_{xy}}{\sigma_x - \sigma_y}$$

主应力为

$$\left.\begin{array}{c}\sigma' \\ \sigma''\end{array}\right\} = \frac{\sigma_x + \sigma_y}{2} \pm \sqrt{\left(\frac{\sigma_x - \sigma_y}{2}\right)^2 + \tau_{xy}^2}$$

最大切应力为

$$|\tau_{\max}| = \sqrt{\left(\frac{\sigma_x - \sigma_y}{2}\right)^2 + \tau_{xy}}$$

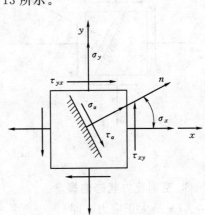

图 8.13　斜截面上的应力

（2）图解法。

应力圆方程为

$$\left(\sigma_a - \frac{\sigma_x + \sigma_y}{2}\right)^2 + \tau_a^2 = \left(\frac{\sigma_x - \sigma_y}{2}\right)^2 + \tau_{xy}^2$$

应力圆圆心坐标为

$$\left(\frac{\sigma_x + \sigma_y}{2}, 0\right)$$

应力圆半径为

$$R = \sqrt{\left(\frac{\sigma_x - \sigma_y}{2}\right)^2 + \tau_{xy}^2}$$

单元体与应力圆之间的对应关系见表 8.1。

表 8.1　　　　　　　　　单元体与应力圆之间的对应关系

单 元 体	应 力 圆
单元体某平面上的应力分量	应力圆某定点的坐标
单元体两平面间的夹角 α	应力圆两对应点所夹的中心角 2α
单元体的主应力值	应力圆与 σ 轴交点的坐标
单元体的最大切应力	应力圆的半径

应力圆的画法如下。

若已知一平面应力状态 σ_x、σ_y、τ_{xy}，则取横坐标 σ 轴、纵坐标 τ 轴，选定比例尺；由 $(\sigma_x，\tau_{xy})$ 确定点 D_x，由 $(\sigma_y，\tau_{yx})$ 确定点 D_y；以连接 D_xD_y 与 σ 轴的交点 C 为圆心，以 $\overline{CD_x}$（或 $\overline{CD_y}$）为半径作圆，即得相应于该单元体的应力圆，如图 8.14 所示。

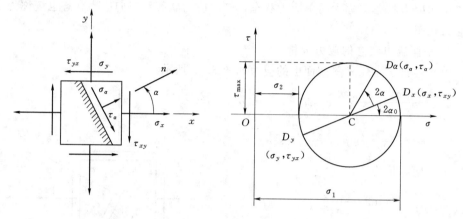

图 8.14　应力圆画法

3. 空间应力状态的概念

（1）最大正应力，即

$$\sigma_{max} = \sigma_1$$

（2）最小正应力，即

$$\sigma_{min} = \sigma_3$$

（3）最大切应力，即

$$\tau_{max} = \frac{\sigma_1 - \sigma_2}{2}$$

4. 应力与应变间的关系

（1）各向同性材料的广义胡克定律，即

$$\begin{cases} \varepsilon_x = \dfrac{1}{E}[\sigma_x - \upsilon(\sigma_x + \sigma_y)] \\[2mm] \varepsilon_y = \dfrac{1}{E}[\sigma_y - \upsilon(\sigma_x + \sigma_z)] \\[2mm] \varepsilon_z = \dfrac{1}{E}[\sigma_z - \upsilon(\sigma_x + \sigma_y)] \end{cases}$$

$$\begin{cases} \gamma_1 = \dfrac{\tau_{xy}}{G} \\[2mm] \gamma_2 = \dfrac{\tau_{yz}}{G} \\[2mm] \gamma_3 = \dfrac{\tau_{xy}}{G} \end{cases}$$

（2）空间主应力状态下应力与应变关系，即

$$\begin{cases} \varepsilon_1 = \dfrac{1}{E}\left[\sigma_1 - \upsilon(\sigma_2 + \sigma_3)\right] \\[2mm] \varepsilon_2 = \dfrac{1}{E}\left[\sigma_2 - \upsilon(\sigma_3 + \sigma_1)\right] \\[2mm] \varepsilon_3 = \dfrac{1}{E}\left[\sigma_3 - \upsilon(\sigma_1 + \sigma_2)\right] \end{cases}$$

（3）材料的 3 个弹性常数 E、G 和 υ 间的关系为

$$G = \frac{E}{2(1+\upsilon)}$$

（4）体应变，即

$$\begin{aligned} \theta &= \varepsilon_1 + \varepsilon_2 + \varepsilon_3 \\ &= \frac{1-2\upsilon}{E}(\sigma_x + \sigma_y + \sigma_z) \\ &= \frac{1-2\upsilon}{E}(\sigma_x + \sigma_y + \sigma_z) \end{aligned}$$

5. 空间应力状态下的应变能密度

（1）单元体应变能密度，即

$$\begin{aligned} \upsilon_\varepsilon &= \frac{1}{2}(\sigma_1\varepsilon_1 + \sigma_2\varepsilon_2 + \sigma_3\varepsilon_3) \\ &= \frac{1}{2E}\left[\sigma_1^2 + \sigma_2^2 + \sigma_3^2 - 2\upsilon(\sigma_1\sigma_2 + \sigma_2\sigma_3 + \sigma_3\sigma_1)\right] \end{aligned}$$

（2）体积改变能密度，即

$$\upsilon_v = \frac{1-2\upsilon}{6E}(\sigma_1 + \sigma_2 + \sigma_3)^2$$

（3）形状改变能密度，即

$$\upsilon_d = \frac{1+\upsilon}{6E}\left[(\sigma_1 - \sigma_2)^2 + (\sigma_2 - \sigma_3)^2 + (\sigma_3 - \sigma_1)^2\right]$$

6. 强度理论

（1）材料破坏的两种基本类型。均匀、连续、各向同性材料在常温、静荷载下破坏的基本类型有以下两种。

1）脆性断裂。材料在无明显的条件下突然断裂。

2）塑性断裂。材料出现明显的塑性变形而丧失其正常的工作能力。

（2）强度理论。综合分析材料的破坏现象和资料，对强度破坏提出各种假说。这类假说认为材料之所以按某种方式（断裂或屈服）破坏，是应力、应变或应变能密度等因素中某一因素引起的。按照这类说法，无论是简单还是复杂应力状态，引起破坏的因素都是相同的。这类假说称为强度理论。

利用强度理论，便可由简单应力状态的试验结果，建立复杂应力状态的强度条件。

（3）4 种常用的强度理论。

1）第一强度理论（最大拉应力理论）。这一理论认为，最大拉应力是引起材料脆性断裂的因素。

强度条件为

$$\sigma_1 \leqslant [\sigma]$$

2）第二强度理论（最大拉应力理论）。这一理论认为，最大伸长线应变是引起材料脆性断裂的因素。

强度条件为

$$\sigma_1 - \upsilon(\sigma_2 + \sigma_3) \leqslant [\sigma]$$

3）第三强度理论（最大切应力理论）。这一理论认为，最大切应力是引起材料塑性屈服的因素。

强度条件为

$$\sigma_1 - \sigma_3 \leqslant [\sigma]$$

4）第四强度理论（形状改变能密度理论）。这一理论认为，形状改变能密度是引起材料塑性屈服的因素。

强度条件为

$$\sqrt{\frac{1}{2}\left[(\sigma_1-\sigma_2)^2+(\sigma_2-\sigma_3)^2+(\sigma_3-\sigma_1)^2\right]} \leqslant [\sigma]$$

（4）莫尔强度理论。材料的脆性断裂或塑性屈服主要取决于受力构件内 σ_1 和 σ_3 决定的极限应力状态。

强度条件为

$$\sigma_1 = \left[\frac{\sigma_t}{\sigma_c}\right]\sigma_3 \leqslant [\sigma_t]$$

（5）强度条件的统一形式。以上各种强度理论的强度条件，可写成以下的统一形式，即

$$\sigma_r \leqslant [\sigma_t]$$

式中：σ_r 为相当应力。不同强度理论的相当应力分别如下。

第一强度理论为

$$\sigma_{\gamma 1} = \sigma_1$$

第二强度理论为

$$\sigma_{\gamma 2} = \sigma_1 - \upsilon(\sigma_2 + \sigma_3)$$

第三强度理论为

$$\sigma_{\gamma 3} = \sigma_1 - \sigma_3$$

第四强度理论为

$$\sigma_{\gamma 4} = \sqrt{\frac{1}{2}\left[(\sigma_1-\sigma_2)^2+(\sigma_2-\sigma_3)^2+(\sigma_3-\sigma_1)^2\right]}$$

思　考　题

8.1　3 个单元体各面上的应力分量如图 8.15 所示。试问是否均处于平面应力状态？

8.2　试问在何种情况下，平面应力状态下的应力圆符合以下特征：（1）一点圆；（2）圆心在原点；（3）与 τ 轴相切？

8.3　受均匀的径向压力 p 作用的圆盘如图 8.16 所示。试证明盘内任一点均处于二向等值的压缩应力状态。

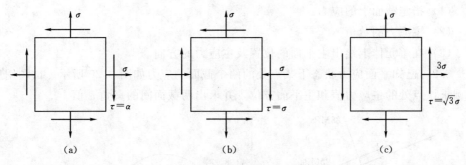

图 8.15　思考题 8.1 图

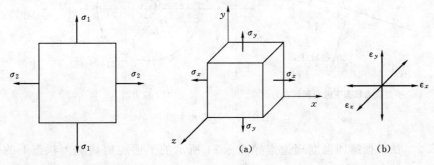

图 8.16　思考题 8.3 图　　　　　图 8.17　思考题 8.4 图

8.4　图 8.17（a）所示应力状态下的单元体，材料为各向同性，弹性常数为 $E=200\mathrm{GPa}$，$v=0.3$。已知线应变 $\varepsilon_x=14.4\times10^{-5}$、$\varepsilon_y=40.8\times10^{-5}$，试问是否有 $\varepsilon_z=-v(\varepsilon_x+\varepsilon_y)=-16.56\times10^{-5}$？为什么？

8.5　从某一压力容器表面一点处取出的单元体如图 8.18 所示。已知 $\sigma_1=2\sigma_2$，试问是否存在 $\varepsilon_1=2\varepsilon_2$ 这样的关系？

8.6　将沸水倒入厚玻璃杯里，玻璃杯内、外壁的受力情况如何？若因此而发生破裂，试问破裂是从内壁开始还是从外壁开始？为什么？

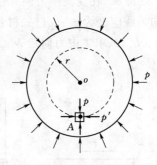

图 8.18　思考题 8.5 图

习　题

8.1　各单元体如图 8.19 所示。试利用应力圆的几何关系求：

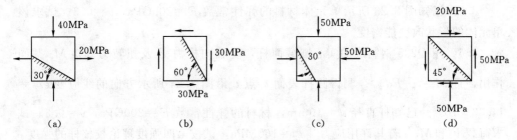

图 8.19　习题 8.1 图

（1）指定截面上的应力。

（2）主应力的数值。

（3）在单元体上绘出主平面的位置及主应力的方向。

8.2 已知平面应力状态下某点处的两个截面的应力如图 8.20 所示。试利用应力圆求该点处的主应力值和主平面方位，并求出两截面间的夹角 α 值。

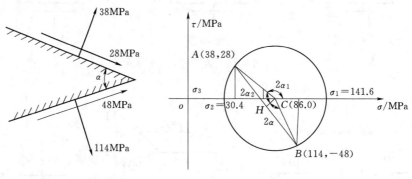

（a）平面应力状态下的两斜面应力　（b）应力圆

图 8.20 习题 8.2 图

8.3 试根据第四强度理论推导图 8.21 所示的平面纯剪切应力状态下的强度条件。

8.4 在受集中力偶 M_e 作用矩形截面简支梁中，测得中性层上 k 点处沿 45°方向的线应变为 $\varepsilon_{45°}$。已知材料的弹性常数 E、ν 和梁的横截面及长度尺寸 b、h、a、d、l。试求集中力偶矩 M_e。

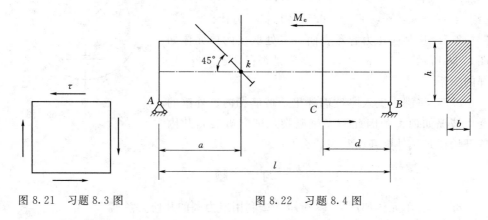

图 8.21 习题 8.3 图　　　　图 8.22 习题 8.4 图

8.5 已知图 8.23 所示单元体材料的弹性常数 $E=200\text{GPa}$，$\nu=0.3$。试求该单元体的形状改变能密度。

8.6 用 Q235 钢制成的实心圆截面杆，受轴向拉力 F 及扭转力偶矩 M_e 共同作用，且 $M_e=\dfrac{1}{10}Fd$。今测得圆杆表面 k 点处沿图 8.24 所示方向的线应变 $\varepsilon_{30°}=14.33\times10^{-5}$。已知杆直径 $d=10\text{mm}$，材料的弹性常数 $E=200\text{GPa}$，$\nu=0.3$。试求荷载 F 和 M_e。若其许用应力 $[\sigma]=160\text{MPa}$，试按第四强度理论校核杆的强度。

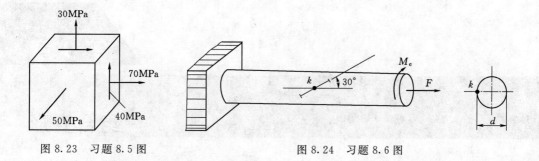

图 8.23 习题 8.5 图　　　　　　　　图 8.24 习题 8.6 图

第 9 章

组合变形

9.1 概述

9.1.1 组合变形的概念

在前面各章中已分别论述了杆件在荷载作用下，发生轴向拉伸（压缩）、剪切、扭转和弯曲 4 种基本变形形式时的强度和刚度计算问题。但在实际工程中，杆件所承受的荷载常常是比较复杂的，杆件所发生的变形往往同时包含两种或两种以上的基本变形形式，这些变形形式所对应的应力或变形对杆件的强度或刚度产生同等重要的影响，而不能忽略其中的任何一种，这类杆件的变形称为**组合变形**。例如，图 9.1（a）所示的烟囱，在自重和水平风力作用下，将产生压缩和弯曲；图 9.1（b）所示的厂房柱子，在受到屋架以及吊车梁传来的竖向荷载 F_1、F_2 作用下，将产生偏心压缩（压缩和弯曲）；图 9.1（c）所示斜屋架上的檩条，受到屋面板上传来荷载 q 的作用，将产生斜弯曲或双向弯曲；图 9.1（d）所示雨篷梁，受到梁上墙传来的荷载和雨篷板传来的荷载，将产生弯曲与扭转的组合变形。

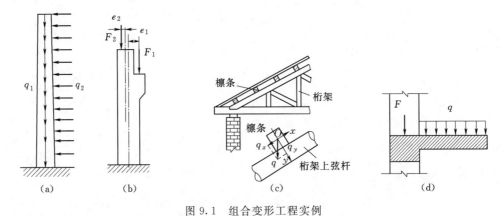

图 9.1 组合变形工程实例

9.1.2 组合变形的分析方法

当组合变形属于小变形范畴，且材料是在线弹性范围内工作时，就可以利用叠加法进行分析。即将作用在杆件上的荷载简化或分解为几组荷载，使简化后的每组荷载只产生一种基本变形；分别计算每种基本变形下杆件的应力和变形，将所得结果叠加起来就是组合变形的解。

工程中常遇到的组合变形有斜弯曲、拉伸（压缩）和弯曲组合、偏心压缩（拉伸）和弯曲扭转组合 4 种类型。本章主要研究这些组合变形杆件的内力、应力和强度计算，有的还要研究其变形。

9.2 斜弯曲

在前面章节已经讨论了平面弯曲问题，对于受横向力的梁，如果横向力作用线通过截面形心或弯心，并与梁的任一纵向对称面重合或平行于杆的任一形心主惯性平面，梁变形后的轴线是一条位于外力所在平面内的平面曲线，称为平面弯曲。但

是，在实际工程中，作用于梁的横向外力虽然通过截面的形心或弯心，但外力作用线不在梁的纵向对称面内或不与形心主惯性平面平行，从而梁轴线弯曲后就不在外力所在平面内，这类弯曲变形称为**斜弯曲**。图 9.1（c）所示屋架上的檩条梁，就是发生斜弯曲变形的梁，它是两个互相垂直方向的平面弯曲的组合。

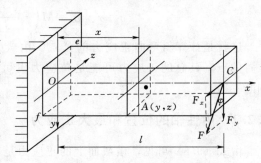

图 9.2　矩形截面悬臂梁

现以图 9.2 所示矩形截面悬臂梁为例，来说明斜弯曲杆件的内力、应力、变形和强度计算的一般原理和方法。矩形截面上的 y、z 轴为形心主惯性轴。设在梁的自由端受一集中力 F 的作用，力 F 作用线垂直于梁轴线，通过截面形心（也是弯心），且与形心主惯性轴 y 成一夹角 φ。

9.2.1　内力和应力

将外力 F 分解为沿截面形心主轴的两个分力，即

$$F_y = F\cos\varphi \tag{9.1}$$

$$F_z = F\sin\varphi \tag{9.2}$$

其中，F_y 使梁在 xy 平面内发生平面弯曲，中性轴为 z 轴，内力弯矩用 M_z 表示；F_z 使梁在 xz 平面内发生平面弯曲，中性轴为 y 轴，内力弯矩用 M_y 表示。则任意 x 横截面上的内力为

$$M_z = F_y \cdot (l-x) = F(l-x)\cos\varphi = M\cos\varphi \tag{9.3}$$

$$M_y = F_z \cdot (l-x) = F(l-x)\sin\varphi = M\sin\varphi \tag{9.4}$$

式中，$M = F(l-x)$ 是横截面上的总弯矩，则有

$$M = \sqrt{M_z^2 + M_y^2} \tag{9.5}$$

由上可知，弯矩 M_z 和 M_y 也可以由总弯矩 M 沿两坐标轴按矢量分解而得。

在应力计算时，因为梁的强度主要由正应力控制，所以通常只考虑弯矩引起的正应力，而不计切应力。对于距固定端 x 的横截面上任一点 $A(y, z)$ 处，对应于 M_z、M_y 引起的正应力分别为

$$\sigma' = -\frac{M_z}{I_z}y = -\frac{M\cos\varphi}{I_z}y \qquad (9.6)$$

$$\sigma'' = \frac{M_y}{I_y}z = \frac{M\sin\varphi}{I_y}z \qquad (9.7)$$

式中：I_y、I_z 分别为横截面对 y、z 轴的惯性矩。

注意：求横截面上任一点的正应力时，只需将此点的坐标（含符号）代入上式即可。应力的正负号也可以通过观察梁的变形来确定：如图 9.2 所示的情况，由 F_y 和 F_z 的作用方向可知，弯矩 M_z 将使梁上半部纤维受拉而下半部受压，弯矩 M_y 将使梁平面以左部分纤维受压而右部分受拉，因此上述 σ' 应是压应力（取负号），而 σ'' 是拉应力（取正号）。

应用叠加原理，K 点的正应力是 σ' 和 σ'' 二者的代数和，即

$$\sigma = \sigma' + \sigma'' = M\left(-\frac{y\cos\varphi}{I_z} + \frac{z\sin\varphi}{I_y}\right) \qquad (9.8)$$

这就是计算斜弯曲正应力的公式。由式（9.8）可知，对于任意截面上不同位置的点，其总的正应力可能是拉应力也可能是压应力，应根据实际情况加以判断。

9.2.2 中性轴的位置和最大正应力

由式（9.8）可见，横截面上的正应力是 y 和 z 的线性函数，即在横截面上，正应力为平面分布。因此，为了确定最大正应力，首先要确定中性轴的位置。

设中性轴上任一点的坐标为 (y_0, z_0)，因为中性轴上各点的正应力等于零，于是有

$$\sigma = M\left(-\frac{y_0}{I_z}\cos\varphi + \frac{z_0}{I_y}\sin\varphi\right) = 0 \qquad (9.9)$$

即

$$-\frac{y_0}{I_z}\cos\varphi + \frac{z_0}{I_y}\sin\varphi = 0 \qquad (9.10)$$

式（9.10）即为中性轴方程。可见，中性轴是一条通过截面形心的直线。设中性轴与 z 轴夹角为 α，如图 9.3（a）所示，则有

$$\tan\alpha = \frac{y_0}{z_0} = \frac{I_z}{I_y}\tan\varphi \qquad (9.11)$$

式（9.11）表明：①中性轴的位置只与 φ 和截面的形状、大小有关，而与外力的大小无关；②一般情况下，$I_y \neq I_z$，则 $\alpha \neq \varphi$，即中性轴不与外力作用平面垂直，这是斜弯曲的一个重要特征；③对于圆形、正方形和正多边形，通过形心的轴都是形心主轴，$I_y = I_z$，则 $\alpha = \varphi$，中性轴总与外力作用面相垂直，即外力无论作用在哪个纵向平面内，梁只发生平面弯曲。

横截面上中性轴的位置确定以后，即可画出横截面上的正应力分布图，如图 9.3（b）所示。由应力分布图可见，在中性轴一侧的横截面上，各点处产生拉应力；在中性轴另一侧的横截面上，各点处产生压应力。横截面上的最大正应力，发生在离中性轴最远的点。

对于有凸角的截面，由应力分布图 9.3（b）可见，角点 b 产生最大拉应力，

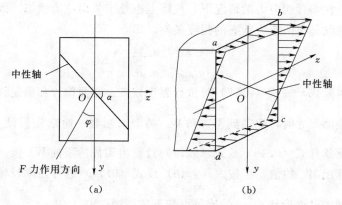

图 9.3 斜弯曲应力分布

角点 d 产生最大压应力，由式（9.8）知，它们分别为

$$\sigma_{t\max} = M\left(\frac{y_{\max}}{I_z}\cos\varphi + \frac{z_{\max}}{I_y}\sin\varphi\right) = \frac{M_z}{W_z} + \frac{M_y}{W_y} \tag{9.12}$$

$$\sigma_{c\max} = -M\left(\frac{y_{\max}}{I_z}\cos\varphi + \frac{z_{\max}}{I_y}\sin\varphi\right) = -\left(\frac{M_z}{W_z} + \frac{M_y}{W_y}\right) \tag{9.13}$$

　　实际上，对于有凸角的截面，如矩形、"工"字形截面等，根据斜弯曲是两个平面弯曲组合的情况，最大正应力显然产生在角点上。根据变形情况，即可确定产生最大拉应力和最大压应力的点。

　　对于没有凸角的截面，可用作图法确定产生最大正应力的点。例如，图 9.4 所示的椭圆形截面，当确定了中性轴位置后，作平行于中性轴并切于截面周边的两条直线，切点 D_1 和 D_2 即为产生最大正应力的点。以该点的坐标代入式（9.8），即可求得最大拉应力和最大压应力。

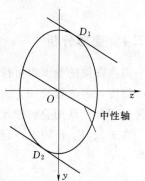

9.2.3 强度计算

　　在作强度计算时，须先确定危险截面，然后在危险截面上确定危险点。对斜弯曲来说，各横截面 图 9.4 斜弯曲最大拉、压应力的内力——弯矩 M 一般来说是不相等的，因此，最大弯矩 $M_{\max}$ 所在截面必定是危险截面，而危险截面上正应力最大的两个点必定是危险点。危险点的应力值可按下式计算。

　　对于有凸角截面，有

$$\sigma_{\max} = M_{\max}\left(\frac{y_{\max}}{I_z}\cos\varphi + \frac{z_{\max}}{I_y}\sin\varphi\right) = \frac{M_{z\max}}{W_z} + \frac{M_{y\max}}{W_y} \tag{9.14}$$

　　对于没有凸角截面，有

$$\sigma_{\max} = M_{\max}\left(\frac{y_i}{I_z}\cos\varphi + \frac{z_i}{I_y}\sin\varphi\right) \tag{9.15}$$

　　式（9.15）中的 y_i 和 z_i 是危险点的坐标。

　　对于有凸角的截面，危险点必定在角点，角点都处于单向应力状态；对于没有

凸角的截面，在不计切应力的情况下，危险点也处于单向应力状态。因而，斜弯曲梁的强度条件就是单向应力状态的强度条件，即

$$\sigma_{t\max} \leqslant [\sigma_t] \tag{9.16}$$

$$\sigma_{c\max} \leqslant [\sigma_c] \tag{9.17}$$

利用式（9.16）或式（9.17）可进行强度校核、截面设计和确定许可荷载。但是，在设计截面尺寸时，要遇到 W_z 和 W_y 两个未知数，通常先假设一个 $\dfrac{W_z}{W_y}$ 的比值，根据强度条件式（9.16）或式（9.17）计算出构件所需的 W_z 值，从而确定截面尺寸及计算出 W_y 的值，再按式（9.16）或式（9.17）进行强度校核。

对于不同的截面形状，$\dfrac{W_z}{W_y}$ 的比值可按下述范围选取。

矩形截面，有

$$\frac{W_z}{W_y} = \frac{h}{b} = 1.2 \sim 2 \tag{9.18}$$

"工"字形截面，有

$$\frac{W_z}{W_y} = \frac{h}{b} = 8 \sim 10 \tag{9.19}$$

槽矩形截面，有

$$\frac{W_z}{W_y} = \frac{h}{b} = 6 \sim 8 \tag{9.20}$$

9.2.4 变形分析

斜弯曲梁的变形也可按叠加原理进行计算，即先分别计算两个平面弯曲各自产生的挠度，再进行叠加。由于这两个挠度是发生在相互垂直的两个平面内，故叠加是矢量相加。现用叠加原理计算图 9.2 所示梁自由端挠度 ω。

在 F_y、F_z 作用下，自由端截面形心在 xy、xz 平面内的挠度分别为

$$\omega_y = \frac{F_y l^3}{3EI_z} = \frac{Fl^3}{3EI_z}\cos\varphi \tag{9.21}$$

$$\omega_z = \frac{F_z l^3}{3EI_y} = \frac{Fl^3}{3EI_y}\sin\varphi \tag{9.22}$$

则自由端的总挠度为

$$\omega = \sqrt{\omega_y^2 + \omega_z^2} \quad \text{（矢量和）} \tag{9.23}$$

设总挠度 ω 与 y 轴的夹角为 β，则

$$\tan\beta = \frac{\omega_z}{\omega_y} = \frac{I_z}{I_y}\tan\varphi = \tan\alpha \tag{9.24}$$

可见，一般情况下，$I_z \neq I_y$，$\beta \neq \varphi$，即挠曲线平面与荷载作用平面不重合，如图 9.5 所示，这是斜弯曲的又一特征。但是对圆形、正方形等截面，$I_z = I_y$，则有 $\beta = \alpha = \varphi$，即挠曲线平面和 F 力作用面重合，是平面弯曲。这表明，对于 I_z、I_y 相等的

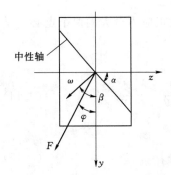

图 9.5 挠曲线平面与荷载
作用平面不重合现象

截面，不论 φ 为何值，总是发生平面弯曲而不会发生斜弯曲。

以上介绍了斜弯曲问题的分析方法。当杆在通过弯曲中心的互相垂直的两个主惯性平面内分别有横向力作用而发生双向弯曲时，分析的方法完全相同。

【例 9.1】 如图 9.6（a）所示一"工"字形钢简支梁，跨中受集中力 F 作用。设工字钢的型号为 22b。已知 $F=20\text{kN}$，$E=2.0\times10^5\text{MPa}$，$\varphi=15°$，$l=4\text{m}$。试求：（1）危险截面上的最大正应力；（2）最大挠度及其方向。

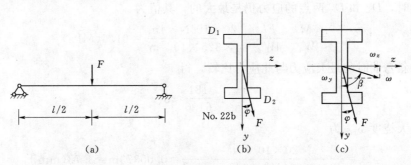

图 9.6 ［例 9.1］图

解：（1）计算最大正应力 $\sigma_{\max}$。先把荷载沿 z 轴和 y 轴分解为两个分量，即

$$F_z=F\cdot\sin\varphi,\quad F_y=F\cdot\cos\varphi$$

危险截面在跨中，其最大弯矩分别为

$$M_{z,\max}=\frac{1}{4}F_y\cdot l=\frac{1}{4}F\cdot\cos\varphi\cdot l$$

$$M_{y,\max}=\frac{1}{4}F_z\cdot l=\frac{1}{4}F\cdot\sin\varphi\cdot l$$

根据上述两个弯矩的转向，可知最大正应力发生在 D_1 和 D_2 两点［图9.6（b）］，其中 D_1 为最大拉应力的作用点，D_2 为最大压应力的作用点。两点应力的绝对值相等，所以计算一点即可，如计算 D_2 点，根据式（9.12），最大正应力为

$$\sigma_{\max}=\frac{M_{z,\max}}{W_z}+\frac{M_{y,\max}}{W_y}$$

由型钢表查得 $W_z=325\text{cm}^3$，$W_y=42.7\text{cm}^3$，代入上式，得

$$\sigma_{\max}=\frac{Fl}{4}\left(\frac{\cos\varphi}{W_z}+\frac{\sin\varphi}{W_y}\right)=\frac{20\times10^3\text{N}\times4\text{m}}{4}\left(\frac{\cos15°}{325\times10^{-6}\text{m}^3}+\frac{\sin15°}{42.7\times10^{-6}\text{m}^3}\right)=181\text{MPa}$$

（2）计算最大挠度 ω 及其方向。先分别算出沿 z 轴和 y 轴方向的挠度分量，即

$$\omega_z=\frac{F_z\cdot l^3}{48EI_y}=\frac{F\sin\varphi\cdot l^3}{48EI_y},\quad \omega_y=\frac{F_y\cdot l^3}{48EI_z}=\frac{F\cos\varphi\cdot l^3}{48EI_z}$$

根据式（9.23），总挠度为

$$\omega=\sqrt{\omega_y^2+\omega_z^2}=\frac{Fl^3}{48EI_z}\sqrt{\left(\frac{I_z}{I_y}\right)^2\cdot\sin^2\varphi+\cos^2\varphi}$$

由型钢表查得 $I_z=3570\text{cm}^4$，$I_y=239\text{cm}^4$，代入上式，得

$$\omega=\frac{20\times10^3\times4^3}{48\div200\times10^9\times3570\times10^{-8}}\sqrt{\left(\frac{3570}{239}\right)^2\sin^215°+\cos^215°}=0.0149\text{m}=14.9\text{mm}$$

设总挠度 ω 与 y 轴的夹角为 β，如图9.6（c）所示，则根据式（9.8）有

$$\tan\beta = \frac{I_z}{I_y}\tan\varphi = \frac{3570}{239} \cdot \tan 15° = 4.002$$

所以 $\beta = 76°$。

讨论：作为比较，设力 F 的方向与 y 轴重合，即发生的是绕 z 轴的平面弯曲，试求此情况下的最大正应力 σ_{max} 和最大挠度 ω_{max}。

此时，D_1 和 D_2 两点的应力仍是最大的，其值为

$$\sigma^0_{max} = \frac{M}{W_z} = \frac{Fl}{4W_z} = \frac{20\times10^3\,\text{N}\times4\,\text{m}}{4\times325\times10^{-6}\,\text{m}^3} = 61.6(\text{MPa})$$

将斜弯曲时的最大应力与此应力比较，得

$$\frac{\sigma_{max}}{\sigma^0_{max}} = \frac{181}{61.6} \approx 3$$

最大挠度 ω^0_{max} 为

$$\omega^0_{max} = \frac{20\times10^3\times4^3}{48\times200\times10^9\times3570\times10^{-8}} = 0.00373\,\text{m} = 3.73(\text{mm})$$

将斜弯曲时的最大挠度 ω_{max} 与此 ω^0_{max} 比较，得

$$\frac{\omega_{max}}{\omega^0_{max}} = \frac{14.9}{3.73} \approx 4$$

上述比较可见，当 I_z 较 I_y 大得多时，力的作用方向与主惯性轴稍有偏离，则最大应力和最大挠度将比没有偏离时的平面弯曲增大很多。例如，本例力 F 仅偏离 $15°$，而最大应力和最大挠度分别为平面弯曲时的 3 倍和 4 倍，所以对于两个主惯性矩相差较大的梁，应尽量避免斜弯曲的发生。

【例9.2】 图9.7所示为20a号工字钢悬臂梁，承受均布载荷 q 和集中力 $F = qa/2$。已知钢的许用弯曲应力 $[\sigma] = 160\,\text{MPa}$，$a = 1\,\text{m}$。试求梁的许可荷载集度 $[q]$。

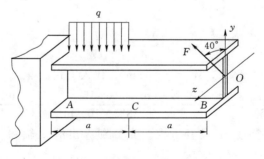

图9.7 ［例9.2］图

解：（1）外力分析。均布荷载 q 使梁在 xy 平面内弯曲，集中力 F 使梁在 xz 和 xy 平面内弯曲，故为双弯曲。对 F 在 xz 和 xy 平面进行分解，有

$$F_y = F\cos 40° = 0.383qa \qquad F_z = F\sin 40° = 0.321qa$$

（2）内力分析。分别对悬臂梁在 xz 和 xy 平面内的弯矩进行求解，设 D 点距 A 的距离为 x，所以 $M_{Dz} = 0.383qa(2a-x) - \dfrac{q(a-x)^2}{2}$，当 D 点的弯矩达到最大值，M_{Dz} 的一阶导数为 0 时，有

$M'_{Dz} = -0.383qa + qa - qx = 0$，所以 $x = 0.617a$。

$M_{Dz} = 0.383qa(2a - 0.617a) - \dfrac{q(a - 0.617a)^2}{2} = 0.4564qa^2$。

$M_{Cz} = 0.383qa \times a = 0.383qa^2$。

$M_{Az} = 0.383qa \times 2a - q \times a \times \dfrac{a}{2} = 0.266qa^2$。

$M_{Ay} = 0.321qa \times 2a = 0.642qa^2$；$M_{Cy} = 0.321qa \times a = 0.321qa^2$。

$M_{Dy} = 0.321qa \times (2a - 0.617a) = 0.444qa^2$

悬臂梁在 xz 和 xy 平面内的弯矩图如图 9.8 所示。

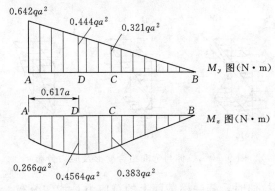

图 9.8　斜弯曲弯矩

根据弯矩图分析最危险截面为 A 和 D，分别为 $W_z = 237\text{cm}^3$ 和 $W_y = 315\text{cm}^3$。

（3）应力分析。M_z 和 M_y 在截面上产生的应力状态如图 9.9 所示，根据应力状态分析在截面 1 号点压应力达到最大值，在截面 2 号点拉应力达到最大值。

由型钢表查得：$W_z = 237\text{cm}^3$，$W_y = 315\text{cm}^3$。

截面 A：$\sigma_A = \dfrac{M_{Ay}}{W_y} + \dfrac{M_{Az}}{W_z} = 21.5q$。

截面 D：$\sigma_D = \dfrac{M_{Dy}}{W_y} + \dfrac{M_{Dz}}{W_z} = 16.02q$。

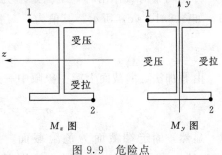

图 9.9　危险点

（4）强度计算。

$\sigma_{max} = \sigma_A = 21.5q \leqslant 160\text{MPa}$。

$[q] = 7.44\text{kN/m}$

9.3　拉伸（压缩）与弯曲组合变形

当杆受轴向力和横向力共同作用时，将产生拉伸（压缩）和弯曲组合变形，图 9.1（a）所示的烟囱就是一个实例。

如果杆的弯曲刚度很大，所产生的弯曲变形很小，则由轴向力所引起的附加弯矩很小，可以略去不计。因此，可分别计算由轴向力引起的拉压正应力和由横向力引起的弯曲正应力，然后用叠加法即可求得两种荷载共同作用引起的正应力。现以

图 9.10 (a) 所示的杆，受轴向拉力及均布荷载的情况为例，说明拉伸（压缩）和弯曲组合变形下的正应力及强度计算方法。

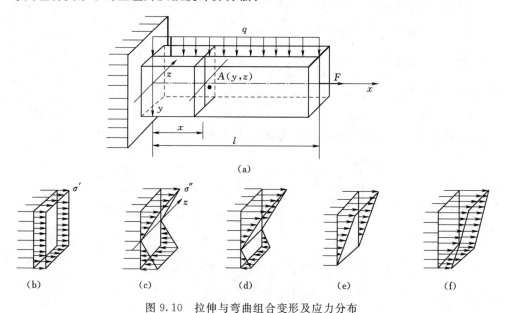

(a)

(b)　　　　(c)　　　　(d)　　　　(e)　　　　(f)

图 9.10　拉伸与弯曲组合变形及应力分布

杆受轴向力 F 拉伸时，任一横截面上的拉应力是均匀分布，如图 9.10 (b) 所示，其值为

$$\sigma' = \frac{F_N}{A}$$

杆受均布荷载作用时，距固定端为 x 的任意横截面上的弯曲正应力呈线性分布，如图 9.10 (c) 所示，其值为

$$\sigma'' = -\frac{M(x)}{I_z}y$$

由叠加法，x 截面上第一象限中一点 $A(y,\ z)$ 处的正应力为

$$\sigma = \sigma' + \sigma'' = \frac{F_N}{A} - \frac{M}{I_z}y \tag{9.25}$$

显然，固定端截面为危险截面。该横截面上正应力 σ' 和 σ'' 的分布也如图 9.10 (b)、(c) 所示。由应力分布图可见，该横截面的上、下边缘处各点可能是危险点。这些点处的最大正应力为

$$\left.\begin{array}{r}\sigma_{max}\\\sigma_{min}\end{array}\right\} = \frac{F_N}{A} \pm \frac{M_{max}}{W_z} \tag{9.26}$$

当 $\sigma''_{max} > \sigma'$ 时，该横截面上的正应力分布如图 9.10 (d) 所示，上边缘的最大拉应力数值大于下边缘的最大压应力数值。当 $\sigma''_{max} = \sigma'$ 时，该横截面上的应力分布如图 9.10 (e) 所示，下边缘各点处的正应力为零，上边缘各点处的拉应力最大。当 $\sigma''_{max} < \sigma'$ 时，该横截面上的正应力分布如图 9.10 (f) 所示，上边缘各点处的拉应力最大。在这 3 种情况下，横截面的中性轴分别在横截面内、横截面边缘和横截面外。

由以上分析可知，杆在拉伸（压缩）和弯曲组合变形下的强度条件为

$$\sigma_{\max} = \left| \frac{F_N}{A} \pm \frac{M_{\max}}{W_z} \right|_{\max} \leqslant [\sigma] \tag{9.27}$$

若材料的许用拉应力 $[\sigma_t]$ 和许用压应力 $[\sigma_c]$ 不同，则须分别对最大拉应力和最大压应力作强度计算。

【例9.3】 由24b制成工字钢简支梁。受力情况如图9.11所示，受均布荷载 q 及轴向拉力 F_N 的作用。已知 $q = 20\,\text{kN/m}$，$l = 4\,\text{m}$，$F_N = 30\,\text{kN}$。试求最大拉应力。

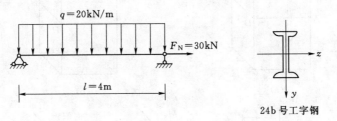

图9.11 ［例9.3］图

解：（1）求出最大弯矩 $M_{\max}$，它发生在跨中截面，其值为

$$M_{\max} = \frac{1}{8} q l^2 = \frac{1}{8} \times 20 \times 10^3\,\text{N/m} \times 4^2\,\text{m}^2 = 40000\,(\text{N} \cdot \text{m})$$

（2）分别求出最大弯矩 $M_{\max}$ 及轴力 F_N 所引起的最大应力。由弯矩引起的最大正应力为

$$\sigma'_{\max} = \frac{M_{\max}}{W_z}$$

由型钢表查得 $W_z = 400\,\text{cm}^3$，代入上式得

$$\sigma'_{\max} = \frac{40000\,\text{N} \cdot \text{m}}{400 \times 10^{-6}\,\text{m}^3} = 100\,(\text{MPa})$$

由轴力引起的拉应力为

$$\sigma_t = \frac{F_N}{A}$$

由型钢表查得 $A = 52.6\,\text{cm}^2$，代入上式得

$$\sigma_t = \frac{30 \times 10^3\,\text{N}}{52.6 \times 10^{-4}\,\text{m}^2} = 5.70\,(\text{MPa})$$

（3）求最大总拉应力。

$$\sigma_{t\max} = \sigma'_{\max} + \sigma_t = 100 + 5.70 = 105.70\,(\text{MPa})(\text{拉应力})$$

9.4 偏心拉伸（压缩）

当杆受到与其轴线平行，但不与轴线重合的纵向外力作用时，杆将产生偏心压缩（拉伸）。例如，图9.1（b）所示的柱子，就是偏心压缩的一个实例。现研究杆在偏心压缩（拉伸）时，横截面上的正应力和强度计算方法。

取图9.12中柱的轴线为 x 轴，截面的形心主轴（即矩形截面的两根对称轴）为 y、z 轴。设偏心压力 F 作用在柱顶面上的 $E(e_y, e_z)$ 点，e_y、e_z 分别为压力 F_p 至 z 轴和 y 轴的距离，称为压力 F_p 的偏心距。当 $e_y \neq 0$、$e_z \neq 0$ 时，称为双向偏心压缩；而当 e_y、e_z 之一为零时，则称为单向偏心压缩。

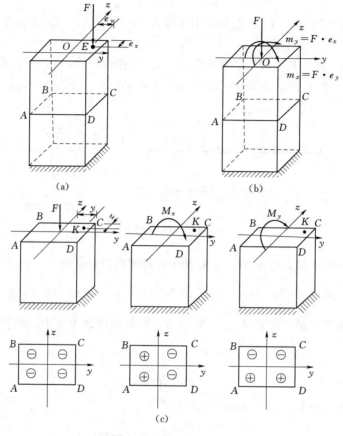

图 9.12 偏心拉压实例

9.4.1 荷载简化和内力计算

将偏心压力 F 向顶面的形心 O 点简化，得到轴向压力 F 以及作用在 xy 平面内的附加力偶矩 $m_z = Fe_y$ 和作用在 xz 平面内的附加力偶矩 $m_y = Fe_z$，如图 9.12（b）所示。柱的任一横截面 $ABCD$ 上的内力为

轴力：
$$F_N = -F$$

弯矩：
$$M_z = m_z = F \cdot e_y$$

弯矩：
$$M_y = m_y = F \cdot e_z$$

可见，双向偏心压缩是轴向压缩和两个相互垂直平面弯曲的组合。

9.4.2 应力计算

对于该截面上任一点 K ［图 9.12（c）］的应力。

由轴力 F_N 所引起的正应力为

$$\sigma' = -\frac{F_N}{A}$$

由弯矩 M_z 所引起的正应力为

$$\sigma'' = -\frac{M_z y}{I_z}$$

由弯矩 M_y 所引起的正应力为

$$\sigma''' = -\frac{M_y z}{I_y}$$

根据叠加原理，K 点的总应力为

$$\sigma = \sigma' + \sigma'' + \sigma''' = -\frac{F_N}{A} - \frac{M_z y}{I_z} - \frac{M_y z}{I_y} \tag{9.28}$$

式中弯曲应力 σ'' 和 σ''' 的正负号，可根据变形情况直接判定，如图 9.12（c）所示。则有

$$\sigma = -\frac{F}{A} - \frac{F \cdot e_y \cdot y}{I_z} - \frac{F \cdot e_z \cdot z}{I_y}$$

$$\sigma = -\frac{F}{A}\left(1 + \frac{e_y}{i_z^2} \cdot y + \frac{e_z}{i_y^2} \cdot z\right) \tag{9.29}$$

其中，惯性半径 $i_z = \sqrt{\dfrac{I_z}{A}}$，$i_y = \sqrt{\dfrac{I_y}{A}}$。在计算时，式中的弯矩取绝对值代入。

由式（9.28）或式（9.29）可见，横截面上的正应力为平面分布。为了确定横截面上正应力的最大点，需确定中性轴的位置。设 y_0 和 z_0 为中性轴上任一点的坐标，将 y_0 和 z_0 代入式（9.29），令 $\sigma = 0$，可得中性轴方程为

$$1 + \frac{e_y}{i_z^2} \cdot y_0 + \frac{e_z}{i_y^2} \cdot z_0 = 0 \tag{9.30}$$

由式（9.30）可见，偏心拉压时，横截面上中性轴为一条不通过截面形心的直线。设 a_z 和 a_y 分别为中性轴在坐标轴上的截距，则由式（9.30）得

$$\begin{cases} a_z = -\dfrac{i_y^2}{e_z} \\[2mm] a_y = -\dfrac{i_z^2}{e_y} \end{cases} \tag{9.31}$$

式中负号表明，中性轴的位置和外力作用点的位置分别在横截面形心的两侧。横截面上中性轴的位置及正应力分布如图 9.13 所示。中性轴一边的横截面上产生拉应力，另一边产生压应力。最大正应力发生在离中性轴最远的点处。对于有凸角的截面，最大正应力一定发生在角点处。角点 C 产生最大压应力，角点 A 产生最大拉应力，如图 9.13（a）所示。实际上，对于有凸角的截面，可不必求中性轴的位置，即可根据变形情况确定产生最大拉应力和最大压应力的两角点，且该两角点的 y、z 都是最大值，将角点 A 和 C 点的坐标代入式（9.28），得

$$\begin{matrix} \sigma_{t\max} \\ \sigma_{c\max} \end{matrix} = -\frac{F}{A} \pm \frac{M_z \cdot y_{\max}}{I_z} \pm \frac{M_y \cdot z_{\max}}{I_y} = -\frac{F}{A} \pm \frac{M_z}{W_z} \pm \frac{M_y}{W_y} \tag{9.32}$$

对于没有凸角的截面，当中性轴位置确定后，作与中性轴平行并切于截面周边的两条直线，切点 A_1 和 A_2 即为产生最大拉应力和最大压应力的点，如图 9.13（b）所示。再以该两点的坐标代入式（9.28），就可求出该截面的最大压应力和最大拉应力。

杆受偏心压缩（拉伸）时危险点均处于单向应力状态，所以强度条件为

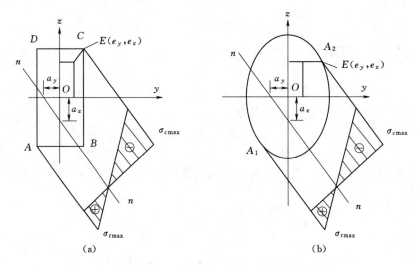

图 9.13 偏心拉压中性轴位置及应力分布

$$\sigma_{t\max} \leqslant [\sigma_t]$$

$$\sigma_{c\max} \leqslant [\sigma_c]$$

据此就可进行偏心压缩（拉伸）杆件的强度计算。

9.4.3 强度条件

危险点 A、C 均处于单向应力状态，由图 9.12（c）可见，最大压应力 $\sigma_{\min}$ 发生在 C 点，最大拉应力 $\sigma_{\max}$ 发生在 A 点，其值为

$$\begin{cases} \sigma_{\min} = \sigma_{c\max} = -\dfrac{F_N}{A} - \dfrac{M_z}{W_z} - \dfrac{M_y}{W_y} \\ \\ \sigma_{\max} = \sigma_{l\max} = -\dfrac{F_N}{A} + \dfrac{M_z}{W_z} + \dfrac{M_y}{W_y} \end{cases} \tag{9.33}$$

危险点 A、C 均处于单向应力状态，所以强度条件为

$$\begin{cases} \sigma_{\min} = \sigma_{c\max} = \left| -\dfrac{F_N}{A} - \dfrac{M_z}{W_z} - \dfrac{M_y}{W_y} \right| \leqslant [\sigma_c] \\ \\ \sigma_{\max} = \sigma_{l\max} = -\dfrac{F_N}{A} + \dfrac{M_z}{W_z} + \dfrac{M_y}{W_y} \leqslant [\sigma_l] \end{cases} \tag{9.34}$$

【例 9.4】 如图 9.14（a）所示，矩形截面混凝土短柱受偏心压力 F 的作用，作用点在 y 轴上，偏心距为 e_y，如图 9.14（c）所示。已知：$F = 100\text{kN}$，$e_y = 40\text{mm}$，$h = 120\text{mm}$，$b = 200\text{mm}$。试求任一截面 m—n 上的应力。

解：将力 F 简化到截面形心 O，如图 9.14（b）、（c）所示，得轴力 F 和弯矩 $M_z = F \cdot e_y$，应用式（9.28），即

$$\sigma = \frac{M_y}{I_y} \cdot z + \frac{M_z}{I_z} \cdot y + \frac{F}{A}$$

对于此例

$$F = -100\text{kN}, \quad M_z = F \cdot e_y = -100 \times 10^3 \text{N} \times 40 \times 10^{-3} \text{m} = -4000\text{N} \cdot \text{m}$$

$$M_y = 0, \quad A = b \times h = 200 \times 120 \times 10^{-6} \text{m}^2 = 24000 \times 10^{-6} \text{m}^4$$

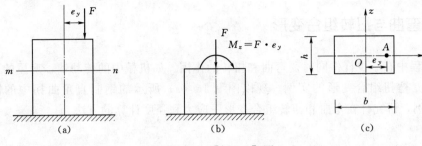

图 9.14 ［例 9.4］图

$$I_z = \frac{h \cdot b^3}{12} = \frac{1}{12} \times 120 \times 200^3 \times 10^{-12} \, \text{m}^4 = 80 \times 10^{-6} \, \text{m}^4$$

最大正应力发生在截面的左右边界上，该处 $y = \mp \dfrac{b}{2} = \mp 100\text{mm}$。将上述数据代入式（9.28），得

$$\sigma_{\max} = \frac{F}{A} + \frac{M_z}{I_z}\left(-\frac{b}{2}\right) = \frac{-100 \times 10^3 \, \text{N}}{24000 \times 10^{-6} \, \text{m}^2} + \frac{(-4000) \text{N} \cdot \text{m}}{80 \times 10^{-6} \, \text{m}^4} \times \left(-\frac{200 \times 10^{-3}}{2}\right)\text{m} = 0.83\text{MPa}$$

$$\sigma_{\min} = \frac{F}{A} + \frac{M_z}{I_z}\left(\frac{b}{2}\right) = \frac{-100 \times 10^3 \, \text{N}}{24000 \times 10^{-6} \, \text{m}^2} + \frac{(-4000) \text{N} \cdot \text{m}}{80 \times 10^{-6} \, \text{m}^4} \times \left(\frac{200 \times 10^{-3}}{2}\right)\text{m} = -9.17\text{MPa}$$

【例 9.5】 如图 9.15 所示的矩形截面柱高 $H = 0.5\text{m}$，$F_1 = 80\text{kN}$，$F_2 = 10\text{kN}$，$e = 0.02\text{m}$，$b = 120\text{mm}$，$h = 200\text{mm}$。试计算底面上 A、B、C、D 4 点的正应力。

解： 该柱变形为弯曲与单向偏压的组合变形。

（1）先将 F_1 平移至柱体轴线处，得

$$F_N = F_1 = 80\text{kN}$$

$$M_z = F_1 e = 80 \times 0.02\text{kN} \cdot \text{m} = 1.6\text{kN} \cdot \text{m}$$

F_2 产生的弯矩

$$M_y = F_2 H = 10 \times 0.5\text{kN} \cdot \text{m} = 5\text{kN} \cdot \text{m}$$

（2）F_N 单独作用时，有

$$\sigma_N = -\frac{-F_N}{A} = -\frac{80 \times 10^3}{120 \times 200}\text{MPa} = -3.33\text{MPa}$$

M_z 单独作用时，横截面的最大正应力为

$$\sigma_{M_z} = \frac{M_z}{W_z} = \frac{6 \times 1.6 \times 10^6}{120^2 \times 200}\text{MPa} = 3.33\text{MPa}$$

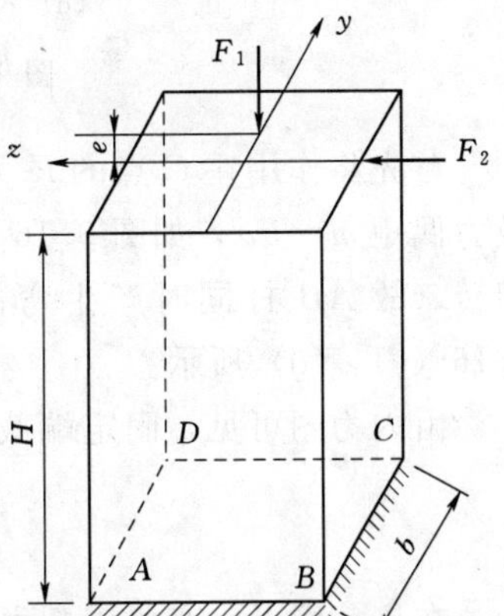

M_y 单独作用时，底面的最大正应力为

$$\sigma_{M_y} = \frac{M_y}{W_y} = \frac{6 \times 5 \times 10^6}{120 \times 200^2}\text{MPa} = 6.25\text{MPa}$$

图 9.15 ［例 9.5］图

（3）根据各点位置，判断以上各项正负号并计算各点应力。

$$\sigma_A = \sigma_N + \sigma_{M_z} + \sigma_{M_y} = (-3.33 + 3.33 - 6.25)\text{MPa} = -6.25\text{MPa}$$

$$\sigma_B = (-3.33 + 3.33 + 6.25)\text{MPa} = 6.25\text{MPa}$$

$$\sigma_C = (-3.33 - 3.33 + 6.25)\text{MPa} = -0.41\text{MPa}$$

$$\sigma_D = (-3.33 - 3.33 - 6.25)\text{MPa} = -12.91\text{MPa}$$

9.5 弯曲与扭转组合变形

工程中有不少杆件同时受弯曲和扭转的作用。如机械中的传动轴、房屋的雨篷梁等都是弯扭组合变形的实例。现以图 9.16（a）所示的钢制直角曲拐中的圆杆 AB 为例，研究杆在弯曲和扭转组合变形下应力和强度计算的方法。

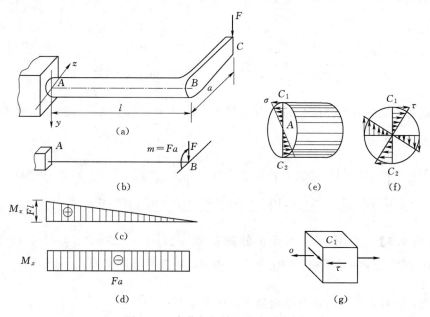

图 9.16 弯曲与扭转组合变形实例

首先将作用在 C 点的 F 力向 AB 杆右端截面的形心 B 简化，得到一横向力 F 及力偶矩 $m = Fa$，如图 9.16（b）所示。力 F 使 AB 杆弯曲，力偶矩 m 使 AB 杆扭转，故 AB 杆同时产生弯曲和扭转两种变形。AB 杆的弯矩图和扭矩图如图 9.16（c）、（d）所示。

由内力图可见，固定端截面是危险截面。其弯矩和扭矩值分别为

$$\begin{cases} M_z = Fl \\ M_x = Fa \end{cases}$$

在该截面上，弯曲正应力和扭转切应力的分布如图 9.16（e）、（f）所示。由应力分布图可见，横截面的上、下两点 C_1 和 C_2 是危险点。因两点危险程度相同，故只需对其中任一点作强度计算。现对 C_1 点进行分析。在该点处取出一单元体，其各面上的应力如图 9.16（g）所示。由于该单元体处于二向应力状态，所以需用强度理论来建立强度条件。该点处的弯曲应力和扭转切应力分别为

$$\sigma = \frac{M_z}{W_z} \tag{a}$$

$$\tau = \frac{M_x}{W_P} \tag{b}$$

工程中受弯扭共同作用的圆轴大多用塑性材料制作，如用钢材，所以须采用第三强度理论或第四强度理论。为此，须先求出主应力，对此情况主应力为

$$\left.\begin{matrix}\sigma_1 \\ \sigma_3\end{matrix}\right\} = \frac{\sigma}{2} \pm \sqrt{\left(\frac{\sigma}{2}\right)^2 + \tau^2} \qquad \sigma_2 = 0 \tag{c}$$

第三强度理论和第四强度理论的强度条件为

$$\begin{cases} \sigma_{r3} = \sigma_1 - \sigma_3 \leqslant [\sigma] \\ \sigma_{r4} = \dfrac{\sqrt{2}}{2}\sqrt{\sigma_1^2 + \sigma_3^2 - (\sigma_3 - \sigma_1)^2} \leqslant [\sigma] \end{cases} \tag{d}$$

将上述主应力 σ_1 和 σ_3 的值代入，经整理得

$$\sigma_{r3} = \sqrt{\sigma^2 + 4\tau^2} \leqslant [\sigma] \tag{9.35}$$

$$\sigma_{r4} = \sqrt{\sigma^2 + 3\tau^2} \leqslant [\sigma] \tag{9.36}$$

在机械工程中，对产生弯曲和扭转组合变形的圆截面杆，常用弯矩和扭矩表示强度条件。

将式（a）和式（b）代入式（9.35）和式（9.36），并注意到圆截面的 $W_P = 2W_z$，则第三强度理论和第四强度理论的强度条件分别为

$$\sigma_{r3} = \sqrt{\sigma^2 + 4\tau^2} = \sqrt{\left(\frac{M_z}{W_z}\right)^2 + 4\left(\frac{M_x}{2W_z}\right)^2} = \frac{1}{W_z}\sqrt{M_z^2 + M_x^2} \leqslant [\sigma] \tag{9.37}$$

$$\sigma_{r4} = \sqrt{\sigma^2 + 3\tau^2} = \sqrt{\left(\frac{M_z}{W_z}\right)^2 + 3\left(\frac{M_x}{2W_z}\right)^2} = \frac{1}{W_z}\sqrt{M_z^2 + 0.75M_x^2} \leqslant [\sigma] \tag{9.38}$$

当圆轴同时产生拉伸（压缩）和扭转两种变形时，上述分析方法仍然适用，只是弯曲正应力需用拉伸（压缩）时的正应力代替。在这种情况下，危险截面上的周边各点均为危险点。当圆轴同时产生弯曲、扭转和拉伸（压缩）变形时，上述方法同样适用，但是正应力是由弯曲和拉伸（压缩）共同引起的。

【例 9.6】 钢制实心圆轴如图 9.17 所示，轴上的齿轮 C 上作用有铅垂切向力 5kN，径向力 1.82kN；齿轮 D 上作用有水平切向力 10kN、径向力 3.64kN。齿轮 C 的节圆直径 $d_C = 400\text{mm}$，齿轮 D 的节圆直径 $d_D = 200\text{mm}$。设计许用应力 $[\sigma] = 100\text{MPa}$，试按第四强度理论求轴的直径。

解：（1）将外力进行简化，将每个齿轮上的切向外力向该轴的截面形心进行简化，得到一个力和一个力偶（图 9.18）。

$$M_{TC} = 5 \times 200 \times 10^{-3} = 1\text{kN} \cdot \text{m}$$
$$M_{TD} = 10 \times 100 \times 10^{-3} = 1\text{kN} \cdot \text{m}$$

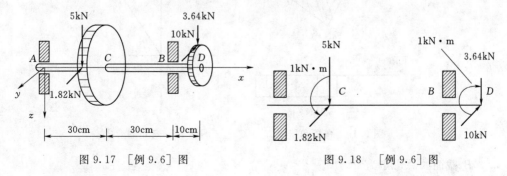

图 9.17 [例 9.6] 图   图 9.18 [例 9.6] 图

（2）轴的变形分析。5kN 和 3.64kN 两个力使轴在 xz 纵对称面内产生弯曲，1.82kN 和 10kN 两个力使轴在 xy 纵对称面内产生弯曲，1kN·m 的力偶使轴产生

扭转。

（3）计算轴 A 和 B 的外力。由 $\sum M_{yA}=0$ 得

$$-3.64\times0.7\text{kN}\cdot\text{m}+F_{yB}\times0.6\text{kN}\cdot\text{m}-5\times0.3\text{kN}\cdot\text{m}=0$$

$F_{yB}=6.74\text{kN}$ 方向指向 z 轴负方向

由 $\sum Y_{yA}=0$ 得

$$F_{yA}=5\text{kN}+3.64\text{kN}-6.74\text{kN}=1.9\text{kN} \text{ 方向指向 } z \text{ 轴负方向}$$

由 $\sum M_{zA}=0$ 得

$$-10\times0.7\text{kN}\cdot\text{m}+F_{zB}\times0.6\text{kN}\cdot\text{m}-1.82\times0.3\text{kN}\cdot\text{m}=0$$

$F_{zB}=12.58\text{kN}$ 方向指向 y 轴正方向

由 $\sum Y_{zA}=0$ 得

$$F_{yA}=-10\text{kN}-1.82\text{kN}+12.58\text{kN}=0.76\text{kN} \text{ 方向指向 } y \text{ 轴负方向}$$

（4）绘制轴的内力图，如图 9.19 所示。

$$M_{yC}=1.9\times0.3\text{kN}\cdot\text{m}=0.57(\text{kN}\cdot\text{m})$$
$$M_{yB}=3.64\times0.1\text{kN}\cdot\text{m}=0.36(\text{kN}\cdot\text{m})$$
$$M_{zC}=0.76\times0.3\text{kN}\cdot\text{m}=0.23(\text{kN}\cdot\text{m})$$
$$M_{zC}=10\times0.1\text{kN}\cdot\text{m}=1(\text{kN}\cdot\text{m})$$
$$T=1(\text{kN}\cdot\text{m})$$

根据内力图分析截面 B 是危险截面。

（5）危险截面内力计算。

由分析可知，圆杆发生的是弯曲与扭转的组合变形（图 9.20）。由于通过圆轴轴线的任一平面都是纵向对称平面，故轴在 xz 和 xy 两平面内弯曲的合成结果仍为平面弯曲，从而可用总弯矩来计算该截面的正应力。

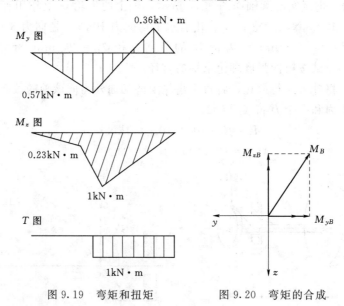

图 9.19 弯矩和扭矩   图 9.20 弯矩的合成

B 截面的总弯矩为

$$M_B=\sqrt{M_{zB}^2+M_{yB}^2}=1.06(\text{kN}\cdot\text{m})$$

B 截面的扭矩值为

$$T_B = 1\text{kN} \cdot \text{m}$$

（6）由强度条件求轴的直径。

$$\sigma_{\gamma 4} = \frac{\sqrt{M_B^2 + 0.75T^2}}{W} = \frac{1372}{W} \leqslant [\sigma]$$

$$W = \frac{\pi d^3}{32}$$

轴需要的直径为 $d \geqslant \sqrt[3]{\dfrac{32 \times 1372}{\pi \times 100 \times 10^6}} = 51.9(\text{mm})$

小 结

（1）杆件在荷载作用下，若其变形同时包含两种或两种以上的基本变形，则称为组合变形。当组合变形属于小变形范畴，且材料是在线弹性范围内工作时，就可以利用叠加法进行分析。即将作用在杆件上的荷载简化或分解为几组荷载，使简化后的每组荷载只产生一种基本变形；分别计算每种基本变形下杆件的应力和变形，将所得结果叠加起来，就是组合变形的解。

（2）斜弯曲是两个相互垂直平面内的平面弯曲组合。其危险点应力状态均为单向应力状态，其强度条件为

$$\sigma_{\max} = \frac{M_{z\max}}{W_z} + \frac{M_{y\max}}{W_y} \leqslant [\sigma]$$

（3）拉伸（压缩）与弯曲组合变形是轴向压缩（拉抻）和平面弯曲的组合。其中，偏心压缩（拉伸）的强度条件为

$$\sigma_{t\min} = -\frac{F_N}{A} + \frac{M_z}{W_z} + \frac{M_y}{W_y} \leqslant [\sigma_t]$$

$$\sigma_{c\min} = \left| -\frac{F_N}{A} - \frac{M_z}{W_z} - \frac{M_y}{W_y} \right| \leqslant [\sigma_c]$$

（4）弯曲与扭转组合变形是平面弯曲与扭转变形的组合，其危险点处于复杂应力状态，按第三强度理论和第四强度理论建立的强度条件为

$$\sigma_{\gamma 3} = \sqrt{\sigma^2 + 4\tau^2} \leqslant [\sigma]$$

$$\sigma_{\gamma 4} = \sqrt{\sigma^2 + 3\tau^2} \leqslant [\sigma]$$

本章对组合变形的分析和推导都是针对某一具体问题进行的，学习时要着重理解其分析和计算的原理、方法和概念，以熟练掌握组合变形杆件的一般分析、计算方法，切忌生搬硬套公式。

思 考 题

9.1　如图 9.21 所示，各杆的 AB、BC、CD 各段截面上有哪些内力？各段产生什么组合变形？

9.2　如图 9.22 所示，横截面为矩形和圆形的等截面直杆，受到弯矩 M_y 和 M_z 的作用，它们的最大正应力是否都可以用公式 $\sigma_{\max} = \dfrac{M_y}{W_y} + \dfrac{M_z}{W_z}$ 计算？为什么？

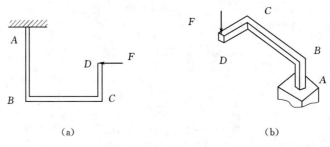

图 9.21 思考题 9.1 图

9.3 平面弯曲与斜弯曲有何区别？

9.4 拉压和弯曲的组合变形，与偏心拉压有何区别和联系？

9.5 如图 9.23 所示，各杆的组合变形是由哪些基本变形组合成的？判定在各基本变形情况下 A、B、C、D 各点处正应力的正负号。

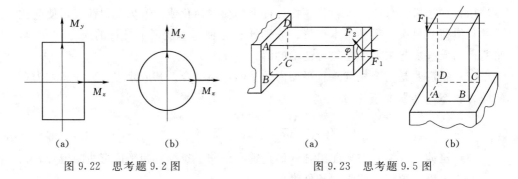

图 9.22 思考题 9.2 图   图 9.23 思考题 9.5 图

9.6 试分析图 9.24 所示折杆各段的组合变形形式。

9.7 图 9.25 所示的 3 根短柱受压力 F 作用，图 9.25（b）、（c）所示的柱各挖去一部分。试判断在图示 3 种情况下短柱中的最大压应力的大小和位置。

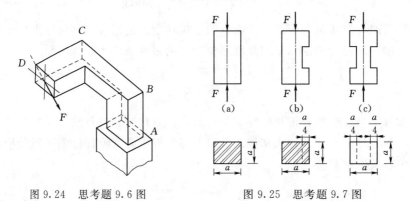

图 9.24 思考题 9.6 图   图 9.25 思考题 9.7 图

习 题

9.1 受集度为 q 的均布荷载作用的矩形截面简支梁如图 9.26 所示，其荷载作用面与梁的纵向对称面间的夹角为 $\alpha = 30°$。已知该梁材料的弹性模量 $E = 10\text{GPa}$；梁的尺寸为 $l = 4\text{m}$，$h = 160\text{mm}$，$b = 120\text{mm}$；许用应力 $[\sigma] = 12\text{MPa}$；许用挠度

$[\omega]=l/150$。试校核梁的强度和刚度。

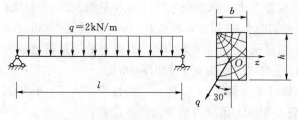

图 9.26 习题 9.1 图

9.2 14 号工字钢悬臂梁受力情况如图 9.27 所示。已知 $l=0.8\text{m}$，$F_1=2.5\text{kN}$，$F_2=1.0\text{kN}$，试求危险截面上的最大正应力。

9.3 矩形截面梁受力情况如图 9.28 所示，其截面高度 $h=100\text{mm}$，跨度 $l=1\text{m}$。梁中点承受集中力 F，两端受力 $F_1=30\text{kN}$，三力均作用在纵向对称面内，$a=40\text{mm}$。若跨中横截面的最大正应力与最小正应力之比为 $\dfrac{5}{3}$。试求 F 值。

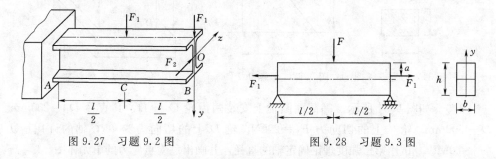

图 9.27 习题 9.2 图   图 9.28 习题 9.3 图

9.4 如图 9.29 所示，圆截面水平直角折杆，直径 $d=150\text{mm}$，$l_1=1.5\text{m}$，$l_2=2.5\text{m}$，力 $F=6\text{kN}$ 作用在铅直面内，与 z 轴成 $\theta=30°$，许用压应力 $[\sigma_c]=160\text{MPa}$，许用拉应力 $[\sigma_t]=30\text{MPa}$。试求：

(1) 画出弯矩图与扭矩图；

(2) 危险截面的位置；

(3) 按第一强度理论校核强度（不计轴力和剪力的影响）。

9.5 梁 AB 受力如图 9.30 所示，$F=3\text{kN}$，正方形截面的边长为 100mm。试求其最大拉应力与最大压应力。

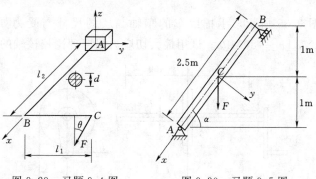

图 9.29 习题 9.4 图   图 9.30 习题 9.5 图

9.6 矩形截面杆尺寸如图 9.31 所示，杆右侧表面受均布载荷作用，载荷集度为 q，材料的弹性模量为 E。试求最大拉应力及左侧表面 ab 长度的改变量。

9.7 混凝土坝如图 9.32 所示，坝高 $l=2$m，在混凝土坝的右侧整个面积上作用着静水压力，水的质量密度 $\rho_1=10^3$ kg/m^3，混凝土的质量密度 $\rho_2=2.2\times10^3$ kg/m^3。试求坝中不出现拉应力时的宽度 b（设坝厚 1m）。

9.8 偏心拉伸杆受力如图 9.33 所示，弹性模量为 E。试求：

（1）最大拉应力和最大压应力值及其所在位置；

（2）线 AB 长度的改变量。

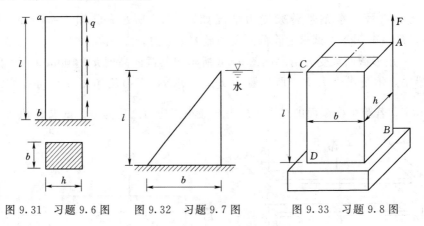

图 9.31 习题 9.6 图　　图 9.32 习题 9.7 图　　图 9.33 习题 9.8 图

9.9 如图 9.34 所示，等截面圆轴上安装两齿轮 C 与 D，其直径 $D_1=200$mm，$D_2=300$mm。轮 C 上的切向力 $F_1=20$kN，轮 D 上的切向力为 F_2，轴的许用应力 $[\sigma]=60$MPa。试用第三强度理论确定轴的直径，并画出危险点应力的单元体图。

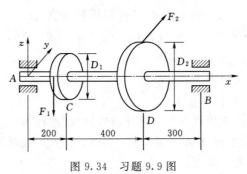

图 9.34 习题 9.9 图

9.10 如图 9.35 所示，手摇绞车的车轴 AB 的尺寸与受力如图所示，$d=30$mm，$F=1$kN，$[\sigma]=80$MPa。试用最大切应力强度理论校核轴的强度。

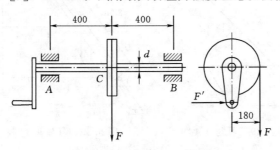

图 9.35 习题 9.10 图

9.11　如图 9.36 所示，圆截面水平直角折杆，横截面直径为 d，B 处受铅直力 F 作用，材料的弹性模量为 E，切变模量为 G。试求支座 C 的反力。

9.12　如图 9.37 所示，水平直角折杆受铅直力 F 作用。圆轴 AB 的直径 $d=100\text{mm}$，$a=400\text{mm}$，$E=200\text{GPa}$，$\nu=0.25$。在截面 D 顶点 K 处，测得轴向线应变 $\varepsilon_0=2.75\times10^{-4}$。试求该折杆危险点的相当应力 σ_{r3}。

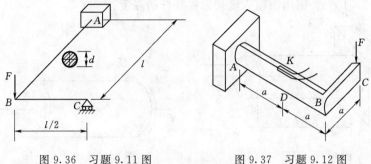

图 9.36　习题 9.11 图　　　　图 9.37　习题 9.12 图

9.13　如图 9.38 所示传动轴，皮带拉力 $F_1=3.9\text{kN}$，$F_2=1.5\text{kN}$，带轮直径 $D=60\text{cm}$，$[\sigma]=80\text{MPa}$。试用第三强度理论选择轴的直径。

9.14　水平刚架如图 9.39 所示，各杆横截面直径均为 d，承受铅直力 $F_1=20\text{kN}$，水平力 $F_2=10\text{kN}$，铅直均布载荷 $q=5\text{kN/m}$，$[\sigma]=160\text{MPa}$。试用第四强度理论选择圆杆直径。

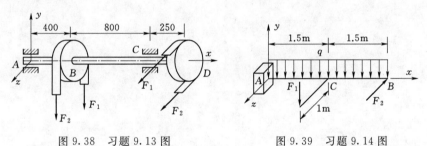

图 9.38　习题 9.13 图　　　　图 9.39　习题 9.14 图

9.15　水平的直角刚架 ABC 如图 9.40 所示，各杆横截面直径均为 $d=6\text{cm}$，$l=40\text{cm}$，$a=30\text{cm}$，自由端受 3 个分别平行于 x、y 与 z 轴的力作用，材料的许用应力 $[\sigma]=120\text{MPa}$。试用第三强度理论确定许用载荷 $[F]$。

9.16　如图 9.41 所示，圆截面钢杆的直径 $d=20\text{mm}$，承受轴向力 F，力偶 $M_{e1}=80\text{N·m}$，$M_{e2}=100\text{N·m}$，$[\sigma]=170\text{MPa}$。试用第四强度理论确定许用力 $[F]$。

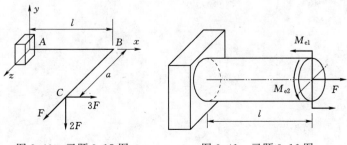

图 9.40　习题 9.15 图　　　　图 9.41　习题 9.16 图

9.17　如图 9.42 所示，圆杆的直径 $d=100\text{mm}$，长度 $l=1\text{m}$，自由端承受水平力 F_1 与铅直力 F_2、F_3，$F_1=120\text{kN}$，$F_2=50\text{kN}$，$F_3=60\text{kN}$，$[\sigma]=160\text{MPa}$。试用第三强度理论校核杆的强度。

9.18　如图 9.43 所示，圆杆的直径 $d=200\text{mm}$，两端承受力与力偶，$F=200\pi\text{kN}$，$E=200\times10^3\text{MPa}$，$\nu=0.3$，$[\sigma]=170\text{MPa}$。在杆表面 K 点处，测得线应变 $\varepsilon_{45°}=3\times10^{-4}$。试用第四强度理论校核杆的强度。

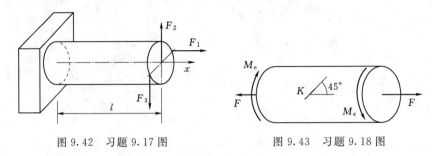

图 9.42　习题 9.17 图　　　　图 9.43　习题 9.18 图

第 10 章

压杆稳定

10.1 概述

以往研究受压直杆时,认为其之所以被破坏是由于其强度不够造成的,即当横截面上的正应力达到材料的极限应力时,杆就发生破坏。实践表明,这对于粗短压杆是正确的;但对于细长压杆情况并非如此。细长压杆的破坏并不是由于强度不够,而是由于出现了与强度问题截然不同的另一种破坏形式,这就是本章将要讨论的压杆稳定问题。

下面可以做一个简单试验,如图 10.1 所示,取两根矩形截面的松木条,一杆长 20mm,另一杆长为 1000mm,$A = 30\text{mm} \times 5\text{mm}$,材料的抗压强度极限为 40MPa,当其上端自由、下端固定并受一轴向压力作用时,按强度考虑,两杆的极限承载能力均应为 6kN。但是,给两杆缓缓施加压力时会发现,长杆在加载到约 25N 时,杆件发生了弯曲,当力再增加时,弯曲迅速增大,杆随即折断。而短杆受力可接近 6kN,且在破坏前一直保持着直线形状。由此可见,细长压杆不是由于强度不够破坏,而是荷载增大到一定数值后,不能保持其原有的直线平衡形式而破坏。这种丧失原有平衡形式的现象称为**丧失稳定性**或**失稳**。为了进一步说明压杆失稳的概念,观察下面的现象。

如图 10.2(a)所示为一两端铰支的细长压杆。当轴向压力 F 较小时,杆在 F 力

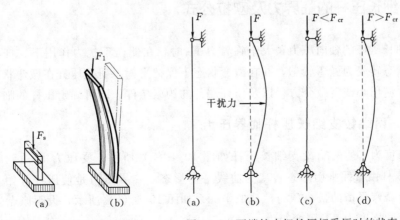

图 10.1 压杆失稳试验   图 10.2 两端铰支细长压杆受压时的状态

作用下将保持其原有的直线平衡形式。如在侧向干扰力作用下使其微弯，如图 10.2（b）所示；当干扰力撤除，杆在往复摆动几次后仍恢复到原来的直线形式，处于平衡状态，如图 10.2（c）所示。可见，原有的直线平衡形式是稳定的。但当压力超过某一数值 F_{cr} 时，如作用一侧向干扰力使压杆微弯，则在干扰力撤除后，杆不能恢复到原来的直线平衡形式，并在一个曲线形态下平衡，如图 10.2（d）所示。可见，这时杆原有的直线平衡形式是不稳定的，称为不稳定平衡。

同一压杆的平衡是稳定的还是不稳定的，取决于压力 F 的大小。压杆从稳定平衡过渡到不稳定平衡时的轴向压力临界值 F_{cr}，称为**临界力**或**临界荷载**。显然，如 $F < F_{cr}$，压杆将保持稳定；当 $F \geqslant F_{cr}$ 时，压杆将失稳。因此，分析稳定性问题的关键是求压杆的临界力。

稳定性问题不仅在压杆中存在，在其他一些构件、尤其是一些薄壁构件中也存在。图 10.3 表示了几种构件失稳的情况。图 10.3（a）所示一薄而高的悬臂梁因受力过大而发生侧向失稳，图 10.3（b）所示一薄壁圆环因受外压力过大而失稳，图 10.3（c）所示一薄拱受过大的匀布压力而失稳。

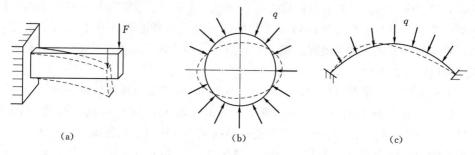

（a）　　　　　　　　　　（b）　　　　　　　　　（c）

图 10.3　几种构件失稳的情况

工程结构中的压杆如果失稳，往往会引起严重的事故。例如，1907 年加拿大魁北克一座长达 548m 的大桥，在施工时由于两根压杆失稳而引起倒塌，造成数十人死亡。因此，在设计时必须保证它的平衡是稳定的。

本章只介绍压杆的稳定性问题。

10.2　细长压杆的临界力及欧拉公式

当细长压杆的轴向压力稍大于临界力 F_{cr} 时，在侧向干扰力作用下，杆将从直线平衡状态转变为微弯状态，并在微弯状态下保持平衡。研究压杆在微弯状态下的平衡，并应用小挠度微分方程以及压杆端部的约束条件，即可确定压杆的临界力。

10.2.1　两端铰支细长压杆临界压力

设长度为 l 的两端铰支细长压杆如图 10.4（a）所示，受压力 F 达到临界值 F_{cr} 时，压杆由直线平衡形态转变为曲线平衡形态。临界压力是使压杆开始丧失稳定、保持微弯平衡的最小压力。选取坐标系如图 10.4（b）所示，设距原点为 x 的任意截面的挠度为 ω，则弯矩为

$$M(x) = -F_{cr}\omega$$

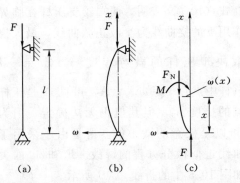

图 10.4 两端铰支细长压杆临界力计算简图

当杆内应力不超过材料的比例极限 σ_P 时，根据挠曲线近似微分方程，即

$$\frac{d^2\omega}{dx^2}=\frac{M(x)}{EI} \quad 或 \quad \omega''=\frac{M(x)}{EI}$$

得到

$$\omega''=-\frac{F_{cr}\omega}{EI} \tag{a}$$

令

$$k^2=\frac{F_{cr}}{EI} \tag{b}$$

得微分方程

$$\omega''+k^2\omega=0 \tag{c}$$

这是常系数线性二阶微分方程，其通解为

$$\omega=A\sin kx+B\cos kx \tag{d}$$

式中：A 和 B 为积分常数，由压杆的边界条件来确定。

当 $x=0$ 时，$\omega=0$，则可确定 $B=0$，于是式（d）可改写为

$$\omega=A\sin kx \tag{e}$$

又当 $x=l$ 时，$\omega=0$，则有

$$A\sin kl=0$$

其有两种解，即

$$A=0 \text{ 或 } \sin kl=0$$

若 $A=0$，则由式（e）知 $\omega\equiv0$，表示压杆未发生弯曲，这与压杆产生微弯曲的前提相矛盾，因此其解应为

$$\sin kl=0$$

若满足此条件，则要求

$$kl=n\pi \quad n=0,1,2,\cdots$$

将式（b）代入上式，可得

$$F_{cr}=\frac{n^2\pi^2 EI}{l^2} \quad n=0,1,2,\cdots$$

上式表明，压杆处于微弯平衡状态时，在理论上临界力 F_{cr} 是多值的。由于临界力应是压杆在微弯形态下保持平衡的最小轴向压力，所以在上式中取 F_{cr} 的最小值。但若取 $n=0$，则临界力 $F_{cr}=0$，表明杆上并无压力，这不符合所讨论的情况。因此，取 $n=1$，这样便得到两端铰支压杆的临界力为

$$F_{cr}=\frac{\pi^2 EI}{l^2} \tag{10.1}$$

式（10.1）是由瑞士科学家欧拉于 1744 年首先导出的，故通常将这一公式及以下不同杆端约束条件下临界力的公式统称为**欧拉公式**。

在上述临界力 F_{cr} 作用下，将 $k=\frac{\pi}{l}$ 代入式（e）得到压杆的挠曲线方程为

$$\omega=A\sin\frac{\pi x}{l} \tag{10.2}$$

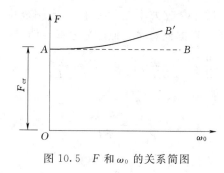

图 10.5 F 和 ω_0 的关系简图

式（10.2）表明，两端铰支压杆在临界力作用下的挠曲线为半波正弦曲线，最大挠度取决于压杆的微弯程度。当 $x=\dfrac{1}{2}l$ 时（杆中点），$\omega=\omega_{\max}=A$。可见 A 是压杆中点的挠度 ω_0，但其值仍无法确定，因为 ω_0 可以是任意的微小值。这是由于采用了挠曲线近似微分方程的缘故。F 和 ω_0 的关系如图 10.5 中的折线 OAB 所示。

如果推导中采用精确的非线性挠曲线微分方程，则可得 ω_0 与 F 的关系，如图 10.5 中的曲线 OAB' 所示。此曲线表明，当 $F>F_{cr}$ 时，ω_0 增加很快，且 ω_0 有确定的数值。

10.2.2　其他支承约束条件下细长压杆临界压力

其他支承约束条件下细长压杆临界压力公式，可用同样方法导出。也可由它们微弯后的挠曲线形状与两端铰支细长压杆微弯后的挠曲线形状类比得到。表 10.1 列出了各种常见支承约束条件下等截面细长压杆挠曲线形状和临界力的欧拉公式。

1. 一端固定、一端自由的细长压杆

由表 10.1 可以看出，一端固定、一端自由细长压杆的挠曲线，与两倍于其长度的两端铰支细长压杆的挠曲线相同，即均为正弦曲线。如二杆的弯曲刚度相同，则其临界力也相同。因此，将两端铰支细长压杆临界荷载公式（10.1）中的 l 用 $2l$ 代换，即得到一端固定、一端自由细长压杆的临界力公式为

$$F_{cr}=\frac{\pi^2 EI}{(2l)^2}$$

2. 一端固定、一端铰支的细长压杆

由表 10.1 可以看出，一端固定、一端铰支细长压杆的挠曲线只有一个反弯点，其位置大约在距铰支端 $0.7l$ 处，这段长为 $0.7l$ 的一段杆的挠曲线与两端铰支细长压杆的挠曲线相同。故只需以 $0.7l$ 代换式（10.1）中的 l，即可得一端固定一端铰支细长压杆的临界力公式为

$$F_{cr}=\frac{\pi^2 EI}{(0.7l)^2}$$

3. 两端固定的细长压杆

由表 10.1 可以看出，两端固定细长压杆的挠曲线具有对称性，在上、下 $l/4$ 处的两点为反弯点，该两点处横截面上的弯矩为零；而中间长为 $l/2$ 的一段挠曲线与两端铰支细长压杆的挠曲线相同。故只需以 $l/2$ 代换式（10.1）中的 l，即可得两端固定细长压杆的临界力公式为

$$F_{cr}=\frac{\pi^2 EI}{(0.5l)^2}$$

4. 一端固定、一端可沿横向滑动的细长压杆

由表 10.1 可以看出，在弯曲平面内，从支座到杆中点 $0.5l$ 的长度对应的挠曲

线形状与一端固定、一端自由受压杆（长度系数为 2）失稳后的挠曲线形状一样，所以其临界力为

$$F_{cr}=\frac{\pi^2 EI}{l^2}$$

上述各种细长压杆的临界力公式可以写成统一的形式，即

$$F_{cr}=\frac{\pi^2 EI}{(\mu l)^2}=\frac{\pi^2 EI}{l_0^2} \qquad (10.3)$$

式中：$l_0=\mu l$，称为**计算长度**，表示把长为 l 的压杆折算成两端铰支压杆后的长度。μ 为**长度系数**，它反映了约束情况对临界载荷的影响。由该式可知，细长压杆的临界力 F_{cr} 与杆的抗弯刚度 EI 成正比，与杆的长度平方成反比；同时，还与杆端的约束情况有关。显然，临界力越大，压杆的稳定性越好，即越不容易失稳。

表 10.1 各种支承约束条件下等截面细长压杆（挠曲线形状和）临界力的欧拉公式

杆端支承情况	两端铰支	一端固定一端铰支	两端固定	一端固定一端自由	两端固定，但可沿水平方向相对移动
失稳时挠曲线形状		C—挠曲线拐点	C、D—挠曲线拐点		C—挠曲线拐点
临界力（欧拉公式）	$F_{Pcr}=\dfrac{\pi^2 EI}{l^2}$	$F_{Pcr}=\dfrac{\pi^2 EI}{(0.7l)^2}$	$F_{Pcr}=\dfrac{\pi^2 EI}{(0.5l)^2}$	$F_{Pcr}=\dfrac{\pi^2 EI}{(2l)^2}$	$F_{Pcr}=\dfrac{\pi^2 EI}{l^2}$
计算长度	$l_0=l$	$l_0=0.7l$	$l_0=0.5l$	$l_0=2l$	$l_0=l$
长度系数 μ	$\mu=1$	$\mu=0.7$	$\mu=0.5$	$\mu=2$	$\mu=1$

应用细长压杆临界力 F_{cr} 计算公式时，有以下几个问题需要注意。

（1）在推导临界力公式时，均假定杆已在 xy 面内失稳而微弯，实际上杆的失稳方向与杆端约束情况和各平面内杆的抗弯刚度有关。在各平面内弯曲约束都相同的情况下，失稳必发生在杆的抗弯刚度小的平面内，也就是形心主惯性矩 I 为最小的纵向平面；若各平面内弯曲杆的弯曲抗弯刚度都相同，失稳必发生在约束弱的平面内。若各方向杆端约束情况和各平面内杆的弯曲抗弯刚度均不相同，则该杆的临界力应分别按两个方向，各取不同的 μ 值和 I 值计算，并取二者中较小者，并由此可判断出该压杆将在哪个平面内失稳。

（2）以上所讨论的压杆杆端约束情况都是比较典型的，实际工程中的压杆，其杆端约束还可能是弹性支座或介于铰支和固定端之间等。因此，要根据具体情况选取适当的长度系数 μ 值，再按式（10.3）计算其临界力。

（3）在推导上述各细长压杆的临界力公式时，压杆都是理想状态的，即均质的直杆，受轴向压力作用。而实际工程中的压杆，将不可避免地存在材料不均匀、有微小的初曲率及压力微小的偏心等现象。因此，在压力小于临界力时，杆就发生弯曲，随着压力的增大，弯曲迅速增加，以至压力在未达到临界力时杆就发生弯折破坏。因此，由式（10.3）所计算得到的临界力仅是理论值，是实际压杆承载能力的上限值。由这一理想情况和实际情况的差异所带来的不利影响，可以在安全因数内考虑。因而，实际工程中的压杆，其临界力 F_{cr} 仍按式（10.3）计算。

10.3 欧拉公式的适用范围及临界应力总图

10.3.1 临界应力与柔度

10.2 节导出了压杆的临界力计算公式，为了计算方便，现引入临界应力及柔度的概念。

当压杆在临界力 F_{cr} 作用下，仍处于直线平衡状态时，横截面上的正应力称为**临界应力**，用 σ_{cr} 来表示。由式（10.3）可知，压杆在弹性范围内失稳时，临界应力为

$$\sigma_{cr} = \frac{F_{cr}}{A} = \frac{\pi^2 EI}{(\mu l)^2 A} \tag{10.4}$$

式中：I、A 为只与杆横截面的形状和尺寸有关的几何量，令 $i^2 = I/A$，称 i 为截面的惯性半径，注意到在计算时 $i = i_{min}$，再令

$$\lambda = \frac{\mu l}{i} \tag{10.5}$$

则有

$$\sigma_{cr} = \frac{\pi^2 E}{\lambda^2} \tag{10.6}$$

这是欧拉公式的另一种表达形式。式中 λ 称为压杆的**柔度或长细比**，是一个无量纲的量，它综合反映了压杆长度、约束条件、截面尺寸和形状对临界荷载的影响。如 λ 越大，则压杆越细长，其 σ_{cr} 越小，因而其 F_{cr} 也越小，压杆越容易失稳。所以，柔度 λ 是压杆的一个重要参数。

10.3.2 欧拉公式的适用范围

欧拉公式是以压杆的挠曲线近似微分方程为依据而得到的，因此，欧拉公式的适用条件是材料在线弹性范围内工作，即临界应力不超过材料的比例极限，即

$$\sigma_{cr} = \frac{\pi^2 E}{\lambda^2} \leqslant \sigma_P \tag{10.7}$$

或

$$\lambda \geqslant \pi \sqrt{\frac{E}{\sigma_P}}$$

令

$$\lambda_P = \pi \sqrt{\frac{E}{\sigma_P}} \tag{10.8}$$

于是，欧拉公式的适用范围可用柔度表示为

$$\lambda \geqslant \lambda_P \tag{10.9}$$

从以上分析可以看出，当 $\lambda \geqslant \lambda_P$ 时，$\sigma_{cr} \leqslant \sigma_P$，这时才能应用欧拉公式来计算压杆的临界力或临界应力。满足 $\lambda \geqslant \lambda_P$ 的压杆称为**细长压杆**或**大柔度杆**。

由式（10.9）可以看出，λ_P 完全取决于材料的力学性质。以 Q235 钢为例，其 $E = 200\text{GPa}$，$\sigma_P = 200\text{MPa}$，代入式（10.8）得

$$\lambda_P = \pi \sqrt{200 \times 10^9 / (200 \times 10^6)} \approx 100$$

即用 Q235 钢制成的压杆，只有当其柔度 $\lambda \geqslant 100$ 时，才能用欧拉公式计算其临界力或临界应力。同样可得 TC13 松木压杆 $\lambda_P = 110$，灰口铸铁压杆 $\lambda_P = 80$。

10.3.3 其他压杆的临界力经验公式

当 $\sigma_{cr} > \sigma_P$ 或 $\lambda < \lambda_P$ 时，压杆已进入非弹性范围内，这类压杆的失稳称为非弹性失稳。其临界力和临界应力均不能用欧拉公式计算。通常情况下，此类压杆又分为以下两类。

（1）**中柔度压杆**。这类杆件从破坏情况看，与细长压杆相似，主要是因失稳而破坏，不同之处在于，其临界应力虽小于材料的屈服极限或强度极限，但已超过比例极限，欧拉公式已不适用。计算这类问题的临界力或临界应力通常采用建立在试验基础上的经验公式，较常用的经验公式有直线公式和抛物线公式等。

直线公式为

$$\sigma_{cr} = a - b\lambda \tag{10.10}$$

抛物线公式为

$$\sigma_{cr} = a - b\lambda^2 \tag{10.11}$$

式中：a、b 为与材料有关的常数，随着材料的不同而不同，具体参看相关设计规范或其他参考书。

式（10.10）和式（10.11）也有一个适用范围，即要求其临界应力不能超过材料的极限应力（σ_s 或 σ_b），即 $\sigma_P < \sigma_{cr} < \sigma_s$。以直线公式为例，对塑性材料应有

$$\sigma_{cr} = a - b\lambda < \sigma_s$$

令 $\sigma_{cr} = \sigma_s$ 时的柔度为 λ_s，则有

$$\lambda_s = \frac{a - \sigma_s}{b} \tag{10.12}$$

对屈服点为 $\sigma_s = 235\text{MPa}$ 的 Q235 钢，$a = 304$，$b = 1.12$，可得

$$\lambda_s = \frac{304 - 235}{1.12} \approx 62$$

即对 Q235 钢而言，$\lambda > \lambda_s = 62$ 时才能应用直线型公式。

（2）**小柔度压杆**。当压杆的柔度 $\lambda \leqslant \lambda_s$ 时，一般不会因为失稳而破坏，只会因为杆中的压应力达到材料的屈服极限或强度极限而破坏，属于强度破坏，按简单压缩情况计算，即

$$\sigma_{cr} = \frac{F_P}{A} \leqslant \sigma_s \quad (\text{塑性材料})$$

$$\sigma_{cr} = \frac{F}{A} \leqslant \sigma_b \quad (\text{脆性材料})$$

10.3.4　临界应力总图

综上所述，压杆的临界应力随着压杆柔度变化而变化，可用图 10.6 所示的曲线表示，该曲线是采用直线公式的临界应力总图，总图说明如下。

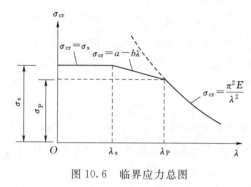

图 10.6　临界应力总图

（1）当 $\lambda \geqslant \lambda_P$ 时，是**细长压杆**或**大柔度压杆**，存在材料比例极限内的稳定性问题，临界应力用欧拉公式计算。

（2）当 $\lambda_s < \lambda < \lambda_P$ 时，是**中长杆**或**中柔度压杆**，存在超过比例极限的稳定问题，临界应力用直线公式计算。

（3）当 $\lambda \leqslant \lambda_s$ 时，是**粗短杆**或**小柔度压杆**，不存在稳定性问题，只有强度问题，临界应力就是屈服强度 σ_s 或抗压强度 σ_b。

由于不同柔度的压杆，其临界应力的公式不相同。因此，在压杆的稳定性计算中，应首先按式（10.5）计算其柔度值 λ，再按上述分类选用合适的公式计算其临界应力和临界力。

需要指出的是，稳定计算中无论采用欧拉公式还是经验公式，都是以杆件的整体变形为基础的。由于局部削弱杆（如开孔等）对杆件的整体变形影响很小，所以计算临界应力时可采用未经削弱的横截面面积和惯性矩。至于小柔度杆，由于属于强度计算问题，自然应该使用削弱后的横截面面积。

【例 10.1】　在图 10.7 所示结构中，AB、AC 均为 Q235 钢制成的等截面圆杆，弹性模量 E 为 200GPa，直径 d 都是 80mm，试求该结构的临界荷载。

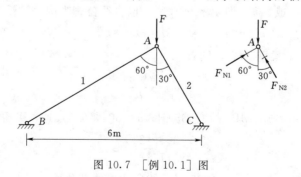

图 10.7　[例 10.1] 图

解： 本题中两杆均为两端铰支的压杆，在确定了轴力 F_N 与外载 F 的关系后，先计算出压杆的临界轴力 F_{N1}、F_{N2}，再推算出各杆临界轴力对应的临界荷载 F_{cr1}、F_{cr2}，最后比较 F_{cr1} 和 F_{cr2} 的大小关系，选择较小者作为结构的临界荷载。

（1）求各杆的轴力。根据平衡条件得

$$F_{N1} = F\cos60° = \frac{1}{2}F, F = 2F_{N1}$$

$$F_{N2} = F\sin60° = \frac{\sqrt{3}}{2}F, F = 1.15F_{N2}$$

（2）计算各杆的柔度。对于圆截面杆，其惯性半径 $i = \sqrt{\frac{I}{A}} = \sqrt{\frac{\pi \cdot d^4/64}{\pi \cdot d^2/4}} = \frac{d}{4}$，两杆端均为铰支，长度因数均为 $\mu = 1$。两杆材料均为 Q235 钢，查表 10.2 得 $\lambda_P = 100$。

$$\lambda_{AB} = \frac{\mu \cdot l_1}{i_1} = \frac{1 \times 6 \times \cos30°}{0.08/4} = 260 > \lambda_P = 100$$

$$\lambda_{AC} = \frac{\mu \cdot l_2}{i_2} = \frac{1 \times 6 \times \sin30°}{0.08/4} = 150 > \lambda_P = 100$$

所以两杆均为细长压杆，可直接采用欧拉公式计算临界力。

（3）计算两杆的临界轴力，确定结构的临界荷载。

$$F_{N1} = \frac{\pi^2 EI}{(\mu l_1)^2} = \frac{\pi^2 \times 200 \times 10^9 \times \pi \times 0.08^4/64}{(1 \times 6 \times \cos30°)^2} = 147(\text{kN})$$

$$F_{N2} = \frac{\pi^2 EI}{(\mu l_2)^2} = \frac{\pi^2 \times 200 \times 10^9 \times \pi \times 0.08^4/64}{(1 \times 6 \times \sin30°)^2} = 440(\text{kN})$$

所以有

$$F_{cr1} = 2F_{N1} = 294\text{kN}$$

$$F_{cr2} = 1.15F_{N2} = 506\text{kN}$$

选择较小者作为结构的临界荷载，即有 $F_{cr} = F_{cr1} = 294\text{kN}$。

【例 10.2】 一中心受压木柱，长 $l = 8\text{m}$，矩形截面 $b \times h = 120\text{mm} \times 200\text{mm}$，柱的支承情况是：在 xy 平面内弯曲时（中性轴为 y 轴），两端铰支，如图 10.8（a）所示。在 xz 平面内弯曲时（中性轴为 z 轴），两端固定，如图 10.8（b）所示。木材的弹性模量 $E = 10\text{GPa}$，$\lambda_P = 110$，试求木柱的临界力。

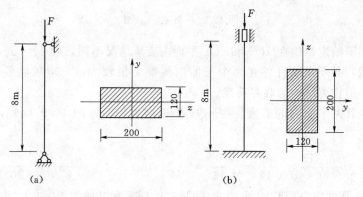

图 10.8 ［例 10.2］图

解：先计算压杆的柔度。在 xz 平面内，柱子两端为铰支，$\mu_y = 1.0$，截面的惯性半径为

$$i_y = \frac{h}{\sqrt{12}} = \frac{200}{\sqrt{12}} = 57.7 \text{(mm)}$$

在此平面内，其柔度为

$$\lambda_y = \frac{\mu l}{i_y} = \frac{1 \times 8 \times 10^3}{57.7} 139$$

在 xy 平面内，柱子两端固定，$\mu_z = 0.5$，截面的惯性半径为

$$i_z = \frac{b}{\sqrt{12}} = \frac{120}{\sqrt{12}} = 34.6 \text{(mm)}$$

其柔度为

$$\lambda_z = \frac{\mu l}{i_z} = \frac{0.5 \times 8 \times 10^3}{34.6} 115.6$$

由于 $\lambda_y > \lambda_z$，故该压杆将在 xz 面内失稳，应根据 λ_y 计算临界荷载，且 $\lambda_y > \lambda_P$，因此该木柱为细长压杆，可用欧拉公式计算临界力为

$$\begin{aligned}
F_{cr} &= \sigma_{cr} \cdot A = \frac{\pi^2 E}{\lambda_y^2} \cdot bh \\
&= \frac{\pi^2 \times 10 \times 10^3}{139^2} \times 120 \times 200 \\
&= 122.6 \times 10^3 \text{(N)} \\
&= 122.6 \text{(kN)}
\end{aligned}$$

【例 10.3】　图 10.9 所示为 Q235 钢制成矩形截面杆，两端均为销钉连接。杆长 l 为 2200mm，横截面宽度 b 为 40mm，高度 h 为 70mm，材料弹性模量 E 为 206GPa。试求此杆的临界荷载。

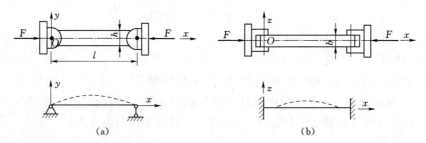

图 10.9　［例 10.3］图

解： 图示给定结构在 xOy 和 xOz 平面内支承情况不同，即 $\mu_y \neq \mu_z$，因此要确定临界荷载，必须判断杆件在哪个平面内柔度 λ 值较大，对应的临界力 F_{cr} 值较小，取较小值作为结构的临界荷载。

（1）计算两平面内的柔度。在 xOy 平面内失稳时 ［图 10.9 (a)］，压杆两端可视为铰支，$\mu_z = 1$，有

$$i_z = \sqrt{\frac{I_z}{A}} = \sqrt{\frac{bh^3/12}{bh}} = \sqrt{\frac{h^2}{12}} = \sqrt{\frac{70^2}{12}} = 20.2 \text{(mm)}, \quad \lambda_z = \frac{\mu_z \cdot l}{i_z} = \frac{1 \times 2200}{20.2} = 108.9$$

在 xOz 平面内失稳时 ［图 10.9 (b)］，压杆两端可视为固定，$\mu_y = 0.5$，有

$$i_y = \sqrt{\frac{I_y}{A}} = \sqrt{\frac{hb^3/12}{bh}} = \sqrt{\frac{b^2}{12}} = \sqrt{\frac{40^2}{12}} = 11.5 \text{(mm)}, \quad \lambda_y = \frac{\mu_y \cdot l}{i_y} = \frac{0.5 \times 2200}{11.5} = 95.7$$

因 $\lambda_y < \lambda_z$，所以结构将在 xOy 平面内首先失稳，达到临界值。

（2）计算临界荷载。连杆由 Q235 钢制成，查表 10.2 得 $\lambda_P = 100$。因 $\lambda_z > \lambda_P = 100$，所以可用欧拉公式直接计算临界力 F_{cr}，即

$$F_{cr} = \frac{\pi^2 E I_z}{(\mu_z l)^2} = \frac{\pi^2 \times 206 \times 10^9 \times (0.04 \times 0.07^3)/12}{(1 \times 2.2)^2} = 4.8(kN)$$

或 $\quad F_{cr} = \sigma_{cr} A = \frac{\pi^2 E}{\lambda_z^2} bh = \frac{\pi^2 \times 206 \times 10^9}{108.9^2} \times 0.04 \times 0.07 = 4.8(kN)$

10.4 压杆稳定计算

为了使压杆能正常工作而不失稳，压杆所受的轴向压力 F 必须小于临界力 F_{cr}；或压杆的压应力 σ 必须小于临界应力 σ_{cr}。对工程上的压杆，由于存在着种种不利因素，还需有一定的安全储备，所以要有足够的稳定安全因数 n_{st}。于是，压杆的稳定条件为

$$F \leqslant \frac{F_{cr}}{n_{st}} = [F_{st}] \text{ 或 } \sigma \leqslant \frac{\sigma_{cr}}{n_{st}} = [\sigma_{st}] \tag{10.13}$$

式（10.13）中的 $[F_{st}]$ 和 $[\sigma_{st}]$ 分别称为稳定容许压力和稳定容许应力，它们分别等于临界力和临界应力除以稳定安全因数。

稳定安全因数 n_{st} 的选取，除了要考虑在选取强度安全因数时的那些因素外，还要考虑影响压杆失稳所特有的不利因素，如压杆不可避免地存在初曲率、材料不均匀、荷载的偏心等，这些不利因素对稳定的影响比对强度的影响大。因而，通常稳定安全因数的数值要比强安全因数大得多。例如，钢材压杆的 n_{st} 一般取 1.8～3.0，铸铁取 5.0～5.5，木材取 2.8～3.2。而且，压杆的柔度越大，即越细长时，这些不利因素的影响越大，稳定安全因数也应取得越大。对于压杆，都要以稳定安全因数作为其安全储备进行稳定计算，而不必作强度校核。工程上的压杆，由于构造或其他原因，有时截面会受到局部削弱，如杆中有小孔或槽等。当这种削弱不严重时，对压杆整体稳定性的影响很小，在稳定计算中可不予考虑。但对这些削弱了的局部截面，则应作强度校核。

根据稳定条件式（10.13），就可以对压杆进行稳定计算。压杆稳定计算的内容与强度计算相类似，包括校核稳定性、设计截面和求容许荷载 3 个方面。压杆稳定计算通常有两种方法。

10.4.1 安全因数法

为了保证压杆有足够的稳定性，应使其工作压力小于临界力，或使其工作应力小于临界应力，即 $F < F_{cr}$ 或 $\sigma < \sigma_{cr}$，按式（10.11），用安全因数来计算压杆稳定性，其稳定性条件为

$$n_w = \frac{F_{cr}}{F} \geqslant n_{st} \quad \text{或} \quad n_w = \frac{\sigma_{cr}}{\sigma} \geqslant n_{st} \tag{10.14}$$

式中：n_w 为压杆实际稳定安全因数；n_{st} 为规定的稳定安全因数。可从相应的设计规范或设计手册中查到。式（10.14）表明，只有当压杆实际具有的安全因数不小于规定的稳定安全因数时，压杆才能正常工作。

用这种方法进行压杆稳定计算时，必须计算压杆的临界力或临界应力，而且应给出规定的稳定安全因数。而为了计算压杆的临界力或临界应力，应首先计算压杆的柔度，再按柔度不同的范围选用合适的公式计算。

10.4.2　折减因数法

为了保证压杆具有足够的稳定性，除采用基本的强度安全因数 n 外，还应选用一个随柔度变化的附加安全因数 n_1，即把稳定安全因数取作 $n_{st} = nn_1$。这样，压杆的稳定容许应力可表示为

$$[\sigma_{st}] = \frac{\sigma_{cr}}{n_{st}} = \frac{\sigma_{cr}}{nn_1} = \frac{\sigma_{cr}}{n_1\sigma_u} \times \frac{\sigma_u}{n} = \varphi[\sigma] \tag{a}$$

式中：σ_u 为强度极限应力；$[\sigma]$ 为材料的强度容许应力；$\varphi = \sigma_{cr}/(n_1\sigma_u)$，由于 $\sigma_{cr} < \sigma_u$ 而 $n_1 > 1$，故 φ 值小于 1 而大于 0，又由于 σ_{cr} 和 n_{st} 都随柔度 λ 变化，所以 φ 也随柔度 λ 变化，φ 称为**稳定因数**或**折减因数**。因此，式（10.13）所示的稳定条件成为

$$\sigma = \frac{F}{A} \leqslant \varphi[\sigma] \tag{10.15}$$

《钢结构设计规范》（GB 50017—2017）中，根据我国常用构件的截面形式、尺寸和加工条件等因素，将压杆的稳定因数 φ 与柔度 λ 之间的关系归并到由不同材料的 a、b、c 三类截面分别给出 [有关截面分类情况可参看《钢结构设计规范》（GB 50017—2017）]，表 10.2 仅给出其中的一部分。当计算出的 λ 不是表中的整数时，可查规范或可用线性内插的近似方法计算。

表 10.2　　　　　　　　　　　　　　折 减 因 数 表

λ	φ			λ	φ		
	Q235 钢	16 锰钢	木材		Q235 钢	16 锰钢	木材
0	1.000	1.000	1.000	110	0.536	0.384	0.248
10	0.995	0.993	0.971	120	0.466	0.325	0.208
20	0.981	0.973	0.932	130	0.401	0.279	0.178
30	0.958	0.940	0.883	140	0.349	0.242	0.153
40	0.927	0.895	0.822	150	0.306	0.213	0.133
50	0.888	0.840	0.751	160	0.272	0.188	0.117
60	0.842	0.776	0.668	170	0.243	0.168	0.104
70	0.789	0.705	0.575	180	0.218	0.151	0.093
80	0.731	0.627	0.470	190	0.197	0.136	0.083
90	0.669	0.546	0.370	200	0.180	0.124	0.075
100	0.604	0.462	0.300				

对于木制压杆的稳定因数 φ 值，由《木结构设计规范》（GB 50005—2017），按不同树种的强度等级分两组计算公式：树种强度等级为 TC17、TC15 和 TB20 时，有

$$\lambda \leqslant 75 \quad \varphi = \frac{1}{1+\left(\dfrac{\lambda}{80}\right)^2} \tag{10.16}$$

$$\lambda > 75, \varphi = \frac{3000}{\lambda^2} \tag{10.17}$$

树种强度等级为 TC13、TC11、TB17 和 TB15 时,有

$$\lambda \leqslant 91, \varphi = \frac{1}{1+\left(\dfrac{\lambda}{65}\right)^2} \tag{10.18}$$

$$\lambda > 91, \varphi = \frac{2800}{\lambda^2} \tag{10.19}$$

式（10.16）和式（10.19）中,λ 为压杆的柔度。树种的强度等级 TC17 有柏木、东北落叶松等;TC13 有红松、马尾松等;TC11 有西北云杉、冷杉等;TB20 有栎木、桐木等,TB17 有水曲柳等;TB15 有桦木、栲木等,代号后的数字为树种抗弯强度（MPa）。

用上述方法进行稳定计算时,不需要计算临界力或临界应力,也不需要稳定安全因数,因为 $\lambda-\varphi$ 表的编制中,已考虑了稳定安全因数的影响。

【例 10.4】 图 10.10 所示为一 Q235 钢制成两端铰支的细直杆,杆长 l 为 1.2m,直径 d 为 20mm,在 18℃时安装,安装后 A 端与刚性槽之间的空隙 δ 为 0.25mm。材料弹性模量 E 为 206GPa,线胀系数 α 为 $11.2 \times 10^{-6}/℃$,稳定安全因数 n_{st} 为 2.6。试求此杆所能承受的最高工作温度。

解: 最高工作温度,即当杆件因温度升高使杆件内产生温度应力最大值 σ 达到杆件稳定许用应力 $[\sigma]_{st}$ 时所对应的温度。随着温度的升高,杆件变形量超出空隙 δ 后,杆件内部将受到压力作用。

（1）计算杆件横截面上实际应力。设温度升高 ΔT 时,温度应力 σ 达到杆件稳定许用应力 $[\sigma]_{st}$。

在整个过程中,杆件实际压缩量为

$$\Delta l = \Delta l_T - \delta = \alpha \Delta T l - \delta$$

对应杆件截面上的应力为

$$\sigma = E\varepsilon = E\frac{\Delta l}{l} = E\frac{\alpha \Delta T l - \delta}{l}$$

（2）计算杆件临界应力。杆件由 Q235 钢制成,查表 10.2 得 $\lambda_P = 100$。

图 10.10 ［例 10.4］图

杆件柔度为

$$\lambda = \frac{\mu \cdot l}{i} = \frac{1 \times 1200}{20/4} = 240 > \lambda_P = 100$$

故该杆件为细长压杆,可按式（10.4）计算其临界应力 σ_{cr},即

$$\sigma_{cr} = \frac{\pi^2 E}{\lambda^2} = \frac{\pi^2 \times 206 \times 10^9}{240^2} = 35.3(\text{MPa})$$

（3）杆件稳定性校核。因本题已知稳定安全因数 n_{st},且已得出临界应力 σ_{cr} 值

和最高温度时截面上的实际工作应力 σ，所以可采用压杆稳定校核的安全因数法来计算 ΔT。

由

$$n = \frac{35.4A}{E\dfrac{\alpha \Delta Tl - \delta}{l}A} \geqslant n_{st}$$

得

$$\Delta T \leqslant \frac{35.4 \times 10^6}{\alpha E n_{st}} + \frac{\delta}{\alpha l} = \frac{35.4 \times 10^6}{11.2 \times 10^{-6} \times 206 \times 10^9 \times 2.6} + \frac{0.25}{11.2 \times 10^{-6} \times 1200} = 24.5(℃)$$

所以，杆件所能承受的最高温度 T_{max} 为

$$T_{max} = 18 + 24.5 = 42.5℃$$

【例 10.5】　如图 10.11（a）所示结构，由两根材料和直径均相同的圆杆组成，杆的材料为 Q235 钢，已知 $h = 0.4m$，直径 $d = 20mm$，材料的强度许用应力 $[\sigma] = 160MPa$，荷载 $F = 15kN$，试校核结构的稳定性。

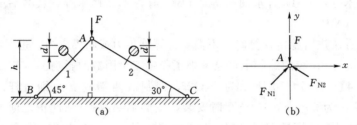

图 10.11　［例 10.5］图

解：为校核结构的稳定性，首先需要计算每杆所承受的压力，为此作节点 A 受力图，如图 10.11（b）所示，考虑其平衡条件，得其平衡方程为

$$\sum F_x = 0 \quad F_{N1}\cos45° - F_{N2}\cos30° = 0$$
$$\sum F_y = 0 \quad F_{N1}\sin45° + F_{N2}\sin30° = 0$$

解得两杆所受的压力分别为

$$F_{N1} = 0.896F = 13.44kN$$
$$F_{N2} = 0.732F = 10.98kN$$

两杆的长度分别为

$$l_1 = h/\sin45° = 0.566m = 566mm$$
$$l_2 = h/\sin30° = 0.8m = 800mm$$

相应的柔度为

$$\lambda_1 = \frac{\mu l_1}{i} = \frac{\mu l_1}{d/4} = \frac{1.0 \times 566}{20/4} = 113$$

$$\lambda_2 = \frac{\mu l_2}{i} = \frac{\mu l_2}{d/4} = \frac{1.0 \times 800}{20/4} = 160$$

查表 10.2，并插值得两杆的折减因数分别为

$$\varphi_1 = 0.536 + (0.466 - 0.536) \times \frac{3}{10} = 0.515$$

$$\varphi_2 = 0.272$$

对两杆分别进行稳定性校核，即

$$\frac{F_{N1}}{A}=\frac{13.44\times10^3}{\pi\times20^2/4}=42.8MPa<\varphi_1[\sigma]=82.4MPa$$

$$\frac{F_{N2}}{A}=\frac{10.98\times10^3}{\pi\times20^2/4}=35.0MPa<\varphi_2[\sigma]=43.5MPa$$

可见，两杆均满足稳定条件，故该结构满足稳定性条件。

【例 10.6】 在图 10.12 所示结构中，梁 AB 为 No.14 普通热轧工字钢，支柱 CD 的直径 $d=20mm$，二者的材料均为 Q235 钢，结构的受力及尺寸如图所示，A、C、D 三处均为球铰约束，材料的弹性模量 $E=200GPa$，梁的许用应力 $[\sigma]=160MPa$，规定稳定安全因数 $n_{st}=2$，试校核此结构是否安全。

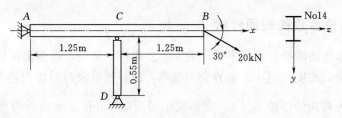

图 10.12 ［例 10.6］图

解： 此结构中 AB 梁承受拉伸与弯曲的组合变形，属于强度问题，支承杆 CD 承受压力，属于稳定性问题，应分别校核。

（1）AB 梁的强度校核。梁在 C 处弯矩最大，故为危险截面，其弯矩和轴力分别为

$$M_{max}=20\times\sin30°\times1.25=12.5kN\cdot m$$

$$F_{Nmax}=20\times\cos30°=17.32kN$$

由型钢表查得 No.14 普通热轧钢的抗弯截面系数和面积分别为

$$W_z=102\times10^{-6}m^3,\quad A=21.5\times10^{-4}m^2$$

由叠加法可求得 AB 梁的最大正应力为

$$\sigma_{max}^{+}=\frac{M_{max}}{W_z}+\frac{F_{Nmax}}{A}=\frac{12.5\times10^3}{102\times10^{-6}}+\frac{17.32\times10^3}{21.5\times10^{-4}}=130.6MPa<[\sigma]$$

故梁 AB 满足强度要求。

（2）压杆 CD 的稳定校核。由平衡条件求得压杆 CD 的轴力为

$$F_{NCD}=2\times20\times\sin30°=20kN$$

由于 CD 是圆截面杆，则 $i=\dfrac{d}{4}=5mm$，再由压杆 CD 两端为球铰约束，所以 $\mu=1$，压杆 CD 的柔度为

$$\lambda=\frac{\mu\times l}{i}=\frac{1\times0.55}{0.005}=110>\lambda_P=100$$

表明压杆 CD 为大柔度杆，可采用欧拉公式计算临界荷载，即

$$F_{cr}=\sigma_{cr}A=\frac{\pi^2E}{\lambda^2}\times\frac{\pi d^2}{4}=\frac{\pi^2\times200\times10^9}{110^2}\times\frac{\pi\times0.02^2}{4}=51.17(kN)$$

$$n = \frac{F_{Pcr}}{F_{NCD}} = \frac{52.7}{20} = 2.635 > n_{st} = 2$$

故 CD 压杆满足稳定性要求。所以结构是安全的。

10.5　提高压杆稳定性的措施

每根压杆都有一定的临界力，临界力越大，表示该压杆越不容易失稳。临界力取决于压杆的截面形状和尺寸、长度、杆端约束以及材料的弹性模量等因素。因此，为提高压杆稳定性，应从这些方面采取适当的措施。

10.5.1　选择合理的截面形状

从细长压杆的欧拉公式和中长杆的经验公式可以看到，这两类压杆的稳定性均与柔度 λ 有关，柔度 λ 越小，临界应力越高，压杆抵抗失稳的能力越强。由于 $\lambda = \frac{\mu l}{i}$，所以增大截面的惯性半径 i，就能减小柔度 λ。可见，在截面面积不变的前提下，应尽可能把材料放在离截面形心轴较远处，以取得较大的惯性矩 I 和惯性半径 i，提高临界力。因此，就有一个为压杆选用合理截面的问题。

当压杆两端约束在各个方向均相同时，若截面的两个主形心惯性矩不相等，压杆将在 I_{min} 的纵向平面内失稳。因此，当截面面积不变时，应改变截面形状，使其两个形心主惯性矩尽可能大且相等，即 $I_z = I_y$，这样就有 $\lambda_y = \lambda_z$，压杆在各个方向就具有相同的稳定性。这种截面形状就较为合理。例如，在截面面积相同的情况下，正方形截面就比矩形截面合理；空心圆环截面要比实心圆截面合理，如图 10.13（a）所示；由同样 4 根角钢组成的截面，图 10.13（b）所示的右面放置形式就比左面放置时更为合理。

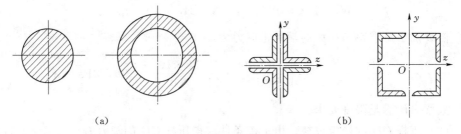

（a）　　　　　　　　　　　　　　（b）

图 10.13　等面积不同惯性半径截面实例

当压杆在两个形心主惯性平面内的杆端约束不同时，如柱形铰，则其合理截面的形式是使两个主形心轴惯性矩不等的截面形状，即 $I_z \neq I_y$。例如，矩形截面或"工"字形截面，以保证 $\lambda_y = \lambda_z$。这样，压杆在两个方向才具有相同的稳定性。

10.5.2　减小计算长度和增强杆端约束

压杆的稳定性随杆长的增加而降低，因此，在结构允许的情况下，应尽可能减小压杆的长度。例如，可以在压杆中间设置中间支承，如图 10.14 所示。甚至可改变结构布局，将压杆改为拉杆，将图 10.15（a）所示的托架改成图 10.15（b）的形式等。

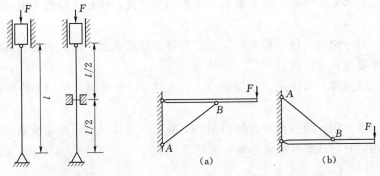

图 10.14　改变压杆支撑状态　　　　图 10.15　改变结构布局

此外，增强杆端约束，即减小长度系数 μ 值，也可以提高压杆的稳定性。例如，在支座处焊接或铆接支撑钢板，以增强支座的刚性，从而减小 μ 值。例如，长为 l 两端铰支的压杆，如图 10.16（a）所示，其 $\mu=1$，$F_{cr}=\dfrac{\pi^2 EI}{l^2}$。若把压杆两端改为固定端，如图 10.16（b）所示，则相当长度变为 $\mu l=\dfrac{l}{2}$，临界力变为

$$F_{cr}=\frac{\pi^2 EI}{\left(\dfrac{l}{2}\right)^2}=\frac{4\pi^2 EI}{l^2}$$

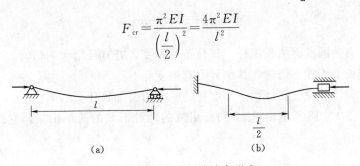

图 10.16　改变杆端约束形式

10.5.3　合理选择材料

细长压杆的临界力 F_{cr} 和临界应力 σ_{cr} 与杆件材料弹性模量 E 成正比。选用 E 值较大的材料，可以提高细长压杆的稳定性。但因各种钢材的 E 值相差不大，用高强度钢对其稳定性的提高效果并不明显，所以细长压杆用普通碳素钢制造，既经济又合理。中长压杆的临界应力 σ_{cr} 取决于与材料性能有关的常数，即中长压杆的临界应力 σ_{cr} 与材料强度有关，材料强度越高，压杆的临界应力越高。粗短压杆的临界应力 σ_{cr} 与杆件材料的屈服强度 σ_s 和极限强度 σ_b 有关。因此，中长压杆和粗短压杆可用高强度钢制造，以提高其稳定性。

思　考　题

10.1　为何梁的横截面通常做成矩形或"工"字形，而压杆则采用方形或圆形截面？

10.2　压杆的轴向压力一旦达到临界力，是否压杆就丧失了承载能力？

10.3　压杆的稳定性是根据其受到某一横向干扰力作用而偏移原来的直线平衡状态后，能否恢复原来的直线平衡形态来判断？因此，压杆失稳的关键因素是干扰力影响的？

10.4　对于细长压杆，若用高强度钢代替普通碳素钢，能否明显提高压杆的稳定性？如果是中长压杆呢？

10.5　试推导一端固定、一端自由，杆长为 l，抗弯刚度为 EI 的细长压杆临界力 F_{cr}。

10.6　细长压杆的各种截面如图 10.17 所示，当其材料、杆端约束、长度及临界力值均相同时，试求各截面的截面面积之比。

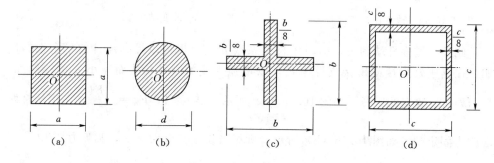

图 10.17　思考题 10.6 图

10.7　有一圆截面细长压杆，其他条件不变，若直径增大一倍时，其临界力有何变化？若长度增加一倍时，其临界力有何变化？

10.8　若用欧拉公式计算中柔度杆的临界力会导致什么后果？

10.9　图 10.18 所示由 1、2 两杆组成的两种形式的简单桁架，它们的承载能力是否相同？

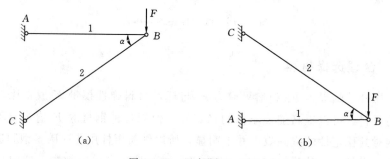

图 10.18　思考题 10.8 图

习　题

10.1　试推导一端固定、一端铰支，杆长为 l，抗弯刚度为 EI 的细长压杆临界力 F_{cr}。

10.2　若压杆分别由以下材料制成：

（1）弹性模量 E 为 206GPa，比例极限 σ_P 为 240MPa 的碳素钢；

（2）弹性模量 E 为 215GPa，比例极限 σ_P 为 490MPa 的镍钢；

（3）弹性模量 E 为 11GPa，比例极限 σ_{P} 为 20MPa 的松木。

试求可用欧拉公式计算临界力的最小柔度值。

10.3　图 10.19 所示铰接杆系 ABC 由两根具有相同材料和横截面的细长压杆组成。荷载 F 与杆 AB 轴线夹角为 $\theta(0 \leqslant \theta \leqslant \dfrac{\pi}{2})$，若杆件将在平面 ABC 内失稳，试确定荷载 F 的最大临界值，并求出此时的 θ 值。

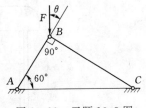

图 10.19　习题 10.3 图

10.4　图 10.20 所示为一由 Q235 钢制成两端固定的空心圆截面轴向受压杆，杆长为 l。材料弹性模量 E 为 206GPa，设截面内、外径之比 $d:D$ 为 $1:2$。试求：

（1）可用欧拉公式计算临界力的杆长 l 和外径 D 的最小比值，以及此时的临界力。

（2）若压杆改用实心圆截面，其材料、长度、杆端支承及临界力值均与空心圆截面时相同，两杆的重量之比。

10.5　图 10.21 所示为一由 4 根 100mm×100mm×8mm 角钢组成的两端铰支边柱，截面符合钢结构设计规范中 b 类截面中心受压杆的要求。柱长 l 为 8m，杆端轴向压力 F 为 480kN，若材料为 Q235 钢，强度许用应力 $[\sigma]$ 为 200MPa。试求边柱横截面边长 a 的最小尺寸。

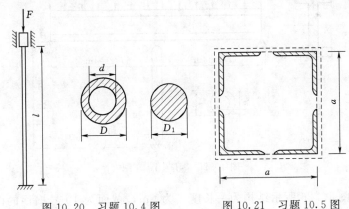

图 10.20　习题 10.4 图　　　图 10.21　习题 10.5 图

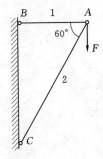

图 10.22　习题 10.6 图

10.6　在图 10.22 所示结构中，AB 杆和 AC 杆均为 Q235 钢制成，直径 d 为 40mm 的等截面杆，AB 杆长 l 为 600mm。材料弹性模量 E 为 200GPa，屈服极限 σ_{s} 为 240MPa，若两杆的稳定安全因数 n_{st} 均为 2.5，试求结构的最大许可荷载。

10.7　图 10.23 所示结构中，两根直径为 d 的圆截面细长压杆，上、下两端分别与横梁和底座固定连接，试分析在合外力 F 作用下压杆可能的失稳形式，并求出最小的临界荷载。

10.8　图 10.24 所示平面结构由 3 根相同材料、直径均为 d 的圆截面细长压杆组成，C 处为固定端，其余均为铰接，假设结构因杆件失稳而破坏，试确定结构荷载 F 的最大许可值。

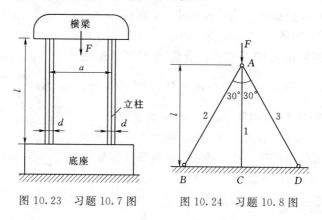

图 10.23 习题 10.7 图 图 10.24 习题 10.8 图

10.9 图 10.25 所示结构中，截面为 22a 热轧工字钢的梁，A、B 两端搁置在刚性支座上，中点 C 处由外径 D 为 12cm，内径 d 为 8cm 的圆环形截面铸铁柱支撑，全梁受均布荷载 q(kN/m) 作用。钢的弹性模量 E_{st} 为 206GPa；铸铁的弹性模量 E_c 为 150GPa，比例极限 σ_P 为 240MPa，强度极限 σ_b 为 600MPa，杆的稳定安全因数 n_{st} 为 4。当梁具有足够强度时，试确定荷载 q 的最大值。

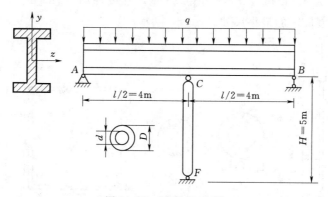

图 10.25 习题 10.9 图

10.10 图 10.26 所示结构为一长度 l 为 6m，截面为 10 号槽钢的两端铰支立

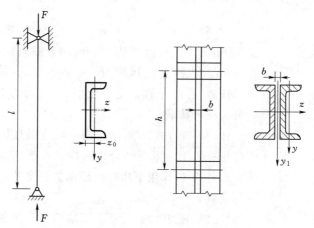

图 10.26 习题 10.10 图

柱，承受轴向压力 F 的作用。材料为 Q235 钢，弹性模量 E 为 200GPa。试求：

（1）单根钢柱的临界压力。

（2）若用两根同样的槽钢组合成立柱，则两槽钢的间距 b、连接板的间距 h 以及组合柱的临界压力分别为多大？

10.11　某型号柴油机的挺杆两端可视为铰支，杆件长度 l 为 26cm，截面是直径 d 为 8mm 的圆，材料的弹性模量 E 为 210GPa，比例极限 σ_P 为 240MPa。挺杆所受的最大工作轴向压力 F 为 1.76kN，杆的稳定安全因数 n_{st} 在 $2\sim5$ 之间，试校核挺杆的稳定性。

10.12　简易起重机如图 10.27 所示，其压杆 BD 为 20a 槽钢，材料为 Q235 钢。起重机的最大起吊量 W 为 40kN，杆的稳定安全因数 n_{st} 为 5，试校核压杆 BD 的稳定性。

10.13　图 10.28 所示结构是由 5 根 Q235 钢为材料的圆截面杆铰接而成的正四边形，杆截面直径 d 均为 6cm，四边形边长 a 为 1m，强度许用应力 $[\sigma]$ 为 170MPa。试求此结构的许可荷载。若荷载 F 方向向外，此时结构的许可荷载为多大。

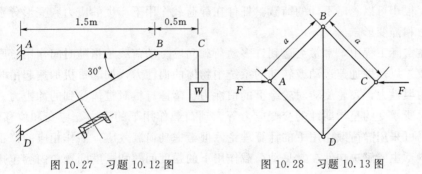

图 10.27　习题 10.12 图　　　　图 10.28　习题 10.13 图

10.14　在图 10.29 所示结构中，两根悬臂梁 AB 和 CD 由一直径 d 为 8.5mm、长 a 为 0.4m 的圆杆 BD 用球铰与之相连，两梁长度 l 均为 1m，截面宽度 b 均为 20mm，梁 AB 高度 h_1 为 40mm，梁 CD 高度 h_2 为 60mm，梁和杆的材料相同，材料强度许用应力 $[\sigma]$ 为 80MPa。试求结构的许可荷载。

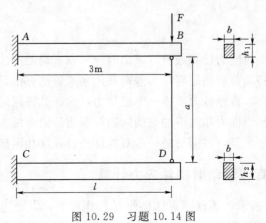

图 10.29　习题 10.14 图

第 11 章

动荷载

11.1 概述

前面几章讨论了在静荷载作用下杆件的强度、刚度和稳定性问题。静荷载是指荷载从零缓慢增加到某一数值后保持不变，且杆内各质点不产生加速度、或产生的加速度很小可以忽略不计的荷载。杆件在静荷载作用下产生的应力和变形分别称为静应力和静变形。

在实际工程中，常常会遇到许多动荷载问题。动荷载是指随时间作用急剧变化的荷载，以及做加速运动或转动的系统中物体的惯性力，如起重机加速起吊时吊绳受到的惯性力、飞轮旋转时轮缘上的惯性力、落锤打桩时桩体受到的冲击力、机床工作时所承受的呈周期性的交变应力等。动荷载作用下的应力、应变和位移计算，通常仍可采用静荷载作用下的计算理论，但考虑动荷载效应，需作相应的修正。

本章主要解决构件在常见动荷载作用下的强度问题和刚度问题，内容包括以下几点。

（1）构件做加速运动时的应力与变形计算。

（2）构件在冲击荷载作用下的应力与变形计算。

（3）构件在交变应力作用下的应力与变形、疲劳破坏的概念。

11.2 惯性力

当构件各点的加速度为已知或可以求出时，可以采用动静法求解构件的动应力问题。动静法是指将动荷载问题转化为静荷载问题求解的方法。即首先求出构件在加速运动中的惯性力，将惯性力看作一个已知力，这样就将问题转化为构件在主动力、约束反力和已知惯性力作用下的平衡问题，利用静力学的方法就可以计算出构件的内力、应力及变形等，进而可进一步对构件进行强度和刚度计算。

11.2.1 匀加速直线运动时构件应力计算

研究如图 11.1 所示，等截面直杆在外力 F 作用下，以加速度 a 匀加速上升。假设杆件截面面积为 A，质量密度为 ρ，则杆件单位长度上的重力为

$$q_{st} = A\rho g$$

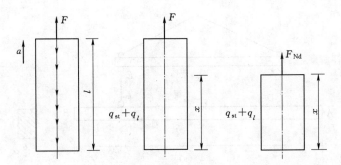

图 11.1 匀加速动载

单位长度上的惯性力为

$$q_l = A\rho a$$

由静力法可知，作用于杆件上的外力 F、重力 q_{st} 和假设加于杆件上的惯性力 q_l 在形式上处于平衡状态，由截面法可得杆件任一 x 截面上的平衡关系，有

$$F_{Nd} = (q_{st} + q_l)x = (A\rho g + A\rho a)x = A\rho g\left(1 + \frac{a}{g}\right)x = \left(1 + \frac{a}{g}\right)F_{Nst}$$

其中
$$F_{Nst} = A\rho g x$$

为杆件自重引起的静荷载轴力。

设

$$K_d = 1 + \frac{a}{g} \tag{11.1}$$

K_d 称为动荷载因素，则动荷载轴力可表示为

$$F_{Nd} = K_d F_{Nst}$$

上式两边同时除以杆件的横截面面积，即得动荷载应力为

$$\sigma_d = K_d \sigma_{st}$$

式中：σ_{st} 为杆件自重引起的静荷载应力。

试验表明，只要动荷载应力 σ_d 不超过材料的比例极限 σ_p，材料在静荷载作用下得到的胡克定理在动荷载作用下依然有效，且各弹性常数保持不变，由此可得动荷载应变与动荷载轴向变形分别为

$$\varepsilon_d = K_d \varepsilon_{st}$$

$$\Delta l_d = K_d \Delta l_{st}$$

由上可得，构件做匀加速运动时，只要求出杆件在自重作用下的静荷载内力、静荷载应力、静荷载应变、静荷载变形及动荷载因素 K_d，即可求出相应的动荷载内力、动荷载应力、动荷载应变和动荷载变形。也可建立强度条件，即

$$\sigma_d = K_d \sigma_{st} \leqslant [\sigma]$$

式中：$[\sigma]$ 为材料在静力荷载作用下的许用应力。

【例 11.1】 用起重机起吊一矩形截面梁 AB，如图 11.2 所示，已知起吊过程中加速度 $a = 2.5 \text{m/s}^2$，$l = 4\text{m}$，截面（$b \times h$）为 $200\text{mm} \times 500\text{mm}$，梁材料容重 $\gamma = 24\text{kN/m}^2$，试求起吊过程中梁内横截面上最大拉应力。

解法一： 取 AB 梁为脱离体，梁在自重 $q_{自}$、吊车拉力 N_{CD}、N_{EF} 作用下，向上做匀加速运动，将惯性力 $q_{惯}$ 加到梁 AB 上后，梁在 $q_{自}$、N_{CD}、N_{EF} 和 $q_{惯}$ 共同作

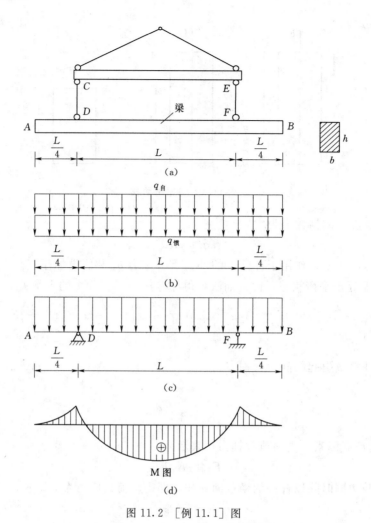

图 11.2　［例 11.1］图

用下处于平衡状态，如图 11.2（b）所示，梁 AB 相当于承受均布荷载的外伸梁，如图 11.2（c）所示。求出 $q_自$ 和 $q_惯$ 后，便可画出该外伸梁在 $q_自$ 和 $q_惯$ 作用下的弯矩图，从而算出最大拉应力。

梁单位长度上的自重为

$$q_自=A\gamma=0.2\times0.5\times24=2.4(\text{kN/m})$$

惯性力是分布在梁的质量上的，梁单位长度上的惯性力为

$$q_惯=\frac{A\gamma}{g}a=\frac{0.2\times0.5\times24}{9.8}\times2.5=0.61(\text{kN/m})$$

梁上的总均布荷载为

$$q=q_自+q_惯=2.4+0.61=3.01(\text{kN/m})$$

梁的弯矩图如图 11.2（d）所示，最大弯矩发生在梁的跨中，其值为 4.52 kN·m，该截面下边缘处的最大拉应力为

$$\sigma_{max}=\frac{M_{max}}{W_z}=\frac{4.52\times10^6\times6}{200\times500^2}=0.54(\text{MPa})$$

该值即起吊过程中梁内产生的最大拉应力。

解法二：考虑梁 AB 在 $q_{自}$、N_{CD}、N_{EF} 作用下处于平衡状态，画出梁的弯矩图，求出梁 AB 在匀加速运动 $q_{惯}$ 作用下的动荷载系数 K_d，从而算出最大拉应力。

此时梁跨中最大弯矩值为 $3.6\text{kN}\cdot\text{m}$，由静荷载产生的最大静荷应力为

$$\sigma_{\text{stmax}}=\frac{M_{\text{stmax}}}{W_z}=\frac{3.6\times10^6\times6}{200\times500^2}=0.432(\text{MPa})$$

动荷载系数 K_d 为

$$K_d=1+\frac{a}{g}=1+\frac{2.5}{9.8}=1.255$$

由此有截面下边缘处的最大动荷载拉应力为

$$\sigma_{\text{dmax}}=K_d\sigma_{\text{stmax}}=1.255\times0.432=0.54(\text{MPa})$$

11.2.2 匀速转动时构件应力计算

工程中有许多构件是在匀速转动下工作的，旋转构件由于动力而引起失效的问题在工程中也是很常见的。

如图 11.3 所示，一直径为 D 的薄壁圆环，环缘的横截面面积为 A，材料的质量密度为 ρ，绕通过圆心且垂直于圆环平面的轴做等速转动，现分析圆环横截面上的应力。

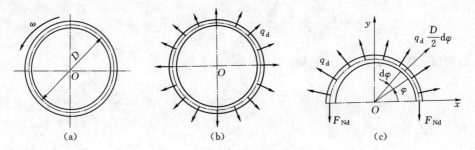

图 11.3　匀速转动的应力

由于圆环做等速转动，故圆环内各点只有法向加速度而无切向加速度。因为圆环很薄，可以认为圆环内各点的法向加速度都与圆环中心线上各点的法向加速度相等，对于等截面圆环，长度相同的任意两段其质量是相等的。因此，根据动静法原理，作用于圆环上的惯性力沿圆环的中心线是呈线性分布的，其指向背离转动中心，如图 11.3（b）所示，其分布集度为

$$q_d=A\cdot\rho\cdot\omega^2\cdot\frac{D}{2}=\frac{A\rho\omega^2D}{2}$$

用截面法取其中一半为研究对象，如图 11.3（c）所示。建立平衡方程 $\sum F_y=0$，可求出圆环横截面上的动荷载轴力

$$F_{\text{Nd}}=\frac{1}{2}\int_0^\pi q_d\frac{D}{2}\mathrm{d}\varphi\sin\varphi=\frac{q_dD}{4}\int_0^\pi\sin\varphi\mathrm{d}\varphi=\frac{q_bD}{2}=\frac{A\rho\omega^2D^2}{4}$$

可得圆环上的动荷载应力为

$$\sigma_d=\frac{F_{\text{Nd}}}{A}=\frac{\rho\omega^2D^2}{4}$$

强度条件为

$$\sigma_{\mathrm{d}} = \frac{\rho \omega^2 D^2}{4} \leqslant [\sigma]$$

由以上结论可看出，要保证圆环的强度，主要在于限制圆环的角速度 ω，与圆环的截面面积及密度无关。

【例 11.2】　如图 11.4 所示，直径 $d = 100\mathrm{mm}$ 的圆轴，B 端有一直径 $D = 500\mathrm{mm}$，重量 $P = 0.5\mathrm{kN}$ 的飞轮以运转速 $n = 1000\mathrm{r/min}$ 的速度旋转，A 端制动装置刹车 $0.05\mathrm{s}$ 停止转动，轴的质量和飞轮相比很小，可以忽略不计，试求轴横截面上最大动切应力 τ_{dmax}。

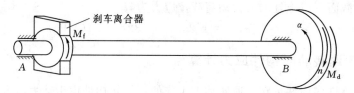

图 11.4　[例 11.2] 图

解：（1）计算惯性力偶矩。飞轮的惯性力偶矩为

$$M_{\mathrm{d}} = -I_0 a$$

式中：I_0 为飞轮的转动惯量

$$I_0 = \frac{PD^2}{8g} = \frac{500 \times 0.5^2}{8 \times 9.8} = 1.594 (\mathrm{N \cdot m \cdot s^2})$$

a 为角加速度，由于是减速转动，$a = -\dfrac{\omega}{t}$，$\omega = \dfrac{2\pi n}{60}$，故有

$$a = -\frac{\pi n}{30t}$$

可得飞轮的惯性力偶矩

$$M_{\mathrm{d}} = -I_0 a = -1.594 \times \left(-\frac{\pi \times 1000}{30 \times 0.05}\right) = 3336.773 (\mathrm{N \cdot m})$$

（2）计算最大动切应力。根据动静法，将惯性力偶矩 M_{d} 作用在飞轮上，转向与 a 相反，如图 11.4 所示，M_{d} 和制动力偶矩 M_{f} 相互平衡，转轴 AB 受扭变形，横截面上的扭矩为

$$T_{\mathrm{d}} = M_{\mathrm{d}}$$

横截面上的最大剪应力为

$$\tau_{\mathrm{dmax}} = \frac{T_{\mathrm{d}}}{W_{\mathrm{t}}} = \frac{3336.773 \times 10^3}{\frac{\pi}{16} \times 100^3} = 17 (\mathrm{MPa})$$

11.3　冲击荷载

实际工程中，经常会遇到冲击荷载作用的情况。例如，利用气锤进行锻造，金属的冲压加工，打桩时重锤从一定高度落下与桩顶接触，桩因为受到冲击荷载作用而被打入地基土中等。这种运动中的物体在碰到一静止的物体时，物体的运动将受到阻止而在瞬间停止运动，此时静止物体就受到了**冲击作用**。冲击发生时产生的作

用力就称为**冲击荷载**。

当具有一定速度的运动物体（称为冲击物）冲击到静止中的物体（称为被冲击物）时，冲击物的速度在很短的时间内发生变化，有时甚至降为零，这说明冲击物受到了很大的负加速度作用，它对被冲击物体必然产生很大的惯性力，因而使得冲击物和被冲击物之间产生了很大的作用力与反作用力，这使被冲击物产生很大的应力和变形。由于冲击作用发生的时间很短，作用的一瞬间冲击物的速度变化很大，如果要精确地分析被冲击物的冲击应力和变形，其计算比较复杂。在工程中，常采用一种较为粗略但偏于安全的能量法来计算被冲击物的冲击应力和变形。

采用能量法计算动应力时，假定：①不计冲击物的变形，且冲击物与被冲击物接触后无回弹，成为一个运动系统；②材料服从胡克定理，被冲击物的质量与冲击物相比很小，可以忽略不计，冲击应力瞬时传遍被冲击物；③冲击过程中，冲击物的机械能将全部转化为被冲击物的变形能，而不考虑其他能量（如热能、声能等）的损耗。

如图 11.5 所示，设有一重为 P 的物体，从高为 h 处自由下落冲击到长为 l，横截面面积为 A 的杆件 AB 上 A 端，AB 杆弹性模量为 E，受到冲击后变形量为 δ_d，承受的冲击荷载最终值为 F_d。现在来研究冲击荷载作用下被冲击物的最大位移 δ_d 及其冲击应力 σ_d。

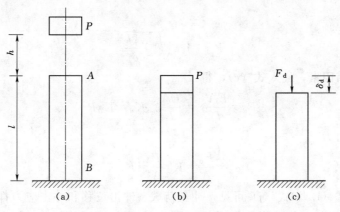

图 11.5 冲击动载

由以上假设可知，冲击过程中，当重物与杆件接触后速度降为零，杆件的上端截面 A 到达最低点。这时，杆件的最大位移量（杆件的缩短量）为 δ_d，与之相对应的冲击荷载为 F_d，如图 11.5（c）所示。根据能量守恒定律，冲击物在冲击过程中所减少的动能和势能应等于被冲击物杆件 AB 上增加的变形能 $V_{\varepsilon d}$，即

$$E_k + E_p = V_{\varepsilon d} \tag{a}$$

当杆件到达最低点时，冲击物减少的势能为

$$E_p = P(h + \delta_d) \tag{b}$$

由于冲击物的初速度和终速度均等于零，因而动能无变化，即

$$E_k = 0 \tag{c}$$

杆件 AB 所增加的变形能，可通过冲击荷载对位移 δ_d 所做的功来计算

$$V_{\varepsilon d} = \frac{1}{2} F_d \delta_d \tag{d}$$

由于材料服从胡克定律，有

$$F_d = \frac{EA}{l}\delta_d \tag{e}$$

将式（e）代入式（d），得

$$V_{\varepsilon d} = \frac{1}{2}F_d\delta_d = \frac{1}{2}\left(\frac{EA}{l}\right)\delta_d^2 = \frac{EA}{2l}\delta_d^2 \tag{f}$$

将式（b）、式（c）和式（f）代入式（a），可得

$$P(h+\delta_d) = \frac{EA}{2l}\delta_d^2 \tag{g}$$

式中 $\frac{Pl}{EA} = \delta_{st}$，即为杆件在静荷载 P 作用下的变形，整理式（g）后可得

$$\delta_d^2 - 2\delta_{st}\delta_d - 2\delta_{st}h = 0$$

解此一元二次方程可得

$$\delta_d = \delta_{st}\left(1 \pm \sqrt{1+\frac{2h}{\delta_{st}}}\right)$$

上式求得 δ_d 的两个解，因 $\delta_d > \delta_{st}$，故上式取根号前应去负号，有

$$\delta_d = \delta_{st}\left(1 + \sqrt{1+\frac{2h}{\delta_{st}}}\right) \tag{h}$$

令

$$K_d = 1 + \sqrt{1+\frac{2h}{\delta_{st}}} \tag{11.2}$$

称为**冲击动荷因素**，代入式（e），得

$$F_d = \frac{EA}{l}\delta_d = \frac{EA}{l}\delta_{st}K_d = K_d P \tag{i}$$

杆的冲击应力为

$$\sigma_d = \frac{F_d}{A} = K_d\frac{P}{A} = K_d\sigma_{st} \tag{j}$$

由式（h）、式（i）和式（j）可见，冲击荷载、冲击位移和冲击应力都等于将冲击物的重量 P 看作一个静荷载作用时，所产生的相应的量乘以一个冲击动荷因素 K_d。所以，冲击荷载问题计算的关键，在于冲击动荷因素 K_d 的确定。

由 K_d 计算公式可看出，增大 δ_{st}，可降低冲击动荷因素 K_d。因此，为了减小冲击荷载的影响，可采用降低杆件的刚度或增加杆长的方法来减小冲击作用。另外，安装缓冲装置也是增大静位移 δ_{st} 的一种有效方法，其形式主要是在被冲击构件上安装各种缓冲弹簧，如机车汽车等在车体与轮轴之间设置缓冲弹簧，以减轻乘客所感受到的由于轨道或路面不平而引起的冲击作用。

当自由落体的高度 $h=0$ 时，相当于物体骤加在杆件上，称为骤加荷载，此时冲击动荷因素为

$$K_d = 1 + \sqrt{1+0} = 2 \tag{11.3}$$

由此可得，骤加荷载引起的动应力是将荷载缓慢作用所引起的静应力的 2 倍。

当物体自由落体的高度很大时，即 $\frac{2h}{\delta_{st}}$ 远大于 1 时，冲击动荷因素可近似写为

$$K_d = \sqrt{\frac{2h}{\delta_{st}}} \tag{11.4}$$

【例 11.3】 如图 11.6 所示，重量为 P 的物体从高度 H 自由落到悬臂梁自由端，若梁的长度 l、抗弯刚度 EI 及抗弯截面模量 W 均已知，求梁内最大正应力和最大挠度。

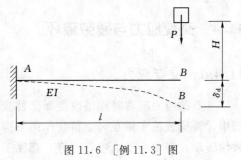

图 11.6 ［例 11.3］图

解：这是一个自由落体冲击问题。

设梁自由端在冲击荷载 P_d 作用下的最大挠度为 δ_d，重物 P 在下落前和下落到 B' 位置时速度都为零，因此它在冲击结束时所减少动能和势能总为

$$T + V = P(H + \delta_d)$$

而梁增加的变形能等于 P_d 对它所做的功，为

$$U_d = \frac{1}{2} P_d \delta_d$$

将上二式整理，有

$$P(H + \delta_d) = \frac{1}{2} P_d \delta_d$$

化简后，得

$$\delta_{st} K_d^2 - 2\delta_{st} K_d - 2H = 0 \tag{1}$$

式中：δ_{st} 为重物作为静荷载 P 时作用在梁的自由端引起的该点挠度，由以前的知识可知

$$\delta_{st} = \frac{Pl^3}{3EI} \tag{2}$$

从式（1）中解出 K_d 为

$$K_d = 1 \pm \sqrt{1 + \frac{2H}{\delta_{st}}}$$

因为这里研究的是最大冲击动应力和动变形，所以应去掉上式中的负号，得

$$K_d = 1 + \sqrt{1 + \frac{2H}{\delta_{st}}} \tag{3}$$

这就是自由落体冲击动荷系数公式，适用于各种自由落体冲击问题，其中 H 为自由落体冲击高度，δ_{st} 为把自由落体按其重量当作静荷载加到冲击点时引起的该点挠度，在不同的问题中有不同的值。

将本例中式（2）代入式（3）得 $K_d = 1 + \sqrt{1 + \frac{6EIH}{Pl^3}}$

于是，冲击荷载 P_d 为 $P_d = K_d P = \left[1 + \sqrt{1 + \frac{6EIH}{Pl^3}} \right] P$

最大弯曲正应力发生在 A 截面，其值为

$$\sigma_{dmax} = K_d (\sigma_{st})_{max} = \left[1 + \sqrt{1 + \frac{6EIH}{Pl^3}} \right] \cdot \frac{Pl}{W}$$

最大挠度发生在自由端，为

$$\delta_{d} = K_{d}\delta_{st} = \left[1 + \sqrt{1 + \frac{6EIH}{Pl^{3}}}\right] \cdot \frac{Pl^{3}}{3EI}(\downarrow)$$

11.4 交变应力与疲劳破坏

11.4.1 交变应力

一点的应力随着时间的改变而交替变化，这种应力就称为**交变应力**。在实际工程中，桥梁或吊车梁在可变荷载作用下构件内应力的变化、车轴受荷载作用转动时齿轮转动过程中所受的咬合力等，都属于交变应力作用。

典型的交变应力作用如图 11.7 所示，应力在两个极值之间做周期性的交替变化。应力重复变化一次，称为一个**应力循环**。在一个应力循环中，最大应力 σ_{max} 和最小应力 σ_{min} 的代数平均值称为平均应力，用 σ_{m} 表示，即

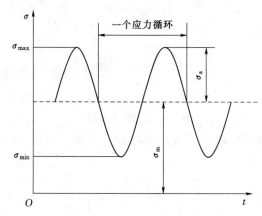

图 11.7 交变应力

$$\sigma_{m} = \frac{\sigma_{max} + \sigma_{min}}{2} \tag{11.5}$$

最大应力 σ_{max} 和最小应力 σ_{min} 代数差的一半称为**应力幅**，用 σ_{a} 表示

$$\sigma_{a} = \frac{\sigma_{max} - \sigma_{min}}{2} \tag{11.6}$$

最小应力 σ_{min} 和最大应力 σ_{max} 的比称为**应力比**或**循环特征**，用 γ 表示，即

$$\gamma = \frac{\sigma_{min}}{\sigma_{max}} \tag{11.7}$$

在交变应力作用下，若最大应力与最小应力等值反号（即 $\sigma_{max} = -\sigma_{min}$），则应力比 $\gamma = -1$，称为**对称循环**，如图 11.8（a）所示。除此之外的其他情况，统称为**非对称循环**。非对称循环中，$\sigma_{min} = 0$ 时，应力比 $\gamma = 0$，称为**脉动循环**，如图 11.8（b）所示。$\gamma > 0$ 为同号应力循环，$\gamma < 0$ 为异号应力循环。构件在静荷载作用下，各点处的应力恒定不变，即 $\sigma_{man} = \sigma_{min}$，可看作交变应力中应力比 $\gamma = +1$ 的特例。

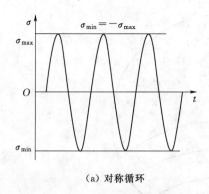
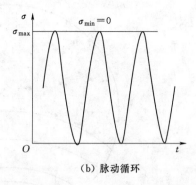

(a) 对称循环　　　　　　　　　　(b) 脉动循环

图 11.8　循环应力

11.4.2　疲劳破坏

实践表明，当金属材料长期受到交变应力作用时，虽然最大工作应力远低于其静载作用下的屈服强度、且不产生明显的塑性变形，也可能会发生突然的脆性断裂。这种因交变应力的长期作用而引发的低应力脆断现象就称为**疲劳破坏**。

大量试验及构件破坏现象表明，构件在交变应力作用下发生破坏时，具有以下明显的特征。

（1）破坏时构件内的最大工作应力远低于构件在静载作用下的强度极限值或屈服强度。

（2）构件在交变应力作用下的破坏需要经过一定数量的应力循环，有一个过程。

（3）即使是塑性很好的材料，构件在破坏前也没有明显的塑性变形，呈现出脆性断裂。

（4）疲劳破坏断口，一般都会呈现出光滑区和颗粒状区两种截然不同的区域。

一般认为，在一定数量的应力循环后，金属中最不利位置或较薄弱部位的晶体将沿最大剪应力作用面产生滑移，形成滑移带，滑移带开裂形成微裂缝。构件外形有突变、表面有刻痕、凸起、凹陷或内部有缺陷等部位，会因为应力集中而产生微裂缝，这些部位本身就是疲劳裂纹源。随着应力循环的增加，微裂缝逐渐扩展，构件有效截面逐渐削弱，位于裂纹尖端区域内的材料应力集中状态越来越突出。当裂纹发展到一定程度时，在正常的工作应力作用下，可能发生突然的扩展，引起剩余截面的脆性断裂。断口表面的颗粒状区域即为发生脆性断裂的剩余截面，如图11.9所示。

1. 材料的疲劳极限

材料在交变应力作用下的疲劳强度，应根据国家有关标准，在专用的疲劳试验机上测定。

在疲劳试验中，将试件分组，分别测定一组试件在具有同一应力比 γ 但不同最大应力 σ_{max} 的交变应力作用下的疲劳寿命 N（疲劳破坏时所经历的应力循环次数）。如图11.10所示，以疲劳寿命 N 为横坐标，最大应力 σ_{max} 为纵坐标，记录下一组试件的试验结果。从图中可以看出，结果具有明显的分散性，通过这些分散的

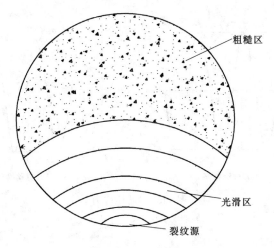

图 11.9 疲劳破坏

点可以画出一条曲线表示试件寿命随所承受的交变应力变化的趋势，这条曲线称为**应力-寿命曲线**，简称 $\sigma\text{-}N$ **曲线**。

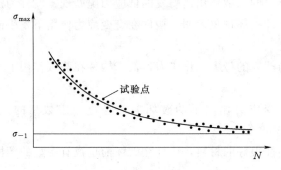

图 11.10 应力-寿命曲线

大量试验表明，钢、铸铁等材料，$\sigma\text{-}N$ 曲线一般都具有水平渐近线，表示试件经历无数次应力循环而不发生破坏，此时的 σ_{max} 称为材料的**疲劳极限**或**持久极限**，如图 11.11（a）所示，用 σ_r 表示。对于铝合金等有色金属，其 $\sigma\text{-}N$ 曲线不存在水平渐近线，即不存在疲劳极限，如图 11.11（b）所示。此时规定，以对应某一指定寿命 N_0（一般取 $N_0 = 10^7 \sim 10^8$）的交变应力的最大应力 σ_{max} 作为疲劳强

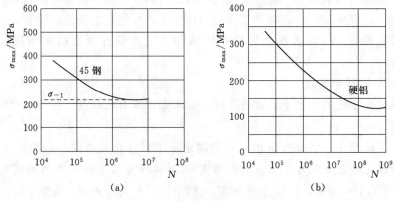

图 11.11 金属应力-寿命曲线

度指标，称为**条件疲劳极限**。

2. 影响构件疲劳极限的因素、提高构件疲劳强度的措施

实践表明，构件的疲劳极限，除了和构件的材料有关外，还与构件的外形、尺寸、表面状况及工作环境等因素有关。提高构件的疲劳强度，一般是指在不改变构件的基本尺寸和材料的前提下，通过减小应力集中和改善构件表面质量，来提高构件的疲劳强度。

构件外形的突变将引起应力集中，这将促使疲劳裂纹的形成，从而显著降低构件的疲劳极限。为了消除或减小应力集中，在设计构件的外形时，要避免出现方形或带有尖角的孔和槽，在截面尺寸突然改变处，要采用半径足够大的过渡圆弧。

经验表明，构件尺寸对疲劳极限的影响，在其他条件相同的情况下，试件的尺寸越大，疲劳极限越低。

构件表面加工精度对疲劳强度影响很大，对于疲劳强度要求较高的构件，应有较低的表面粗糙度。高强度钢对表面粗糙度更为敏感，必须经过精加工才能充分发挥其高强度性能。在使用中也尽量避免构件表面受到机械损伤（如划痕等）和化学损伤（如腐蚀、锈蚀等）。

可采用热处理和化学处理，如表面高频淬火、渗碳、氮化等方式，强化构件表面，提高疲劳强度。但采用这些方法时，应严格控制工艺过程；否则将造成微细裂纹，反而降低持久极限。也可以采用机械方法强化表面，如采用滚压、喷丸等，以提高疲劳强度。

小　结

（1）构件做匀加速运动时，截面内的内力、应力、应变和变形等于杆件在自重作用下相应的内力、应力、应变、变形乘以动荷因素 K_d，有

动荷因素 $$K_d = 1 + \frac{a}{g}$$

动荷载轴力 $$F_{Nd} = K_d F_{Nst}$$

动荷载应力 $$\sigma_d = K_d \sigma_{st}$$

动荷应变 $$\varepsilon_d = K_d \varepsilon_{st} \qquad \Delta l_d = K_d \Delta l_{st}$$

强度条件 $$\sigma_d = K_d \sigma_{st} \leqslant [\sigma]$$

（2）匀速转动时构件的应力，其大小与转动的角速度 ω 有关，与构件的截面面积及密度无关。

（3）冲击荷载作用下的冲击位移和冲击应力，可看作在一个静荷载（冲击物的重量 P）作用时所产生的相应的量乘以一个冲击动荷因素 K_d。

冲击动荷因素 $$K_d = 1 + \sqrt{1 + \frac{2h}{\delta_{st}}}$$

冲击荷载 $$F_d = \frac{EA}{l} \delta_d = \frac{EA}{l} \delta_{st} K_d = K_d P$$

冲击应力 $$\sigma_d = \frac{F_d}{A} = K_d \frac{P}{A} = K_d \sigma_{st}$$

（4）一点的应力随时间的改变而交替变化称为交变应力。金属材料在长期交变应力作用下，虽然最大工作应力远低于其静载作用下的屈服强度、且不产生明显的塑性变形，也可能会发生脆性断裂的疲劳破坏。这类破坏对工程结构的影响是很大的，工程结构中要注意预防，避免出现此类破坏。

思 考 题

11.1 何谓静荷载？何谓动荷载？工程中常见的动荷载有哪些？

11.2 构件做匀加速运动时如何解决动荷载问题？

11.3 何谓动荷因素？它在计算动荷载问题时有什么作用？

11.4 用能量法处理冲击问题时做了哪些假设？

11.5 降低冲击荷载的主要措施有哪些？

11.6 何谓交变应力？交变应力有哪些特征参数？

11.7 什么是疲劳破坏？疲劳破坏有哪些主要特征？

11.8 影响疲劳破坏的因素有哪些？如何提高构件的疲劳强度？

习 题

11.1 钢索容重 $\gamma = 70 \text{kN/m}^3$，许用应力 $[\sigma] = 60 \text{MPa}$，现以长 $l = 60 \text{m}$ 的钢索从地面提升 $P = 50 \text{kN}$ 的重物，3s 内提升了 9m，若提升是等加速的，试求钢索的横截面积为多少？

11.2 图 11.12 所示杆长 l，重 P_1，横截面面积 A，一端固定在竖直轴上，另一端连接一重物，其重量为 P，当此杆绕竖直轴在水平面内以匀角速度 ω 转动时，试求杆的伸长。

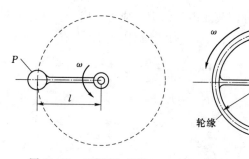

图 11.12 习题 11.2 图   图 11.13 习题 11.3 图

11.3 图 11.13 所示飞轮材料容重 $\gamma = 73 \text{kN/m}^3$，平均直径 $D = 500 \text{mm}$，以等角速度 $\omega = 100/\text{s}$ 绕轴转动，求轮缘内最大正应力（忽略轮辐影响）。

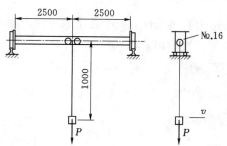

图 11.14 习题 11.4 图

11.4 桥式吊车由两根 No.16 工字钢组成（图 11.14），现吊重物 $P = 50 \text{kN}$ 水平移动，速度为 $v = 1 \text{m/s}$，若吊车突然停止，求停止瞬间梁内最大正应力和吊索内应力将增加多少？吊索截面面积 $A = 500 \text{mm}^2$，重量不计。

11.5 图 11.15 所示飞轮转动惯量 $I_x = 500\mathrm{N} \cdot \mathrm{m} \cdot \mathrm{s}^2$，以转速 $n = 300\mathrm{r/min}$ 靠惯性转动，制动后 8s 停止转动，求轴内最大剪应力。

11.6 悬臂梁 AB 在两种情况下受到自由落体冲击，试问图 11.16（a）所示情况下梁内最大正应力是否为图 11.16（b）所示情况下的 2 倍？为什么？

11.7 图 11.17 所示重物 $P = 25\mathrm{kN}$，以速度 $v = 1\mathrm{m/s}$ 匀速下降，当吊索长 $l = 20\mathrm{m}$ 时，滑轮突然卡住，求吊索受到的冲击荷载 P_d。已知吊索横截面面积为 $A = 414\mathrm{mm}^2$，弹性模量 $E = 170\mathrm{MPa}$（吊索和滑轮质量不计）。

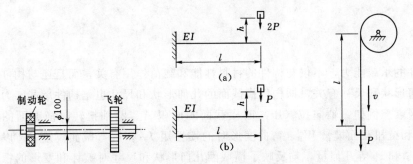

图 11.15 习题 11.5 图   图 11.16 习题 11.6 图   图 11.17 习题 11.7 图

11.8 重量为 P 的物体以水平速度 v 冲击图 11.18 所示刚架 B 点，求冲击后刚架内最大正应力。设刚架两段相同，E、A、I 和 W 均已知。

11.9 图 11.19 所示简支梁中点 C 受到重物 P 的水平冲击，冲击时的速度为 v，若梁的 E、I、W 已知，求冲击时梁内最大正应力和最大线位移。

11.10 重量为 P 的物体自高度 H 自由下落冲击简支梁上 C 点（图 11.20），若梁的 E、I、W 均已知，试求梁内最大正应力及梁中点的挠度。

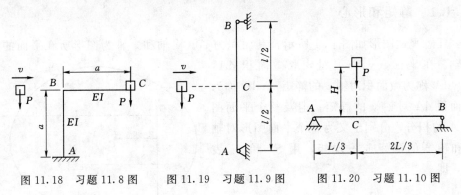

图 11.18 习题 11.8 图   图 11.19 习题 11.9 图   图 11.20 习题 11.10 图

平面图形的几何性质

　　构件的承载能力，不仅与构件的材料性能和载荷作用有关，而且还与构件横截面的几何形状和尺寸有关，即构件横截面的几何形状和尺寸也是构件承载能力的一个重要因素。例如，轴向拉（压）时横截面的面积 A、圆轴扭转时横截面的极惯性矩 I_P 和抗扭截面模量 W_P、弯曲变形时的惯性矩 I_z 和抗弯截面模量 W_z 以及形心位置 y_c 和 z_c 等几何量，均反映了横截面几何形状和尺寸对破坏和变形的抵抗能力。把所有这些与杆的横截面（即平面图形）的形状和尺寸有关的几何量（包括形心、静矩、极惯性矩、惯性矩、惯性半径、惯性积、主轴和形心主轴、主矩和形心主矩等），统称为**平面图形的几何性质**。下面将介绍平面图形几何性质的基本概念和计算方法。

I.1　静矩和形心

I.1.1　静矩和形心

　　任意平面图形如图 I.1 所示，其面积为 A。y 轴和 z 轴为图形所在平面的坐标轴。在坐标（y，z）处，取微面积 $\mathrm{d}A$，则 $y\mathrm{d}A$ 称为微面积对轴 z 的静矩；$z\mathrm{d}A$ 称为微面积 $\mathrm{d}A$ 对轴 y 的静矩；遍及整个平面图形 A 的积分，分别定义为整个平面图形对轴 y 和轴 z 的**静矩**或**一次矩**，用 S_y 和 S_z 表示，即

$$\begin{cases} S_z = \int_A y\,\mathrm{d}A \\ S_y = \int_A z\,\mathrm{d}A \end{cases} \tag{I.1}$$

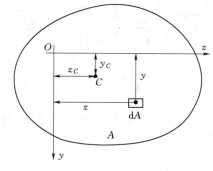

图 I.1　任意平面图形

　　由定义可知，平面图形的静矩是对某一坐标轴而言的，同一截面对于不同的坐标轴，其静矩不同。静矩可能为正，可能为负，也可能为零。静矩的量纲是长度的 3 次方，常用单位为 m^3 或 mm^3。

　　由几何学可知，任何图形只有一个几何中心，图形的几何中心简称为**形心**。平面图形形心位置的确定，可以借助理论力学求均质薄板重心位置的方法来确定。

　　对于均质薄板，当薄板的厚度极其微小时，其重心就是该薄板平面图形的形

心。若用 C 表示平面图形的形心，z_c 和 y_c 表示形心的坐标（图Ⅰ.1），根据理论力学中求均质薄板的重心公式，则有

$$\begin{cases} z_c = \dfrac{\int_A z\,\mathrm{d}A}{A} \\[3mm] y_c = \dfrac{\int_A y\,\mathrm{d}A}{A} \end{cases} \qquad (Ⅰ.2)$$

由于式（Ⅰ.2）中的积分 $\int_A z\,\mathrm{d}A$ 和 $\int_A y\,\mathrm{d}A$ 为式（Ⅰ.1）中的静矩，则有

$$\begin{cases} z_c = \dfrac{S_y}{A} \\[3mm] y_c = \dfrac{S_z}{A} \end{cases} \qquad (Ⅰ.2a)$$

若已知平面图形对 y 轴和 z 轴的静矩及其面积时，即可按式（Ⅰ.2a）确定截面形心在 yOz 坐标系中的坐标；反过来，若将（Ⅰ.2a）改写为

$$\begin{cases} S_y = A \cdot z_c \\ S_z = A \cdot y_c \end{cases} \qquad (Ⅰ.2b)$$

则在已知平面图形面积及其形心在 yOz 坐标系中的坐标时，即可按式（Ⅰ.2b）计算该平面图形对于 y 轴和 z 轴的静矩。

讨论：若平面图形对于某轴的静矩为零（即 $S_z = 0$ 或 $S_y = 0$），则该轴必然通过截面的形心（即 $y_c = 0$ 或 $z_c = 0$）；反之，若某轴通过截面的形心，则截面对于该轴的静矩一定为零。通过图形形心的坐标轴称为**形心轴**。

因此，对于简单平面图形，如矩形、圆形、三角形等，若它们的形心位置已知，则可直接应用式（Ⅰ.2b）求静矩。但在一般情况下，可按式（Ⅰ.1）用积分的方法求出图形的静矩，然后应用式（Ⅰ.2a）求形心位置。若图形有一个对称轴，则由对称性可知，形心在该对称轴上。若图形有两个对称轴，则形心在两对称轴的交点上。由于平面图形的对称轴通过形心，所以平面图形对于对称轴的静矩总是等于零。

【例Ⅰ.1】 图Ⅰ.2所示的半圆截面，半径为 R，坐标轴 y 和 z 如图Ⅰ.2所示，试计算该截面对其 z 轴的静矩 S_z 及形心坐标 y_c。

解： 取平行于 z 轴的狭长条作为微面积，在纵坐标 y 处，截面的半宽度为

$$z = \sqrt{R^2 - y^2}$$

因此，若取图示高为 $\mathrm{d}y$、宽为 $2z$ 且与轴 z 平行的狭长条为微面积，则

$$\mathrm{d}A = 2z\,\mathrm{d}y = 2\sqrt{R^2 - y^2}\,\mathrm{d}y$$

将上式代入式（Ⅰ.1），得半圆形截面对 z 轴的静矩为

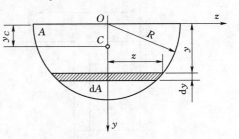

图Ⅰ.2 ［例Ⅰ.1］图

$$S_z = \int_A y\,\mathrm{d}A = \int_0^R 2y\sqrt{R^2 - y^2}\,\mathrm{d}y = \frac{2R^3}{3}$$

于是由式（Ⅰ.2a），形心坐标 y_c 为

$$y_c = \frac{S_z}{A} = \frac{\frac{2}{3}R^3}{\frac{1}{2}\pi R^2} = \frac{4}{3\pi}R$$

Ⅰ.1.2 组合平面图形的静矩和形心

工程中常会遇到由若干简单平面图形组成的复杂平面图形，称为组合平面图形，如 T 形、"工"字形等。在计算组合平面图形对某轴的静矩时，如果由式（Ⅰ.1）用积分的方法计算，有时就会显得十分繁冗。为了避免繁冗的积分计算，可根据静矩的定义，先将其分解为若干个简单图形，算出每个简单图形对某一轴的静矩，然后求其总和，即等于整个图形对于同一轴的静矩，具体公式为

$$\begin{cases} S_z = \sum_{i=1}^{n} A_i y_{ci} \\ S_y = \sum_{i=1}^{n} A_i z_{ci} \end{cases} \tag{Ⅰ.3}$$

式中：A_i 和 y_{ci}、z_{ci} 分别为任一简单图形的面积及其形心在 yOz 坐标系中的坐标；n 为组成该截面的简单图形的个数。

根据静矩和形心坐标的关系，还可以得出计算组合图形形心坐标的公式为

$$\begin{cases} y_c = \dfrac{\sum\limits_{i=1}^{n} A_i y_{ci}}{\sum\limits_{i=1}^{n} A_i} \\[6mm] z_c = \dfrac{\sum\limits_{i=1}^{n} A_i z_{ci}}{\sum\limits_{i=1}^{n} A_i} \end{cases} \tag{Ⅰ.4}$$

【例Ⅰ.2】 求图Ⅰ.3（a）所示 T 形截面形心 C 的位置。

解： 选参考坐标系 yOz 如图Ⅰ.3（b）所示，并将截面划分为Ⅰ和Ⅱ两个矩形。因图形对称，其形心在对称轴 y 上，即 $z_c = 0$。只需计算 y_c 值。

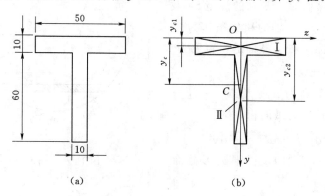

（a）　　　　　　　　（b）

图Ⅰ.3　［例Ⅰ.2］图

矩形Ⅰ的面积与形心的纵坐标分别为

$$A_1 = 10\text{mm} \times 50\text{mm} = 500\text{mm}^2, y_{c1} = \frac{10}{2} = 5\text{mm}$$

$$A_2 = 10\text{mm} \times 60\text{mm} = 600\text{mm}^2, y_{c2} = \frac{60}{2} + 10 = 40\text{mm}$$

$$y_c = \frac{\sum_{i=1}^n A_i y_{ci}}{\sum_{i=1}^n A_i} = \frac{500 \times 5 + 600 \times 40}{500 + 600} = 24.1(\text{mm})$$

Ⅰ.2　惯性矩、极惯性矩和惯性积

Ⅰ.2.1　惯性矩

任意面积为 A 的平面图形如图Ⅰ.4 所示。在坐标系 yOz 中的（y，z）处取微面积 $\mathrm{d}A$，则 $y^2\mathrm{d}A$ 称为微面积对轴 z 的惯性矩；$z^2\mathrm{d}A$ 称为微面积 $\mathrm{d}A$ 对轴 y 的惯性矩，即

$$\begin{cases} I_z = \int_A y^2 \mathrm{d}A \\ I_y = \int_A z^2 \mathrm{d}A \end{cases} \quad (\text{Ⅰ}.5)$$

则分别定义为平面图形对 z 轴和 y 轴的**惯性矩**，也称平面图形对 z 轴和 y 轴的二次矩。

由定义可知，图形的惯性矩也是对某一坐标轴而言的。由于 y^2 和 z^2 总是正的，所以 I_z 和 I_y 永远是正值。惯性矩的量纲是长度的 4 次方，常用单位为 m^4 或 mm^4。

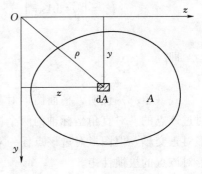

图Ⅰ.4　平面图形

另外，惯性矩的大小不仅与图形面积有关，而且与图形面积相对于坐标轴的分布有关。面积离坐标轴越远，惯性矩越大；反之，面积离坐标轴越近，惯性矩越小。

Ⅰ.2.2　惯性半径

在工程中，为了便于计算，常将惯性矩 I_z 和 I_y 表示为平面图形面积 A 与某一长度平方的乘积，即

$$\begin{cases} I_z = i_z^2 A \\ I_y = i_y^2 A \end{cases}$$

或者写成

$$\begin{cases} i_z = \sqrt{\dfrac{I_z}{A}} \\ i_y = \sqrt{\dfrac{I_y}{A}} \end{cases} \quad (\text{Ⅰ}.6)$$

通常把 i_z 和 i_y 分别称为平面图形对 z 轴和 y 轴的**惯性半径**（或回转半径）。

惯性半径的量纲是长度的一次方，常用单位为 m 或 mm。

Ⅰ.2.3　极惯性矩

在图Ⅰ.4中，设微面积 dA 到坐标原点 O 的距离为 ρ，定义 $\rho^2 dA$ 为该微面积 dA 对 O 点的**极惯性矩**，遍及整个图形面积 A 的积分，即

$$I_\rho = \int_A \rho^2 dA \qquad (Ⅰ.7)$$

称为平面图形对坐标原点 O 的**极惯性矩**或**二次极矩**。

由以上定义可知，极惯性矩是对一定点而言的，同一平面图形对于不同点一般有不同的极惯性矩。极惯性矩恒为正值，它的量纲为长度的 4 次方，常用单位为 m^4 或 mm^4。

由图Ⅰ.4可见，微面积 dA 到坐标原点 O 的距离 ρ 和它到两个坐标轴的距离 y、z 有以下关系，即

$$\rho^2 = z^2 + y^2$$

则

$$I_\rho = \int_A \rho^2 dA = \int_A (z^2 + y^2) dA = \int_A z^2 dA + \int_A y^2 dA$$

即

$$I_\rho = I_y + I_z \qquad (Ⅰ.8)$$

式（Ⅰ.8）说明，平面图形对其所在平面内任一点的极惯性矩，恒等于此图形对过该点的一对直角坐标轴的两个惯性矩之和。因此，尽管过任一点可以作出无限多对正交轴，但图形对过该点任一对正交轴的惯性矩之和始终不变，其值都等于图形对该点的极惯性矩。

Ⅰ.2.4　惯性积

在图Ⅰ.4中，在坐标为 (y, z) 的任一点处取微面积 dA，定义 $yz\,dA$ 为该微面积 dA 对 y、z 轴的**惯性积**，把遍及整个图形面积 A 的以下积分

$$I_{yz} = \int_A yz\,dA \qquad (Ⅰ.9)$$

定义为平面图形对 y、z 轴的**惯性积**。

由定义可知，惯性积的数值可以为正，可以为负，也可以等于零。惯性积的量纲是长度的 4 次方，常用单位为 m^4 或 mm^4。

由式（Ⅰ.9）可见，若平面图形在所取的坐标系中，有一个轴是图形的对称轴，则平面图形对于这对轴的惯性积必然为零。以图Ⅰ.5为例。图中 y 轴是图形的对称轴，如果在 y 轴左、右两侧的对称位置处各取一微面积 dA，两者的 y 坐标相同，而 z 坐标数值相

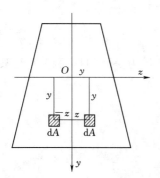

图Ⅰ.5　平面坐标系

等但符号相反。这时，两微面积对于 y、z 轴的惯性积数值相等，符号相反，在积分中相互抵消，将此推广到整个截面，则有

$$I_{yz} = \int_A yz \, dA = 0$$

【例Ⅰ.3】　试计算图Ⅰ.6所示，高为 h、宽为 b 的矩形截面对于其对称轴 y 和 z 的惯性矩及对 y、z 两轴的惯性积。

解：（1）先求对 z 轴的惯性矩。取宽为 b 高为 dy 且平行于 z 轴的狭长微面积 dA，则 $dA = b \, dy$，由式（Ⅰ.5）有

$$I_z = \int_A y^2 \, dA = \int_{-\frac{h}{2}}^{\frac{h}{2}} z^2 b \, dy = \frac{bh^3}{12}$$

（2）同理可以求得

$$I_y = \frac{hb^3}{12}$$

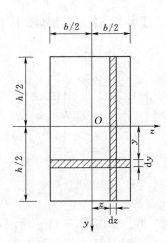

图Ⅰ.6　［例Ⅰ.3］图

（3）因为 y、z 轴是对称轴，所以 $I_{yz} = 0$。

【例Ⅰ.4】　试计算图Ⅰ.7所示圆形对其圆心 O 的极惯性矩和对其形心轴的惯性矩。

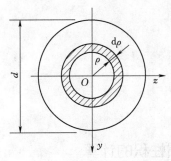

图Ⅰ.7　［例Ⅰ.4］图

解：（1）在距圆心 O 为 ρ 处取宽度为 $d\rho$ 的圆环形微面积 dA，则 $dA = 2\pi\rho \, d\rho$ 图形对其圆心的极惯性矩为

$$I_\rho = \int_A \rho^2 \, dA = \int_0^{\frac{d}{2}} 2\pi\rho^3 \, d\rho = \frac{\pi d^4}{32}$$

（2）由圆的对称性可知：$I_z = I_y$，根据上式可得

$$I_z = I_y = \frac{\pi d^4}{64}$$

另外，因为 y、z 轴是对称轴，所以 $I_{yz} = 0$。

对于由若干个简单图形组合而成的组合截面，根据惯性矩的定义，组合截面对某个坐标轴的惯性矩等于各简单图形对于同一坐标轴的惯性矩之和；惯性积也类同，即

$$\begin{cases} I_y = \sum_{i=1}^{n} I_{yi} \\ I_z = \sum_{i=1}^{n} I_{zi} \\ I_{yz} = \sum_{i=1}^{n} I_{yzi} \end{cases} \quad (Ⅰ.10)$$

例如，可以把图Ⅰ.8所示的空心圆，看作由直径为 D 的实心圆减去直径为 d 的圆，由式（Ⅰ.10），并使用［例Ⅰ.4］所得结果，即可求得

图Ⅰ.8　空心圆

$$I_y = I_z = \frac{\pi D^4}{64} - \frac{\pi d^4}{64} = \frac{\pi}{64}(D^4 - d^4)$$

$$I_\rho = \frac{\pi D^4}{32} - \frac{\pi d^4}{32} = \frac{\pi}{32}(D^4 - d^4)$$

【例 I.5】 试计算图 I.9（a）所示空心图形对形心轴 z 的惯性矩。

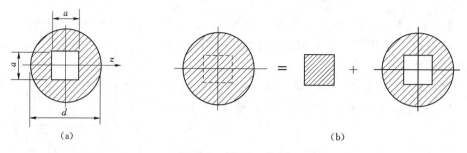

(a)　　　　　　　　　　　　　　　(b)

图 I.9　[例 I.5] 图

解：如图 I.9（b）所示，直径为 d 的圆形，可视为由边长为 a 的正方形与上述空心图形所组成。设上述空心图形对 z 轴的惯性矩为 I_z，圆形与正方形对轴 z 的惯性矩分别为 I_z^d 和 I_z^a，则有

$$I_z^d = I_z^a + I_z$$

由此得

$$I_z = I_z^d - I_z^a$$

已知圆形和矩形对 z 轴的惯性矩分别为

$$I_z^d = \frac{\pi d^4}{64}, I_z^a = \frac{a^4}{12}$$

于是，上述空心图形对 z 轴的惯性矩为

$$I_z = \frac{\pi d^4}{64} - \frac{a^4}{12}$$

I.3　平行移轴公式　组合截面惯性矩和惯性积的计算

由惯性矩和惯性积的定义可知，同一截面对于不同坐标轴的惯性矩和惯性积一般不同，但当两对坐标轴相互平行，且其中一对坐标轴是截面的形心轴时，截面对这两对坐标轴的惯性矩和惯性积存在比较简单的关系。利用这种关系，可以简化计算组合截面的惯性矩和惯性积。

I.3.1　平行移轴公式

任意平面图形如图 I.10 所示，C 为图形的形心，y_c、z_c 轴是平面图形的形心轴。平面图形对于该两轴的惯性矩和惯性积分别为

$$\begin{cases} I_{yc} = \displaystyle\int_A z_c^2 \mathrm{d}A \\[2mm] I_{zc} = \displaystyle\int_A y_c^2 \mathrm{d}A \\[2mm] I_{yczc} = \displaystyle\int_A y_c z_c \mathrm{d}A \end{cases} \quad \text{(a)}$$

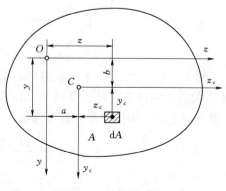

图 I.10　任意平面图形

选取另一分别与 y_c、z_c 轴平行的坐标轴 yOz，它们之间的距离分别为 a 和 b，如图Ⅰ.10所示，满足关系

$$\begin{cases} y = y_c + b \\ z = z_c + a \end{cases} \tag{b}$$

图形对 y 轴的惯性矩为

$$I_y = \int_A z^2 \mathrm{d}A = \int_A (z_c + a)^2 \mathrm{d}A = \int_A (z_c^2 + 2az_c + a^2)\mathrm{d}A$$

$$= \int_A z_c^2 \mathrm{d}A + 2a \int_A z_c \mathrm{d}A + a^2 \int_A \mathrm{d}A$$

由于平面图形对于形心轴的静矩恒等于零，即 $\int_A z_c \mathrm{d}A = 0$，故有

$$I_y = I_{yc} + a^2 A$$

同理可得

$$I_z = I_{zc} + b^2 A \text{ 和 } I_{yz} = I_{yczc} + abA$$

因此称表达式

$$\begin{cases} I_y = I_{yc} + b^2 A \\ I_z = I_{zc} + a^2 A \\ I_{yz} = I_{yczc} + abA \end{cases} \tag{Ⅰ.11}$$

为惯性矩和惯性积的平行移轴公式。表明以下几点。

（1）平面图形对于任一轴的惯性矩，等于平面图形对于与该轴平行的形心轴的惯性矩加上截面的面积与两轴距离平方的乘积。

（2）平面图形对于任意两轴的惯性积，等于平面图形对于与该两轴平行的形心轴的惯性积加上平面图形的面积与两对平行轴间距离的乘积。

（3）图形对一簇平行轴的惯性矩中，以对形心轴的惯性矩为最小。另外，公式中的 a 和 b 是形心 C 在 yOz 坐标系中的坐标，可为正，也可为负；公式中 I_{yc}、I_{zc} 和 I_{yczc} 为图形对形心轴的惯性矩和惯性积，即 y_c、z_c 轴必须通过截面的形心，对于这两点，在具体使用公式时应加以注意。

Ⅰ.3.2　组合截面惯性矩和惯性积的计算

在工程实际中常会遇到组合图形，计算其惯性矩和惯性积需用到式（Ⅰ.10），而此式中 I_{yi}、I_{zi} 和 I_{yzi} 的计算常会用到平行移轴公式（Ⅰ.11），对此，下面将用例题来加以说明。

【例Ⅰ.6】 图Ⅰ.11所示"工"字形图形，由上、下翼缘与腹板组成，试计算图形对水平形心轴 z 的惯性矩 I_z。

解：将图形分解为矩形Ⅰ、矩形Ⅱ和矩形Ⅲ。

设矩形Ⅰ的水平形心轴为 z_1，则由式（Ⅰ.11）可知，矩形Ⅰ对 z 轴的惯性矩为

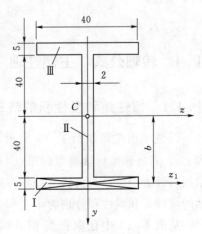

图Ⅰ.11　[例Ⅰ.6]图

$$I_z^{\mathrm{I}} = I_{z1}^{\mathrm{I}} + b^2 A_{\mathrm{I}} = \frac{40 \times 5^3}{12} + \left(40 + \frac{5}{2}\right)^2 \times 40 \times 5 = 3.62 \times 10^5 (\mathrm{mm}^4)$$

矩形Ⅱ的形心与整个图形的形心 C 重合，故该矩形对 z 轴的惯性矩为

$$I_z^{\mathrm{II}} = \frac{2 \times 80^3}{12} = 8.53 \times 10^4 (\mathrm{mm}^4)$$

由于矩形Ⅰ和矩形Ⅲ对 z 轴的惯性矩相等，于是整个图形对 z 轴的惯性矩为

$$I_z = 2 I_{z1}^{\mathrm{I}} + I_z^{\mathrm{II}} = 2 \times 3.62 \times 10^5 + 8.53 \times 10^4 = 8.09 \times 10^5 (\mathrm{mm}^4)$$

【例Ⅰ.7】 由两个 20a 号槽钢截面图形组成的组合平面图形如图Ⅰ.12（a）所示。设 $a = 100\mathrm{mm}$，试求此组合平面图形对 y、z 两对称轴的惯性矩。

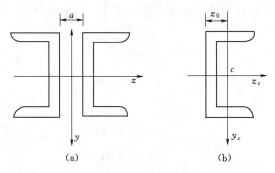

图Ⅰ.12 ［例Ⅰ.7］图

解： 先把 20a 号槽钢的有关数据从附录中的型钢表中查出。

$$A = 28.83 \times 10^2 \mathrm{mm}^2, I_{yc} = 128 \times 10^4 \mathrm{mm}^4$$
$$I_{zc} = 1780.4 \times 10^4 \mathrm{mm}^4, z_0 = 20.1\mathrm{mm}$$

（1）计算截面对 z 轴的惯性矩：

$$I_z = 2 I_{zc} = 2 \times 1780.4 \times 10^4 = 3560.8 \times 10^4 (\mathrm{mm}^4)$$

（2）计算截面对 y 轴的惯性矩：

由平行移轴公式可求得

$$I_{zy} = 2\left[I_{yc} + \left(\frac{a}{2} + z_0\right)^2 A\right]$$

$$= 2 \times \left[12 \times 10^4 + \left(\frac{100}{2} + 20.1\right)^2 \times 28.83 \times 10^2\right] = 3089.4 \times 10^4 (\mathrm{mm}^4)$$

Ⅰ.4 转轴公式 主惯性轴 主惯性矩

Ⅰ.4.1 惯性矩和惯性积的转轴公式

任意平面图形如图Ⅰ.13 所示，其对 y 轴和 z 轴的惯性矩和惯性积为 I_y、I_z 和 I_{yz}。若将该坐标轴绕坐标原点 O 旋转 α 角（规定 α 角沿逆时针方向旋转为正，沿顺时针方向旋转为负），得到一对新坐标轴 y_1 轴和 z_1 轴，假设图形对 y_1 轴、z_1 轴的惯性矩和惯性积分别为 I_{y_1}、I_{z_1} 和 $I_{y_1 z_1}$。

从图Ⅰ.13 中任取微面积 $\mathrm{d}A$，其在新、旧两个坐标系中的坐标 (y_1, z_1) 和 (y, z) 之间有以下变换关系，即

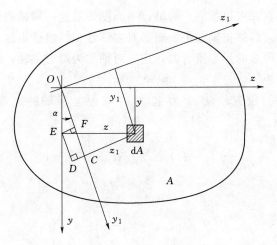

图Ⅰ.13 任意平面图形

$$y_1 = y\cos\alpha + z\sin\alpha$$
$$z_1 = z\cos\alpha - y\sin\alpha$$

于是
$$I_{y_1} = \int_A z_1^2 \,\mathrm{d}A = \int_A (z\cos\alpha - y\sin\alpha)^2 \,\mathrm{d}A$$

$$I_{z_1} = \int_A y_1^2 \,\mathrm{d}A = \int_A (y\cos\alpha + z\sin\alpha)^2 \,\mathrm{d}A$$

$$I_{y_1 z_1} = \int_A z_1 y_1 \,\mathrm{d}A = \int_A (z\cos\alpha - y\sin\alpha)(y\cos\alpha + z\sin\alpha) \,\mathrm{d}A$$

将积分记号内各项展开，得
$$I_{y_1} = I_y \cos^2\alpha + I_z \sin^2\alpha - I_{yz}\sin2\alpha$$
$$I_{z_1} = I_z \cos^2\alpha + I_y \sin^2\alpha + I_{yz}\sin2\alpha$$
$$I_{y_1 z_1} = I_{yz}\cos^2\alpha + I_y\sin\alpha\cos\alpha - I_z\sin\alpha\cos\alpha - I_{yz}\sin^2\alpha$$

将 $\cos^2\alpha = \dfrac{1+\cos2\alpha}{2}$，$\sin^2\alpha = \dfrac{1-\cos2\alpha}{2}$ 代入，得

$$I_{y_1} = \frac{1}{2}(I_y + I_z) + \frac{1}{2}(I_y - I_z)\cos2\alpha - I_{yz}\sin2\alpha \qquad (Ⅰ.12)$$

$$I_{z_1} = \frac{1}{2}(I_y + I_z) - \frac{1}{2}(I_y - I_z)\cos2\alpha + I_{yz}\sin2\alpha \qquad (Ⅰ.13)$$

$$I_{y_1 z_1} = \frac{1}{2}(I_y - I_z)\sin2\alpha + I_{yz}\cos2\alpha \qquad (Ⅰ.14)$$

上式即为惯性矩与惯性积的**转轴公式**。显然，惯性矩和惯性积都是 α 角的函数，反映了惯性矩和惯性积随 α 角变化的规律。

若将式（Ⅰ.12）和式（Ⅰ.13）相加，可得
$$I_y + I_z = I_{y_1} + I_{z_1} \qquad (Ⅰ.15)$$

式（Ⅰ.15）再一次说明，平面图形对于通过同一点的任意一对相互垂直轴的两惯性矩之和为一常数。

Ⅰ.4.2 主惯性轴与主惯性矩

由式（Ⅰ.14）可看出，当 2α 在 $0°\sim360°$ 范围内变化时，惯性积有正、负的变

化。因此，通过一点总可以找到一对轴，平面图形对这一对轴的惯性积为零，这一对轴称为主惯性轴，简称主轴。平面图形对主惯性轴的惯性矩称为主惯性矩。当坐标系的原点和平面图形的形心重合时，这一对轴称为形心主轴，对形心主轴的惯性矩称为形心主惯性矩。

现在确定主轴的位置。设 α_0 为主轴 y_0 与原坐标轴的夹角，将 $\alpha = \alpha_0$ 代入式（Ⅰ.14）并令 $I_{y_1 z_1} = 0$，得到

$$\frac{1}{2}(I_y - I_z)\sin 2\alpha_0 + I_{yz}\cos 2\alpha_0 = 0$$

因此

$$\tan 2\alpha_0 = -\frac{2I_{yz}}{I_y - I_z} \qquad （Ⅰ.16）$$

由此式即可确定主轴 y_0 的方位。

由式（Ⅰ.12）和式（Ⅰ.13）还可看出，当 2α 在 $0° \sim 360°$ 范围内变化时，I_{y_1} 和 I_{z_1} 存在着极值。设 α_1 为惯性矩为极值的轴与原坐标轴的夹角，则可利用求极值的方法，得到

$$\left. \frac{\mathrm{d}I_{y_1}}{\mathrm{d}\alpha} \right|_{\alpha = \alpha_1} = 0$$

即

$$-2\left[\frac{1}{2}(I_y - I_z)\sin 2\alpha_1 + I_{yz}\cos 2\alpha_1\right] = 0$$

因此

$$\tan 2\alpha_1 = -\frac{2I_{yz}}{I_y - I_z}$$

将上式与式（Ⅰ.16）比较可知，$\alpha_1 = \alpha_0$，即平面图形对主轴的惯性矩具有极值。由式（Ⅰ.15）得知，对通过同一点的正交轴的惯性矩之和为常量，故平面图形对一根主轴的惯性矩，是该图形对过该点的所有轴的惯性矩中的最大值，而对另一根主轴的惯性矩为最小值。

现在确定主惯性矩的大小。利用式（Ⅰ.16）可求得 α_0 值，代入式（Ⅰ.12）及式（Ⅰ.13），得到主惯性矩的计算公式为

$$\begin{cases} I_{y_0} = \dfrac{1}{2}(I_y + I_z) + \sqrt{\left(\dfrac{I_y - I_z}{2}\right)^2 + (I_{yz})^2} \\ I_{z_0} = \dfrac{1}{2}(I_y + I_x) - \sqrt{\left(\dfrac{I_y - I_z}{2}\right)^2 + (I_{yz})^2} \end{cases} \qquad （Ⅰ.17）$$

由式（Ⅰ.17）可知，I_{y_0} 即为极大值 $I_{\max}$，I_{z_0} 为极小值 $I_{\min}$。但若 α_0 为负值，则等式右边开方号前的"$\pm$"号应改为"$\mp$"号。

在弯曲问题的计算中，主要是求平面图形的形心主轴和形心主惯性矩。其计算方法如下：①如平面图形有两根对称轴，则这两根对称轴即为形心主惯性轴，平面图形对这两根对称轴的惯性矩即为形心主惯性矩；②如平面图形有一根对称轴，则

该轴和与之正交的形心轴即为该平面图形的形心主轴，平面图形对这对形心主轴的惯性矩，即为形心主惯性矩；③如平面图形没有对称轴，则先由式（Ⅰ.5）确定平面图形形心的位置，然后选取一对便于计算惯性矩和惯性积的形心轴 y 和 z，计算平面图形的 I_y、I_z 和 I_{yz}，再由式（Ⅰ.16）确定形心主轴的位置，最后由式（Ⅰ.17）计算形心主惯性矩的大小。

必须指出，以上所述惯性矩的极大值和极小值，是就过某一给定点所有坐标轴而言的，它们分别等于过该给定点的两个主惯性矩。离开某给定点来讨论惯性矩的极值是无意义的，因为由平行移轴定理可知，轴离形心越远，图形对该轴的惯性矩也就越大，因而不存在最大值。

【例Ⅰ.8】 图Ⅰ.14（a）所示图形，$h=100\text{mm}$，$b=50\text{mm}$，$\delta=10\text{mm}$，试确定图形形心主惯性轴的方位和形心主惯性矩。

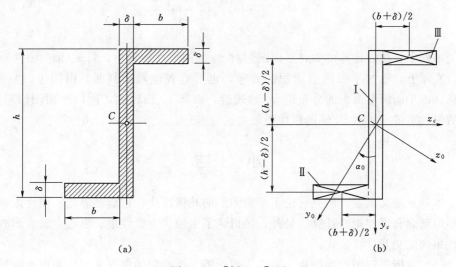

图Ⅰ.14　[例Ⅰ.8] 图

解：（1）确定形心位置。图示平面图形的对称中心 C 为该图形的形心。以形心 C 作为坐标原点，平行于图形棱边的 y_c、z_c 轴作为参考坐标系，把图形看作 3 个矩形Ⅰ、Ⅱ和Ⅲ的组合图形，如图Ⅰ.14（b）所示。

（2）计算图形对 y_c、z_c 轴的惯性矩和惯性积。

$$
\begin{cases}
I_{yc}=(I_{yc})_{\text{Ⅰ}}+2(I_{yc})_{\text{Ⅱ}}=\dfrac{h\delta^3}{12}+2\left[\dfrac{\delta b^3}{12}+b\delta\left(\dfrac{b+\delta}{2}\right)^2\right]\\[3mm]
I_{zc}=(I_{zc})_{\text{Ⅰ}}+2(I_{zc})_{\text{Ⅱ}}=\dfrac{\delta h^3}{12}+2\left[\dfrac{b\delta^3}{12}+b\delta\left(\dfrac{h-\delta}{2}\right)^2\right]\\[3mm]
I_{yczc}=(I_{yczc})_{\text{Ⅰ}}+(I_{yczc})_{\text{Ⅱ}}+(I_{yczc})_{\text{Ⅲ}}\\[2mm]
\qquad=0+b\delta\dfrac{h-\delta}{2}\left(-\dfrac{b+\delta}{2}\right)+b\delta\left(-\dfrac{h-\delta}{2}\right)\left(-\dfrac{b+\delta}{2}\right)
\end{cases}
$$

将有关数据代入上述各式，得

$$
\begin{cases}
I_{yc}=1.117\times10^6\,\text{mm}^4\\[1mm]
I_{zc}=2.87\times10^6\,\text{mm}^4\\[1mm]
I_{yczc}=-1.35\times10^6\,\text{mm}^4
\end{cases}
$$

（3）确定形心主惯性轴的位置。由式（I.16）得

$$\tan 2\alpha_0 = -\frac{2I_{yczc}}{I_{yc} - I_{zc}} = -\frac{2\times(-1.35\times10^6)}{1.117\times10^6 - 2.87\times10^6} = -1.540$$

由此得形心主轴 y_0 的方位角为 $\alpha_0 = -28°30'$

（4）求形心主惯性矩。由式（I.17），因 $\alpha_0 = -28°30'$ 为负值，则有

$$\begin{cases} I_{y_0} = \frac{1}{2}(I_{yc} + I_{zc}) - \sqrt{\left(\frac{I_{yc} - I_{zc}}{2}\right)^2 + (I_{yczc})^2} \\ I_{z_0} = \frac{1}{2}(I_{yc} + I_{xc}) + \sqrt{\left(\frac{I_{yc} - I_{zc}}{2}\right)^2 + (I_{yczc})^2} \end{cases}$$

由此，代入数据得图形的形心主惯性矩为

$$I_{y_0} = 0.385\times10^6\,\mathrm{mm}^4$$

$$I_{z_0} = 3.60\times10^6\,\mathrm{mm}^4$$

本例中，通过计算可知，平面图形对 y_0 轴的惯性矩最小，对 z_0 轴的惯性矩最大。实际上，通过平面图形面积的分布，也可直观地做出判断。由图 I.14（b）可见，该平面图形面积的分布离 y_0 轴较近，而离 z_0 轴较远，所以平面图形对 y_0 轴的惯性矩最小，对 z_0 轴的惯性矩最大。

小　结

本章从定义出发，研究讨论了平面图形的几何性质，重点是静矩、惯性矩和惯性积的概念和惯性矩的计算。另外，还讨论了主轴、主惯性矩、形心主轴、形心主惯性矩的定义及计算公式。

（1）掌握平面图形的静矩、形心、惯性矩、惯性积的概念，记住矩形和圆形等简单图形的惯性矩。

（2）掌握惯性矩的平行移轴公式，学会应用平行移轴公式计算组合图形对形心轴的惯性矩。

（3）了解主轴、主惯性矩、形心主轴和形心主惯性矩的意义。

思　考　题

I.1　什么是静矩？静矩和形心有何关系？静矩为零的条件是什么？

I.2　如何确定组合截面形心的位置？

I.3　试述平面图形的惯性矩、惯性积和极惯性矩的定义各有什么特点？

I.4　惯性矩的平行移轴公式是什么？有什么用处？应用它什么条件？

I.5　为什么说各平行轴中以形心轴的惯性矩为最小？

I.6　如何计算矩形、圆形与三角形截面的惯性矩？

I.7　何谓形心主惯性轴、形心主惯性矩？形心主惯性矩有何特点？

习　题

I.1　试确定图 I.15（a）、（b）所示图形的形心位置。

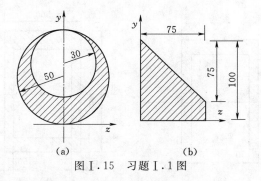

(a)　　　　　(b)

图Ⅰ.15　习题Ⅰ.1图

Ⅰ.2　试确定图Ⅰ.16所示平面图形的形心位置。

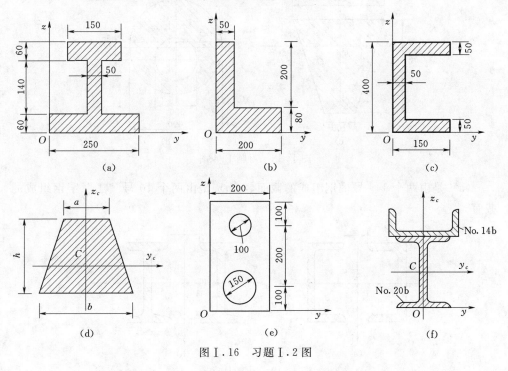

图Ⅰ.16　习题Ⅰ.2图

Ⅰ.3　试计算图Ⅰ.17（a）、（b）所示图形对 y、z 轴的惯性矩和惯性积。

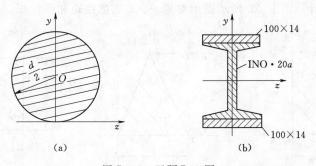

图Ⅰ.17　习题Ⅰ.3图

Ⅰ.4　试计算图Ⅰ.18所示图形对水平形心轴 z 的惯性矩。

Ⅰ.5　当图Ⅰ.19所示组合截面对两对称轴 y、z 的惯性矩相等时，求它们的间距 a。

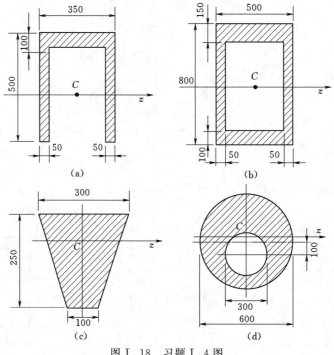

图 I.18 习题 I.4图

（a）是由两个 14a 号槽钢组成的截面。（b）是由两个 10 号"工"字钢组成的截面。

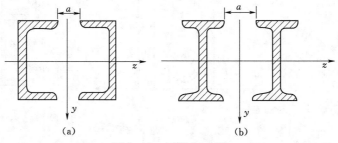

图 I.19 习题 I.5图

I.6 试计算图 I.20 所示图形对轴 y、z 的惯性矩和惯性积。

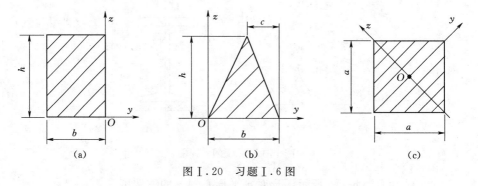

图 I.20 习题 I.6图

I.7 试证明正方形及等边三角形对通过形心的任一对轴均为形心主轴（图 I.21），并对任一形心主轴的惯性矩均相等。

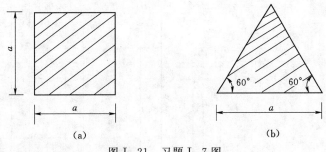

图Ⅰ.21　习题Ⅰ.7图

Ⅰ.8　试画出图Ⅰ.22所示图形的形心主轴的大致位置，并指出各图形的一对形心主轴中，图形对哪根轴的形心主惯性矩最大？

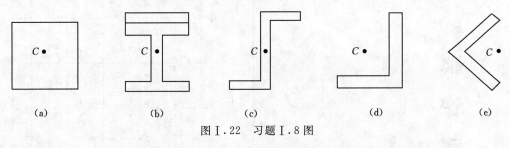

图Ⅰ.22　习题Ⅰ.8图

Ⅰ.9　确定图Ⅰ.23所示截面形心主轴的位置，并求形心主惯性矩。

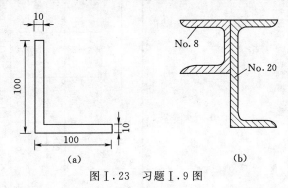

图Ⅰ.23　习题Ⅰ.9图

Ⅰ.10　试求图Ⅰ.24所示型钢组合截面的形心主轴及形心主惯矩。

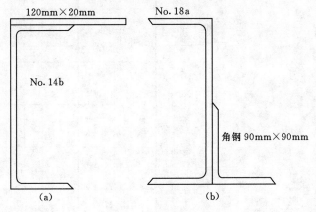

图Ⅰ.24　习题Ⅰ.10图

附录Ⅱ 型钢规格表

热轧等边角钢 (GB 9787—88)

表Ⅱ.1

符号意义:

b——边宽度;
d——边厚度;
r——内圆弧半径;
r₁——边端内圆弧半径;

I——惯性矩;
i——惯性半径;
w——截面系数;
z₀——重心距离。

角钢号数	尺寸/mm			截面面积/cm²	理论重量/(kg/m)	外表面积/(m²/m)	参考数值											
							$x-x$			x_0-x_0			y_0-y_0			x_1-x_1	z_0
	b	d	r				I_x /cm⁴	i_x /cm	w_x /cm³	I_{x_0} /cm⁴	i_{x_0} /cm	w_{x_0} /cm³	I_{y_0} /cm⁴	i_{y_0} /cm	w_{y_0} /cm³	I_{x_1} /cm⁴	/cm
2	20	3		1.132	0.889	0.078	0.40	0.59	0.29	0.63	0.75	0.45	0.17	0.39	0.20	0.81	0.60
	20	4	3.5	1.459	1.145	0.077	0.50	0.58	0.36	0.78	0.73	0.55	0.22	0.38	0.24	1.09	0.64
2.5	25	3		1.432	1.124	0.098	0.82	0.76	0.46	1.29	0.95	0.73	0.34	0.49	0.33	1.57	0.73
	25	4		1.859	1.459	0.097	1.03	0.74	0.59	1.62	0.93	0.92	0.43	0.48	0.40	2.11	0.76
3.0	30	3		1.749	1.373	0.117	1.46	0.91	0.68	2.31	1.15	1.09	0.61	0.59	0.51	2.71	0.85
	30	4	4.5	2.276	1.786	0.117	1.84	0.90	0.87	2.92	1.13	1.37	0.77	0.58	0.62	3.63	0.89
3.6	36	3		2.109	1.656	0.141	2.58	1.11	0.99	4.09	1.39	1.61	1.07	0.71	0.76	4.68	1.00
	36	4		2.756	2.163	0.141	3.29	1.09	1.28	5.22	1.38	2.05	1.37	0.70	0.93	6.25	1.04
	36	5		3.382	2.654	0.141	3.95	1.08	1.56	6.24	1.36	2.45	1.65	0.70	1.09	7.84	1.07

续表

角钢号数	尺寸/mm b	d	r	截面面积/cm²	理论重量/(kg/m)	外表面积/(m²/m)	I_x/cm⁴	i_x/cm	w_x/cm³	I_{x_0}/cm⁴	i_{x_0}/cm	w_{x_0}/cm³	I_{y_0}/cm⁴	i_{y_0}/cm	w_{y_0}/cm³	I_{x_1}/cm⁴	z_0/cm
4.0	40	3	5	2.359	1.852	0.157	3.58	1.23	1.23	5.69	1.55	2.01	1.49	0.79	0.96	6.41	1.09
		4		3.086	2.422	0.157	4.60	1.22	1.60	7.29	1.54	2.58	1.91	0.79	1.19	8.56	1.13
		5		3.791	2.976	0.156	5.53	1.21	1.96	8.76	1.52	3.01	2.30	0.78	1.39	10.74	1.17
4.5	45	3	5	2.659	2.088	0.177	5.17	1.40	1.58	8.20	1.76	2.58	2.14	0.89	1.24	9.12	1.22
		4		3.486	2.736	0.177	6.65	1.38	2.05	10.56	1.74	3.32	2.75	0.89	1.54	12.18	1.26
		5		4.292	3.369	0.176	8.04	1.37	2.51	12.74	1.72	4.00	3.33	0.88	1.81	15.25	1.30
		6		5.076	3.985	0.176	9.33	1.36	2.95	14.76	1.70	4.64	3.89	0.88	2.06	18.36	1.33
5	50	3	5.5	2.971	2.332	0.197	7.18	1.55	1.96	11.37	1.96	3.22	2.98	1.00	1.57	12.50	1.34
		4		3.897	3.059	0.197	9.26	1.54	2.56	14.70	1.94	4.16	3.82	0.99	1.96	16.69	1.38
		5		4.803	3.770	0.196	11.21	1.53	3.13	17.79	1.92	5.03	4.64	0.98	2.31	20.90	1.42
		6		5.688	4.465	0.196	13.05	1.52	3.68	20.68	1.91	5.85	5.42	0.98	2.63	25.14	1.46
5.6	56	3	6	3.343	2.624	0.221	10.19	1.75	2.48	16.14	2.20	4.08	4.24	1.13	2.02	17.56	1.48
		4		4.390	3.446	0.220	13.18	1.73	3.24	20.92	2.18	5.28	5.46	1.11	2.52	23.43	1.53
		5		5.415	4.251	0.220	16.02	1.72	3.97	25.42	2.17	6.42	6.61	1.10	2.98	29.33	1.57
		8		8.367	6.568	0.219	23.63	1.68	6.03	37.37	2.11	9.44	9.89	1.09	4.16	46.24	1.68
6.3	63	4	7	4.978	3.907	0.248	19.03	1.96	4.13	30.17	2.46	6.78	7.89	1.26	3.29	33.35	1.70
		5		6.143	4.822	0.248	23.17	1.94	5.08	36.77	2.45	8.25	9.57	1.25	3.90	41.73	1.74
		6		7.288	5.721	0.247	27.12	1.93	6.00	43.03	2.43	9.66	11.20	1.24	4.46	50.14	1.78
		8		9.515	7.469	0.247	34.46	1.90	7.75	54.56	2.40	12.25	14.33	1.23	5.47	67.11	1.85
		10		11.657	9.151	0.246	41.09	1.88	9.39	64.85	2.36	14.56	17.33	1.22	6.36	84.31	1.93

续表

角钢号数	尺寸/mm			截面面积/cm²	理论重量/(kg/m)	外表面积/(m²/m)	参考数值											
	b	d	r				$x-x$			x_0-x_0			y_0-y_0			x_1-x_1	z_0
							I_x/cm⁴	i_x/cm	w_x/cm³	I_{x_0}/cm⁴	i_{x_0}/cm	w_{x_0}/cm³	I_{y_0}/cm⁴	i_{y_0}/cm	w_{y_0}/cm³	I_{x_1}/cm⁴	/cm
7	70	4	8	5.570	4.372	0.275	26.39	2.18	5.14	41.80	2.74	8.44	10.99	1.40	4.17	45.74	1.86
		5		6.875	5.397	0.275	32.21	2.16	6.32	51.08	2.73	10.32	13.34	1.39	4.95	57.21	1.91
		6		8.160	6.406	0.275	37.77	2.15	7.48	59.93	2.71	12.11	15.61	1.38	5.67	68.73	1.95
		7		9.424	7.398	0.275	43.09	2.14	8.59	68.35	2.69	13.81	17.82	1.38	6.34	80.29	1.99
		8		10.667	8.373	0.274	48.17	2.12	9.68	76.37	2.68	15.43	19.98	1.37	6.98	91.92	2.03
7.5	75	5	9	7.412	5.818	0.295	39.97	2.33	7.32	63.30	2.92	11.94	16.63	1.50	5.77	70.56	2.04
		6		8.797	6.905	0.294	46.95	2.31	8.64	74.38	2.90	14.02	19.51	1.49	6.67	84.55	2.07
		7		10.160	7.976	0.294	53.57	2.30	9.93	84.96	2.89	16.02	22.18	1.48	7.44	98.71	2.11
		8		1.503	9.030	0.294	59.96	2.28	11.20	95.07	2.88	17.93	24.86	1.47	8.19	112.97	2.15
		10		14.126	11.089	0.293	71.98	2.26	13.64	113.92	2.84	21.48	30.05	1.46	9.56	141.71	2.22
8	80	5	9	7.912	6.211	0.315	48.79	2.48	8.34	77.33	3.13	13.67	20.25	1.60	6.66	85.36	2.15
		6		9.397	7.376	0.314	57.35	2.47	9.87	90.98	3.11	16.08	23.72	1.59	7.65	102.50	2.19
		7		10.860	8.525	0.314	65.58	2.46	11.37	104.07	3.10	18.40	27.09	1.58	8.58	119.70	2.23
		8		12.303	9.658	0.314	73.49	2.44	12.83	116.60	3.08	20.61	30.39	1.57	9.46	136.97	2.27
		10		15.126	11.874	0.313	88.43	2.42	15.64	140.09	3.04	24.76	36.77	1.56	11.08	171.74	2.35

续表

角钢号数	尺寸/mm b	尺寸/mm d	尺寸/mm r	截面面积/cm²	理论重量/(kg/m)	外表面积/(m²/m)	$x-x$ I_x/cm⁴	$x-x$ i_x/cm	$x-x$ w_x/cm³	x_0-x_0 I_{x_0}/cm⁴	x_0-x_0 i_{x_0}/cm	x_0-x_0 w_{x_0}/cm³	y_0-y_0 I_{y_0}/cm⁴	y_0-y_0 i_{y_0}/cm	y_0-y_0 w_{y_0}/cm³	x_1-x_1 I_{x_1}/cm⁴	z_0/cm
9	90	6	10	10.637	8.350	0.354	82.77	2.79	12.61	131.26	3.51	20.63	34.28	1.80	9.95	145.87	2.44
		7		12.301	9.656	0.354	94.83	2.78	14.54	150.47	3.50	23.64	39.18	1.78	11.19	170.30	2.48
		8		13.944	10.946	0.353	106.47	2.76	16.42	168.97	3.48	26.55	43.97	1.78	12.35	194.80	2.52
		10		17.167	13.476	0.353	128.58	2.74	20.07	203.90	3.45	32.04	53.26	1.76	14.52	244.07	2.59
		12		20.306	15.940	0.352	149.22	2.71	23.57	236.21	3.41	37.12	62.22	1.75	16.49	293.76	2.67
10	100	6	12	11.932	9.366	0.393	114.95	3.10	15.68	181.98	3.90	25.74	47.92	2.00	12.69	200.07	2.67
		7		13.796	10.830	0.393	131.86	3.09	18.10	208.97	3.89	29.55	54.74	1.99	14.26	233.54	2.71
		8		15.638	12.276	0.393	148.24	3.08	20.47	235.07	3.88	33.24	61.41	1.98	15.75	267.09	2.76
		10		19.261	15.120	0.392	179.51	3.05	25.06	284.68	3.84	40.26	74.35	1.96	18.54	334.48	2.84
		12		22.800	17.898	0.391	208.90	3.03	29.48	330.95	3.81	46.80	86.84	1.95	21.08	402.34	2.91
		14		26.256	20.611	0.391	236.53	3.00	33.73	374.06	3.77	52.90	99.00	1.94	23.44	470.75	2.99
		16		29.627	23.257	0.390	262.53	2.98	37.82	414.16	3.74	58.57	110.89	1.94	25.63	539.80	3.06
11	110	7	12	15.196	11.928	0.433	177.16	3.41	22.05	280.94	4.30	36.12	73.38	2.20	17.51	310.64	2.96
		8		17.238	13.532	0.433	199.46	3.40	24.95	316.49	4.28	40.69	82.42	2.19	19.39	355.20	3.01
		10		21.261	16.690	0.432	242.19	3.39	30.60	384.39	4.25	49.42	99.98	2.17	22.91	444.65	3.09
		12		25.200	19.782	0.431	282.55	3.35	36.05	448.17	4.22	57.62	116.93	2.15	26.15	534.60	3.16
		14		29.056	22.809	0.431	320.71	3.32	41.31	508.01	4.18	65.31	133.40	2.14	29.14	625.16	3.24

续表

角钢号数	尺寸/mm b	尺寸/mm d	尺寸/mm r	截面面积/cm²	理论重量/(kg/m)	外表面积/(m²/m)	x-x I_x/cm⁴	x-x i_x/cm	x-x w_x/cm³	x0-x0 I_{x_0}/cm⁴	x0-x0 i_{x_0}/cm	x0-x0 w_{x_0}/cm³	y0-y0 I_{y_0}/cm⁴	y0-y0 i_{y_0}/cm	y0-y0 w_{y_0}/cm³	x1-x1 I_{x_1}/cm⁴	z_0/cm
12.5	125	8	14	19.750	15.504	0.492	297.03	3.88	32.52	470.89	4.88	53.28	123.16	2.50	25.86	521.01	3.37
		10		24.373	19.133	0.491	361.67	3.85	39.97	573.89	4.85	64.93	149.46	2.48	30.62	651.93	3.45
		12		28.912	22.696	0.491	423.16	3.83	41.17	671.44	4.82	75.96	174.88	2.46	35.03	783.42	3.53
		14		33.367	26.193	0.490	481.65	3.80	54.16	763.73	4.78	86.41	199.57	2.45	39.13	915.61	3.61
14	140	10	14	27.373	21.488	0.551	514.65	4.34	50.58	817.27	5.46	82.56	212.04	2.78	39.20	915.11	3.82
		12		32.512	25.522	0.551	603.68	4.31	59.80	958.79	5.43	96.85	248.57	2.76	45.02	1099.28	3.90
		14		37.567	29.490	0.550	688.81	4.28	68.75	1093.56	5.40	110.47	284.06	2.75	50.45	1284.22	3.98
		16		42.539	33.393	0.549	770.24	4.26	77.46	1221.81	5.36	123.42	318.67	2.74	55.55	1470.07	4.06
16	160	10	16	31.502	24.729	0.630	779.53	4.98	66.70	1237.30	6.27	109.36	321.76	3.20	52.76	1365.33	4.31
		12		37.441	29.391	0.630	916.58	4.95	78.98	1455.68	6.24	128.67	377.49	3.18	60.74	1639.57	4.39
		14		43.296	33.987	0.629	1048.36	4.92	90.95	1665.02	6.20	147.17	431.70	3.16	68.24	1914.68	4.47
		16		49.067	38.518	0.629	1175.08	4.89	102.63	1865.57	6.17	164.89	484.59	3.14	75.31	2190.82	4.55
18	180	12	16	42.241	33.159	0.710	1321.35	5.59	100.82	2100.10	7.05	165.00	542.61	3.58	78.41	2332.80	4.89
		14		48.896	38.388	0.709	1514.48	5.56	116.25	2407.42	7.02	189.14	621.53	3.56	88.38	2723.48	4.97
		16		55.467	43.542	0.709	1700.99	5.54	131.13	2703.37	6.98	212.40	698.60	3.55	97.83	3115.29	5.05
		18		61.955	48.634	0.708	1875.12	5.50	145.64	2988.24	6.94	234.78	762.01	3.51	105.14	3502.43	5.13
20	200	14	18	54.642	42.894	0.788	2103.55	6.20	144.70	3343.26	7.82	236.40	863.83	3.98	111.82	3734.10	5.46
		16		62.013	48.680	0.788	2366.15	6.18	163.65	3760.89	7.79	265.93	971.41	3.96	123.96	4270.39	5.54
		18		69.301	54.401	0.787	2620.64	6.15	182.22	4164.54	7.75	294.48	1076.74	3.94	135.52	4808.13	5.62
		20		76.505	60.056	0.787	2867.30	6.12	200.42	4554.55	7.72	322.06	1180.04	3.93	146.55	5347.51	5.69
		24		90.661	71.168	0.785	3338.25	6.07	236.17	5294.97	7.64	374.41	1381.53	3.90	166.55	6457.16	5.87

注 截面图中的 $r_1 = \frac{1}{3}d$ 及表中 r 值的数据用于孔型设计，不作交货条件。

热轧不等边角钢 (GB 9788—88)

表Ⅱ.2

符号意义:

B—长边宽度;　　　　　　b—短边宽度;
d—边厚度;　　　　　　　r—内圆弧半径;
r₁—边端内圆弧半径;　　　I—惯性矩;
i—惯性半径;　　　　　　w—截面系数;
x₀—重心距离;　　　　　　y₀—重心距离。

角钢号数	尺寸/mm B	尺寸/mm b	尺寸/mm d	尺寸/mm r	截面面积/cm²	理论重量/(kg/m)	外表面积/(m²/m)	$x-x$ I_x/cm⁴	$x-x$ i_x/cm	$x-x$ w_x/cm³	$y-y$ I_y/cm⁴	$y-y$ i_y/cm	$y-y$ w_y/cm³	x_1-x_1 I_{x_1}/cm⁴	x_1-x_1 y_0/cm	y_1-y_1 I_{y_1}/cm⁴	y_1-y_1 x_0/cm	$u-u$ I_u/cm⁴	$u-u$ i_u/cm	$u-u$ w_u/cm³	$u-u$ $\tan\alpha$
2.5/1.6	25	16	3	3.5	1.162	0.912	0.080	0.70	0.78	0.43	0.22	0.44	0.19	1.56	0.86	0.43	0.42	0.14	0.34	0.16	0.392
			4		1.499	1.176	0.079	0.88	0.77	0.55	0.27	0.43	0.24	2.09	0.90	0.59	0.46	0.17	0.34	0.20	0.381
3.2/2	32	20	3	3.5	1.492	1.171	0.102	1.53	1.01	0.72	0.46	0.55	0.30	3.27	1.08	0.82	0.49	0.28	0.43	0.25	0.382
			4		1.939	1.22	0.101	1.93	1.00	0.93	0.57	0.54	0.39	4.37	1.12	1.12	0.53	0.35	0.42	0.32	0.374
4/2.5	40	25	3	4	1.890	1.484	0.127	3.08	1.28	1.15	0.93	0.70	0.49	5.39	1.32	1.59	0.59	0.56	0.54	0.40	0.385
			4		2.467	1.936	0.127	3.93	1.26	1.49	1.18	0.69	0.63	8.53	1.37	2.14	0.63	0.71	0.54	0.52	0.381
4.5/2.8	45	28	3	5	2.149	1.687	0.143	4.45	1.44	1.47	1.34	0.79	0.62	9.10	1.47	2.23	0.64	0.80	0.61	0.51	0.383
			4		2.806	2.203	0.143	5.69	1.42	1.91	1.70	0.78	0.80	12.13	1.51	3.00	0.68	1.02	0.60	0.66	0.380
5/3.2	50	32	3	5.5	2.431	1.908	0.161	6.24	1.60	1.84	2.02	0.91	0.82	12.49	1.60	3.31	0.73	1.20	0.70	0.68	0.404
			4		3.177	2.494	0.160	8.02	1.59	2.39	2.58	0.90	1.06	16.65	1.65	4.45	0.77	1.53	0.69	0.87	0.402
5.6/3.6	56	36	3	6	2.743	2.153	0.181	8.88	1.80	2.32	2.92	1.03	1.05	17.54	1.78	4.70	0.80	1.73	0.79	0.87	0.408
			4		3.590	2.818	0.180	11.45	1.78	3.03	3.76	1.02	1.37	23.39	1.82	6.33	0.85	2.23	0.79	1.13	0.408
			5		4.415	3.466	0.180	13.86	1.77	3.71	4.49	1.01	1.65	29.25	1.87	7.94	0.88	2.67	0.79	1.36	0.404

续表

角钢号数	尺寸/mm				截面面积/cm²	理论重量/(kg/m)	外表面积/(m²/m)	参考数值														
								x-x			y-y			x₁-x₁		y₁-y₁		u-u			
	B	b	d	r				I_x/cm⁴	i_x/cm	w_x/cm³	I_y/cm⁴	i_y/cm	w_y/cm³	I_{x_1}/cm⁴	y_0/cm	I_{y_1}/cm⁴	x_0/cm	I_u/cm⁴	i_u/cm	w_u/cm³	$\tan\alpha$
6.3/4	63	40	4	7	4.058	3.185	0.202	16.49	2.02	3.87	5.23	1.14	1.70	33.30	2.04	8.63	0.92	3.12	0.88	1.40	0.398
			5		4.993	3.920	0.202	20.02	2.00	4.74	6.31	1.12	2.71	41.63	2.08	10.86	0.95	3.76	0.87	1.71	0.396
			6		5.908	4.638	0.201	23.36	1.96	5.59	7.29	1.11	2.43	49.98	2.12	13.12	0.99	4.34	0.86	1.99	0.393
			7		6.802	5.339	0.201	26.53	1.98	6.40	8.24	1.10	2.78	58.07	2.15	15.47	1.03	4.97	0.86	2.29	0.389
7/4.5	70	45	4	7.5	4.547	3.570	0.226	23.17	2.26	4.86	7.55	1.29	2.17	45.92	2.24	12.26	1.02	4.40	0.98	1.77	0.410
			5		5.609	4.403	0.225	27.95	2.23	5.92	9.13	1.28	2.65	57.10	2.28	15.39	1.06	5.40	0.98	2.19	0.407
			6		6.647	5.218	0.225	32.54	2.21	6.95	10.62	1.26	3.12	68.35	2.32	18.58	1.09	6.35	0.93	2.59	0.404
			7		7.657	6.011	0.225	37.22	2.20	8.03	12.01	1.25	3.57	79.99	2.36	21.84	1.13	7.16	0.97	2.94	0.402
(7.5/5)	75	50	5	8	6.125	4.808	0.245	34.86	2.39	6.83	12.61	1.44	3.30	70.00	2.40	21.04	1.17	7.41	1.10	2.74	0.435
			6		7.260	5.699	0.245	41.12	2.38	8.12	14.70	1.42	3.88	84.30	2.44	25.37	1.21	8.54	1.08	3.19	0.435
			8		9.467	7.431	0.244	52.39	2.35	10.52	18.53	1.40	4.99	112.50	2.52	34.23	1.29	10.87	1.07	4.10	0.429
			10		11.590	9.098	0.244	62.71	2.33	12.79	21.96	1.38	6.04	140.80	2.60	43.43	1.36	13.10	1.06	4.99	0.423
8/5	80	50	5	8	6.375	5.005	0.255	41.96	2.56	7.78	12.82	1.42	3.32	85.21	2.60	21.06	1.14	7.66	1.10	2.74	0.388
			6		7.560	5.935	0.255	49.49	2.56	9.25	14.95	1.41	3.91	102.53	2.65	25.41	1.18	8.85	1.08	3.20	0.387
			7		8.724	6.848	0.255	56.16	2.54	10.58	16.96	1.39	4.48	119.33	2.69	29.82	1.21	10.18	1.08	3.70	0.384
			8		9.867	7.745	0.254	62.83	2.52	11.92	18.85	1.38	5.03	136.41	2.73	34.32	1.25	11.38	1.07	4.16	0.381

续表

角钢号数	尺寸/mm					截面面积/cm²	理论重量/(kg/m)	外表面积/(m²/m)	参考数值																
									x-x			y-y			x₁-x₁		y₁-y₁		u-u			
	B	b	d	r				I_x/cm⁴	i_x/cm	w_x/cm³	I_y/cm⁴	i_y/cm	w_y/cm³	I_{x_1}/cm⁴	y_0/cm	I_{y_1}/cm⁴	x_0/cm	I_u/cm⁴	i_u/cm	w_u/cm³	tanα
9/5.6	90	56	5	9	7.212	5.661	0.287	60.45	2.90	9.92	18.32	1.59	4.21	121.32	2.91	29.53	1.25	10.98	1.23	3.49	0.385
			6		8.557	6.717	0.286	71.03	2.88	11.74	21.42	1.58	4.96	145.59	2.95	35.58	1.29	12.90	1.23	4.18	0.384
			7		9.880	7.756	0.286	81.01	2.86	13.49	24.36	1.57	5.70	169.66	3.00	41.71	1.33	14.67	1.22	4.72	0.382
			8		11.183	8.779	0.286	91.03	2.85	15.27	27.15	1.56	6.41	194.17	3.04	47.93	1.36	16.34	1.21	5.29	0.380
10/6.3	100	63	6	10	9.617	7.550	0.320	99.06	3.21	14.64	30.94	1.79	6.35	199.71	3.24	50.50	1.43	18.42	1.38	5.25	0.394
			7		11.111	8.722	0.320	113.45	3.20	16.88	35.26	1.78	7.29	233.00	3.28	59.14	1.47	21.00	1.38	6.02	0.394
			8		12.584	9.878	0.319	127.37	3.18	19.08	39.39	1.77	8.21	266.32	3.32	67.88	1.50	23.50	1.37	6.78	0.391
			10		15.467	12.142	0.319	153.81	3.15	23.32	47.12	1.74	9.98	333.06	3.40	85.73	1.58	28.33	1.35	8.24	0.387
10/8	100	80	6	10	10.637	8.350	0.354	107.04	3.17	15.19	61.24	2.40	10.16	199.83	2.95	102.68	1.97	31.65	1.72	8.37	0.627
			7		12.301	9.656	0.354	122.73	3.16	17.52	70.08	2.39	11.71	233.20	3.00	119.98	2.01	36.17	1.72	9.60	0.626
			8		13.944	10.946	0.353	137.92	3.14	19.81	78.58	2.37	13.21	266.61	3.04	137.37	2.05	40.58	1.71	10.80	0.625
			10		17.167	13.476	0.353	166.87	3.12	24.24	94.65	2.35	16.12	333.63	3.12	172.48	2.13	49.10	1.69	13.12	0.622
11/7	110	70	6	10	10.637	8.350	0.354	133.37	3.54	17.85	42.92	2.01	7.90	265.78	3.53	69.08	1.57	25.36	1.54	6.53	0.403
			7		12.301	9.656	0.354	153.00	3.53	20.60	49.01	2.00	9.09	310.07	3.57	80.82	1.61	28.95	1.53	7.50	0.402
			8		13.944	10.946	0.353	172.04	3.51	23.30	54.87	1.98	10.25	354.39	3.62	92.70	1.65	32.45	1.53	8.45	0.401
			10		17.167	13.476	0.353	208.39	3.48	28.54	65.88	1.96	12.48	443.13	3.70	116.83	1.72	39.20	1.51	10.29	0.397

续表

角钢号数	B	b	d	r	截面面积/cm²	理论重量/(kg/m)	外表面积/(m²/m)	参考数值													
								x−x			y−y			x₁−x₁		y₁−y₁		u−u			
			尺寸/mm					I_x/cm⁴	i_x/cm	w_x/cm³	I_y/cm⁴	i_y/cm	w_y/cm³	I_{x1}/cm⁴	y_0/cm	I_{y1}/cm⁴	x_0/cm	I_u/cm⁴	i_u/cm	w_u/cm³	tanα
12.5/8	125	80	7	11	14.096	11.066	0.403	227.98	4.02	26.86	74.42	2.30	12.01	454.99	4.01	120.32	1.80	43.81	1.76	9.92	0.408
			8		15.989	12.551	0.403	256.77	4.01	30.41	83.49	2.28	13.56	519.99	4.06	137.85	1.84	49.15	1.75	11.18	0.407
			10		19.712	15.474	0.402	312.04	3.98	37.33	100.67	2.26	16.56	650.09	4.14	173.40	1.92	59.45	1.74	13.64	0.404
			12		23.351	18.330	0.402	364.41	3.95	44.01	116.67	2.24	19.43	780.39	4.22	209.67	2.00	69.35	1.72	16.01	0.400
14/9	140	90	8	12	18.038	14.160	0.453	365.64	4.50	38.48	120.69	2.59	17.34	730.53	4.50	195.79	2.04	70.83	1.98	14.31	0.411
			10		22.261	17.475	0.452	445.50	4.47	47.31	146.03	2.56	21.22	913.20	4.58	245.92	2.21	85.82	1.96	17.48	0.409
			12		26.400	20.724	0.451	521.59	4.44	55.87	169.79	2.54	24.95	1096.09	4.66	296.89	2.19	100.21	1.95	20.54	0.406
			14		30.456	23.908	0.451	594.10	4.42	64.18	192.10	2.51	28.54	1279.26	4.74	348.82	2.27	114.13	1.94	23.52	0.403
16/10	160	100	10	13	25.315	19.872	0.512	668.69	5.14	62.13	205.03	2.85	26.56	1362.89	5.24	336.59	2.28	121.74	2.19	21.92	0.390
			12		30.054	23.592	0.511	784.91	5.11	73.49	239.09	2.82	31.28	1635.56	5.32	405.94	2.36	142.33	2.17	25.79	0.388
			14		34.709	27.247	0.510	896.30	5.08	84.56	271.20	2.80	35.83	1908.50	5.40	476.42	2.43	162.23	2.16	29.56	0.385
			16		39.281	30.835	0.510	1003.04	5.05	95.33	301.60	2.77	40.24	2181.79	5.48	548.22	2.51	182.57	2.16	33.44	0.382
18/11	180	110	10	14	28.373	22.273	0.571	956.25	5.80	78.96	278.11	3.13	32.49	1940.40	5.89	447.22	2.44	166.50	2.42	26.88	0.376
			12		33.712	26.464	0.571	1124.72	5.78	93.53	325.03	3.10	38.32	2328.38	5.98	538.94	2.52	194.87	2.40	31.66	0.374
			14		38.967	30.589	0.570	1286.91	5.75	107.76	369.55	3.08	43.97	2716.60	6.06	631.95	2.59	222.30	2.39	36.32	0.372
			16		44.139	34.649	0.569	1443.06	5.72	121.64	411.85	3.06	49.44	3105.15	6.14	726.46	2.67	248.84	2.38	40.87	0.369
20/12.5	200	125	12	14	37.912	29.761	0.641	1570.90	6.44	116.73	483.16	3.57	49.99	3193.85	6.54	787.74	2.83	285.79	2.74	41.23	0.392
			14		43.867	34.436	0.640	1800.97	6.41	134.65	550.83	3.54	57.44	3726.17	6.62	922.47	2.91	326.58	2.73	47.34	0.390
			16		49.739	39.045	0.639	2023.35	6.38	152.18	615.44	3.52	64.69	4258.86	6.70	1058.86	2.99	366.21	2.71	53.32	0.388
			18		55.526	43.588	0.639	2238.30	6.35	169.33	677.19	3.49	71.74	4792.00	6.78	1197.13	3.06	404.83	2.70	59.18	0.385

注 1. 括号内型号不推荐使用。

2. 截面图中的 $r_1 = \frac{1}{3}d$ 及表中 r 数据用于孔型设计,不作交货条件。

表Ⅱ.3

热轧工字钢（GB 706—88）

符号意义：

h——高度；
b——腿宽度；
d——腰厚度；
t——平均腿宽度；
r——内圆弧半径；
r_1——腿端圆弧半径；
I——惯性矩；
w——截面系数；
i——惯性半径；
S——半截面的静矩。

型号	尺寸/mm						截面面积 /cm²	理论重量 /(kg/m)	参考数值						
									x－x				y－y		
	h	b	d	t	r	r_1			I_x /cm⁴	w_x /cm	i_x /cm³	$I_y:S_x$ /cm	I_y /cm⁴	w_y /cm³	i_y /cm⁴
10	100	68	4.5	7.6	6.5	3.3	14.345	11.261	245	49.0	4.14	8.59	33.0	9.72	1.52
12.6	126	74	5.0	8.4	7.0	3.5	18.118	14.223	488	77.5	5.20	10.8	46.9	12.7	1.61
14	140	80	5.5	9.1	7.5	3.8	21.516	16.890	712	102	5.76	12.0	64.4	16.1	1.73
16	160	88	6.0	9.9	8.0	4.0	26.131	20.513	1130	141	6.58	13.8	93.1	21.2	1.89
18	180	94	6.5	10.7	8.5	4.3	30.756	24.143	1660	185	7.36	15.4	122	26.0	2.00
20a	200	100	7.0	11.4	9.0	4.5	35.578	27.929	2370	237	8.15	17.2	158	31.5	2.12
20b	200	102	9.0	11.4	9.0	4.5	39.578	31.069	2500	250	7.96	16.9	169	33.1	2.06
22a	220	110	7.5	12.3	9.5	4.8	42.128	33.070	3400	309	8.99	18.9	225	40.9	2.31
22b	220	112	9.5	12.3	9.5	4.8	46.528	36.524	3570	325	8.78	18.7	239	42.7	2.27
25a	250	116	8.0	13.0	10.0	5.0	48.541	38.105	5020	402	10.2	21.6	280	48.3	2.40
25b	250	118	10.0	13.0	10.0	5.0	53.541	42.030	5280	423	9.94	21.3	309	52.4	2.40
28a	280	122	8.5	13.7	10.5	5.3	55.404	43.492	7110	508	11.3	24.6	345	56.6	2.50
28b	280	124	10.5	13.7	10.5	5.3	61.004	47.888	7480	534	11.1	24.2	379	61.2	2.49

续表

型号	尺寸/mm						截面面积/cm²	理论重量/(kg/m)	参考数值						
									$x-x$				$y-y$		
	h	b	d	t	r	r_1			I_x /cm⁴	w_x /cm	i_x /cm³	$I_y:S_x$ /cm	I_y /cm	w_y /cm³	i_y /cm⁴
32a	320	130	9.5	15.0	11.5	5.8	67.156	52.717	11100	692	12.8	27.5	460	70.8	2.62
32b	320	132	11.5	15.0	11.5	5.8	73.556	57.741	11600	726	12.6	27.1	502	76.0	2.61
32c	320	134	13.5	15.0	11.5	5.8	79.956	62.765	12200	760	12.3	26.3	544	81.2	2.61
36a	360	136	10.0	15.8	12	6.0	76.480	60.037	15800	875	14.4	30.7	552	81.2	2.69
36b	360	138	12.0	15.8	12	6.0	83.680	65.689	16500	919	14.1	30.3	582	84.3	2.64
36c	360	140	14.0	15.8	12	6.0	90.880	71.341	17300	962	13.8	29.9	612	87.4	2.60
40a	400	142	10.5	16.5	12.5	6.3	86.112	67.598	21700	1090	15.9	34.1	660	93.2	2.77
40b	400	144	12.5	16.5	12.5	6.3	94.112	73.878	22800	1140	16.5	33.6	692	96.2	2.71
40c	400	146	14.5	16.5	12.5	6.3	102.112	80.158	23900	1190	15.2	33.2	727	99.6	2.65
45a	450	150	11.5	18.0	13.5	6.8	102.446	80.420	32200	1430	17.7	38.6	855	114	2.89
45b	450	152	13.5	18.0	13.5	6.8	111.446	87.485	33800	1500	17.4	38.0	894	118	2.84
45c	450	154	15.5	18.0	13.5	6.8	120.446	94.550	35300	1570	17.1	37.6	938	122	2.79
50a	500	158	12.0	20.0	14	7.0	119.304	93.654	46500	1860	19.7	42.8	1120	142	3.07
50b	500	160	14.0	20.0	14	7.0	129.304	101.504	48600	1940	19.4	42.4	1170	146	3.01
50c	500	162	16.0	20.0	14	7.0	139.304	109.354	50600	2080	19.0	41.8	1220	151	2.96
56a	560	166	12.5	21.0	14.5	7.3	135.435	106.316	65600	2340	22.0	47.7	1370	165	3.18
56b	560	168	14.5	21.0	14.5	7.3	146.635	115.108	68500	2450	21.6	47.2	1490	174	3.16
56c	560	170	16.5	21.0	14.5	7.3	157.835	123.900	71400	2550	21.3	46.7	1560	183	3.16
63a	630	176	13.0	22.0	15	7.5	154.658	121.407	93900	2980	24.5	54.2	1700	193	3.31
63b	630	178	15.0	22.0	15	7.5	167.258	131.298	98100	3160	24.2	53.5	1810	204	3.29
63c	630	180	17.0	22.0	15	7.5	179.858	141.189	102000	3300	23.8	52.9	1920	214	3.27

注 截面图和表中标注的圆弧半径 r、r_1 的数据用于孔型设计，不作交货条件。

表Ⅱ.4

热轧槽钢（GB 707—88）

符号意义：

h——高度；
b——腿宽度；
d——腰厚度；
t——平均腿宽度；
r——内圆弧半径；
r_1——腿端圆弧半径；
I——惯性矩；
w——截面系数；
i——惯性半径；
z_0——$y-y$ 轴与 y_1-y_2 轴间距。

| 型号 | 尺寸/mm | | | | | | 截面面积/cm² | 理论重量/(kg/m) | 参考数值 | | | | | | | |
| | h | b | d | t | r | r_1 | | | $x-x$ | | | $y-y$ | | | y_1-y_1 | z_0/cm |
									w_x/cm³	I_x/cm⁴	i_x/cm	w_y/cm³	I_y/cm⁴	i_y/cm⁴	I_{y1}/cm⁴	
5	50	37	4.5	7	7.0	3.5	6.928	5.438	10.4	26.0	1.94	3.55	8.30	1.10	20.9	1.35
6.3	63	40	4.8	7.5	7.5	3.8	8.451	6.634	16.1	50.8	2.45	4.50	11.9	1.19	28.4	1.36
8	80	43	5	8	8.0	4.0	10.248	8.045	25.3	101	3.15	5.79	16.6	1.27	37.4	1.43
10	100	48	5.3	8.5	8.5	4.2	12.748	10.007	39.7	198	3.95	7.8	25.6	1.41	54.9	1.52
12.6	126	53	5.5	9	9.0	4.5	15.692	12.318	62.1	391	4.95	10.2	38	1.57	77.1	1.59
14a	140	58	6	9.5	9.5	4.8	18.516	14.535	80.5	564	5.52	13.0	53.2	1.70	107	1.71
14b	140	60	8	9.5	9.5	4.8	21.316	16.733	87.1	609	5.35	14.1	61.1	1.69	121	1.67
16a	160	63	6.5	10	10	5.0	21.962	17.240	108	866	6.28	16.3	73.3	1.83	144	1.80
16	160	65	8.5	10	10	5.0	25.162	19.752	117	935	6.10	17.6	83.4	1.82	161	1.75
18a	180	68	7	10.5	10.5	5.2	25.699	20.174	141	1270	7.04	20.0	98.6	1.96	190	1.88
18	180	70	9	10.5	10.5	5.2	29.299	23.000	152	1370	6.84	21.5	111	1.95	210	1.84

/222/ 附录Ⅱ 型钢规格表

续表

型号	尺寸/mm						截面面积/cm²	理论重量/(kg/m)	参考数值							
	h	b	d	t	r	r_1			$x-x$			$y-y$			y_1-y_1	z_0 /cm
									w_x /cm³	I_x /cm⁴	i_x /cm	w_y /cm³	I_y /cm	i_y /cm⁴	I_{y1} /cm⁴	
20a	200	73	7.0	11	11.0	5.5	28.837	22.637	178	1780	7.86	24.2	128	2.11	244	2.01
20	200	75	9.0	11	11.0	5.5	32.837	25.777	191	1910	7.64	25.9	144	2.09	268	1.95
22a	220	77	7.0	11.5	11.5	5.8	31.846	24.999	218	2390	8.67	28.2	158	2.23	298	2.10
22	220	79	9.0	11.5	11.5	5.8	36.246	28.453	234	2570	8.42	30.1	176	2.21	326	2.03
25a	250	78	7.0	12	12.0	6.0	34.917	27.410	270	3370	9.82	30.6	176	2.24	322.	2.07
25b	250	80	9.0	12	12.0	6.0	39.917	31.335	282	3530	9.41	32.7	196	2.22	353	1.98
25c	250	82	11.0	12	12.0	6.0	44.917	35.260	295	3690	9.07	35.9	218	2.21	384	1.92
28a	280	82	7.5	12.5	12.5	6.2	40.034	31.427	340	4760	10.9	35.7	218	2.33	388	2.10
28b	280	84	9.5	12.5	12.5	6.2	45.634	35.823	366	5130	10.6	37.9	242	2.30	428	2.02
28c	280	86	11.5	12.5	12.5	6.2	51.234	40.219	393	5500	10.4	40.3	268	2.29	463	1.95
32a	320	88	8.0	14	14.0	7.0	48.513	38.083	475	7600	12.5	46.5	305	2.50	552	2.24
32b	320	90	10.0	14	14.0	7.0	54.913	43.107	509	8140	12.2	59.2	336	2.47	593	2.16
32c	320	92	12.0	14	14.0	7.0	61.313	48.131	543	8690	11.9	52.6	374	2.47	643	2.09
36a	360	96	9.0	16	16.0	8.0	60.910	47.814	660	11900	14.0	63.5	455	2.73	818	2.44
36b	360	98	11.0	16	16.0	8.0	68.110	53.466	703	12700	13.6	66.9	497	2.70	880	2.37
36c	360	100	13.0	16	16.0	8.0	75.310	59.118	746	13400	13.4	70.0	536	2.67	948	2.34
40a	400	100	10.5	18	18.0	9.0	75.068	58.928	879	17600	15.3	78.8	592	2.81	1070	2.49
40b	400	102	12.5	18	18.0	9.0	83.068	65.208	932	18600	15.0	82.5	640	2.78	1140	2.44
40c	400	104	14.5	18	18.0	9.0	91.068	71.488	986	19700	14.7	86.2	688	2.75	1220	2.42

注 截面图和表中标注的圆弧半径 r、r_1 的数据用于孔型设计，不作交货条件。

参 考 文 献

[1]　孙训方，方孝淑，关来泰. 材料力学（Ⅰ）[M]. 5 版. 北京：高等教育出版社，2009.

[2]　刘鸿文. 材料力学（Ⅰ）[M]. 4 版. 北京：高等教育出版社，2005.

[3]　单辉祖. 材料力学教程 [M]. 北京：高等教育出版社，2004.